U0937900

普通高等教育“十一五”国家级规划教材

21世纪计算机科学与技术实践型教程

丛书主编 陈明

施莹 主编
余爱华 韦伟 副主编

PHP+MySQL项目实例开发

清华大学出版社
北京

内容简介

本书从PHP+MySQL项目开发的角度出发，本着实用的目的，由浅入深地介绍了PHP语言的基本知识及PHP与MySQL结合的项目应用，包括PHP数组、表单开发、MySQL数据库设计、CI框架应用等重要应用。全书内容循序渐进，通过实际应用案例的介绍力求使读者掌握PHP语言结合MySQL数据库的基本应用，内容丰富、实用性强，书中每一章都配备一个项目案例，均为实际应用案例，易于理解和掌握。

本书既可作为应用型本科、高职高专院校职业教育和继续教育的教材，也可作为计算机专业技术人员的参考书籍。

图书在版编目（CIP）数据

PHP+MySQL项目实例开发/施莹主编. --北京：清华大学出版社，2014(2021.1重印)
21世纪计算机科学与技术实践型教程
ISBN 978-7-302-37453-4

Ⅰ. ①P… Ⅱ. ①施… Ⅲ. ①PHP语言—程序设计—高等学校—教材 ②关系数据库系统—高等学校—教材 Ⅳ. ①TP312 ②TP311.138

中国版本图书馆CIP数据核字(2014)第170714号

责任编辑：谢 琛 李 晔
封面设计：常雪影
责任校对：李建庄
责任印制：杨 艳

出版发行：清华大学出版社
网 址：http://www.tup.com.cn，http://www.wqbook.com
地 址：北京清华大学学研大厦A座 **邮 编**：100084
社 总 机：010-62770175 **邮 购**：010-83470235
投稿与读者服务：010-62776969，c-service@tup.tsinghua.edu.cn
质量反馈：010-62772015，zhiliang@tup.tsinghua.edu.cn
课件下载：http://www.tup.com.cn，010-83470236
印 装 者：北京九州迅驰传媒文化有限公司
经 销：全国新华书店
开 本：185mm×260mm **印 张**：17.5 **字 数**：437千字
版 次：2014年9月第1版 **印 次**：2021年1月第6次印刷
定 价：49.00元

产品编号：059813-02

前　　言

1998年，Michael Kunze在为德国一家计算机杂志编写一篇关于自由软件如何成为商业软件替代品的文章时，创造了LAMP这个词，即由Linux操作系统、Apache网络服务器、MySQL数据库和PHP脚本语言4种技术的首字母组合而成。随之LAMP技术便点亮了自由软件业的一盏“明灯”。

为了帮助众多从事Web应用与开发的读者快速掌握LAMP，提高项目开发水平，笔者在多年从事LAMP教学及开发工作的基础上精心编著了本书。本书按照由浅入深、循序渐进的原则精心组织各章节内容，各知识点前后贯穿，但又自成体系。它既包括Linux、Apache、MySQL及PHP的基础知识讲解，又含有综合复杂案例；使读者既可以高效地掌握LAMP中最基础、最常用的各项技术，又可以系统地理解LAMP架构下实际应用系统的完整开发思路。

本书为了简化学习和破解PHP结合MySQL应用项目开发的难度，细分为11章。其中每一章节都专注于特定的主题，读者可以按主题进行跳跃式阅读；每一知识要点都紧密结合开发示例，读者可以参照示例进行练习，深刻体会其中的要领。

本书前5章讲解PHP的基础知识和基本语法结构，语言通俗易懂，即使是初学者也很容易读懂并学会。第6章和第7章讲解了PHP结合HTML表单实现动态程序开发。第8章介绍了SQL语言基础及MySQL基础操作。第9章简单介绍PHP结合MySQL开发方法。第10章介绍动态程序开发的必备知识——cookie和会话。此外，为了使读者能巩固所学知识，全书每章后面都有相应的实训练习。第11章先简单介绍了PHP面向对象的开发模式，然后结合一个PHP知名开源框架——CodeIgniter，详细介绍了一个综合动态案例的制作过程，内容精彩、页面丰富，是读者在掌握基础知识之后，对知识进行巩固的部分。

本书的实例是作者从实际工作中精选出来的，具有较强的应用性和示范作用。同时，书中所用语言浅显易懂，并辅之以精选的配图，相信读者只要按照书中的步骤进行操作，一定能开发出预期的功能及效果。

本书实例丰富、可操作性强，既可作为应用型本科、高职高专院校职业教育和继续教育的教材，也可作为计算机专业技术人员的参考书籍。

为方便教学，本书配有电子课件和书中所有例子的代码，如有需要，可至清华大学出版社网站下载。

本书由正德职业技术学院与钟山职业技术学院的资深教师共同编写，编者多年从事计算机网络技术专业的教学工作，参与编写工作的教师有施莹、余爱华、韦伟。同时感谢王珊珊、石雅琴、何光明、卢振侠、张华丽、陈莉萍、周建霞、陈海燕、朱贵喜、张居晓、张华明所提供的帮助和支持。

在编写本书的过程中作者参考了许多书刊和文献资料，在实际操作方面也融入了作者的体会和经验。本书力求图文并茂，做到理论以够用为度，实用性为主，紧跟 Web 开发技术的最新发展。但是，由于本书编写时间紧，且限于作者的学识水平，对书中的错误和失当之处，恳请读者给予批评指正，也可与 shiying@zdonline. org 联系。

编 者

2014 年 7 月

目　录

第 1 章 基础知识

PHP 是全球最普及、应用最广泛的互联网开发语言之一。PHP 语言具有简单、易学、源码开放，可操作多种主流与非主流的数据库，支持面向对象的编程，支持多种开源框架，支持跨平台的操作，而且完全免费等特点，越来越受到广大程序员的青睐和认同。PHP 目前拥有几百万用户，其发展速度要快于在它之前的任何一种计算机语言。相信 PHP 一定能够经得起实践的检验，发展成为互联网开发语言中“主流中的主流”。

1.1 PHP、Apache、MySQL 和开源的简介

从许多方面来看，PHP 语言都是开源项目的典型代表，最初创建它只是为了满足一个开发人员自己的需要，在此之后由于日益扩大的 PHP 社区的需求而不断改进。作为一个刚刚涉足这个领域的开发人员，对 PHP 的发展历程有所了解是很重要的，因为它能帮助我们体会到这种语言的优势，另外从某种程度上还可以理解 PHP 是如何偶然地形成其独有特性的。

1.1.1 开源软件及其优点

时至今日，开源软件早已成为软件领域不可或缺的重要组成部分。很多成功的开源软件项目如 Linux、Apache、Eclipse 等，由于其出色的质量和固有的开放性，被当做事实上的工业标准软件，广泛地应用于各个领域，产生了巨大的社会价值。

更为重要的是，开源运动宣扬了自由、平等、协作的精神，实践了信息和知识共享的理念，并且实现了知识产权保护和分享之间的微妙平衡。从这个意义上来说，开源软件是人类对于理想和现实权衡之下的一个美妙产物，这也是开源运动能够如此成功的关键原因。

1. 开源软件的定义

根据开放源码促进会(Open Source Initiative，OSI)的定义，可将开放源码定义为：“开放源码通过支持源代码的独立同业互查(independent peer review)和快速发展演变提高了软件的可靠性和质量。要通过 OSI 认证，软件必须在获得许可证的情况下发布，该许可证可保证免费读取、重新发布、修改和使用该软件的权利。”开放源码软件被定义为描述其源码可以被公众使用的软件，并且此软件的使用、修改和分发也不受许可证的限制。

开放源码促进会即 OSI 对开源软件有明确的定义，业界公认只有符合这个定义的软件才能被称为开放源代码软件，简称开源软件，如图 1-1 所示。

2. 开源软件和其他类型软件的比较

在开源运动风起云涌的今天，开源软件的触角几乎伸到了各个领域，用户可以找到开源的项目管理软件、开源的3D电影渲染引擎、开源的游戏框架、开源的硬件驱动程序、开源的手机操作系统等。

Linux操作系统、Apache服务器、MySQL数据库以及PHP、Perl或者Python语言，这些产品共同组成了一个强大的Web应用程序平台，如图1-2所示。这组产品都是开源软件，常用来搭建动态网站或者服务器，本身都是各自独立的程序，但是因为常被放在一起使用，拥有了越来越高的兼容度，共同组成了一个强大的Web应用程序平台。随着开源潮流的蓬勃发展，开放源代码的LAMP已经与J2EE和.Net商业软件形成三足鼎立之势，并且该软件开发的项目在软件方面的投资成本较低，因此受到整个IT界的关注。从网站的流量上来说，70%以上的访问流量是LAMP提供的，LAMP是最强大的网站解决方案。程序员在Windows操作系统下使用这些Linux环境中的工具称为使用WAMP。

图1-1 开源标志

图1-2 LAMP架构

LAMP所代表的不仅仅是自由和开放，而且LAMP构成了一个强大的、高性能Web应用平台，具有易于开发、更新速度快、安全性高、成本低的特点，因此被许多开发者视为"黄金组合"。当前，国外最知名的三大BBS软件提供商IPB、VBB、PHPBBS均基于LAMP平台。在国内，据PHPChina资料统计，在中国排名前200名的网站中就有61%采用了LAMP技术。

LAMP的迅速发展对Java和.NET等商业软件构成了严重威胁。据美国互联网市场调研机构NetCraft(www.netcraft.co.uk)发布的2010年8月份的网站统计数据表明，基于Linux的Apache依然是网站的第一选择，市场份额达半数以上，而快速崛起的Web 2.0网站，半数以上也都采用了LAMP技术。

1.1.2 PHP简介

1. PHP是什么

PHP是一种服务器端的嵌入式脚本语言，是一种跨平台、面向对象、HTML嵌入式的脚本语言。它于1995年由Rasmus Lerdorf开发。PHP是Hypertext Preprocessor(超文本预处理器)的缩写，是一种开源、跨平台、独立于架构、解释型、面向对象、快速安全、简单易学、性能优越的Web服务器端动态网页开发语言。PHP自从推出以来，其用户数量呈指数级增长，如图1-3所示，目前已有超过2200万个网站、1.5万家公司、450万程序开发人员在使用PHP语言，它是目前动态网页开发中使用最为广泛的语言之一。

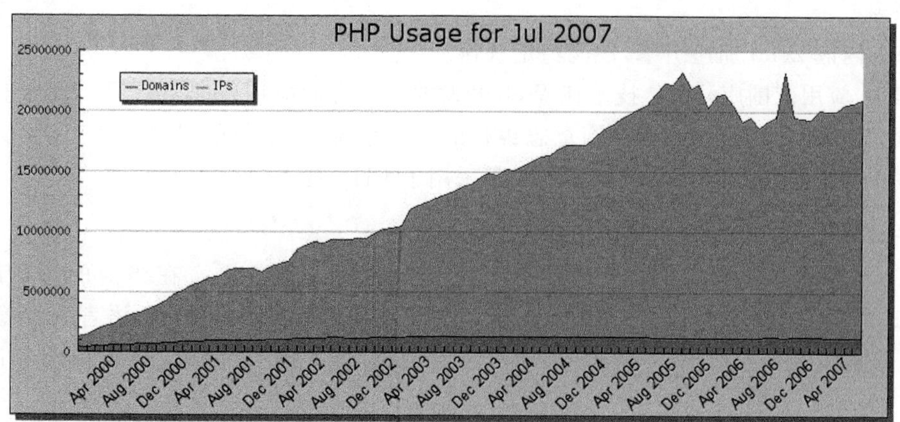

图1-3 本图来自Netcraft(www.netcraft.com)，显示了过去几年PHP的显著增长

在编写本书时，PHP发行的稳定版已到了版本5(从技术上讲，是5.3.3)，但其版本4仍然在使用并且在服务器上很常见，PHP的最新版本6也即将正式发布。本书将使用PHP5，但是，如果版本有差别，也不会有什么问题。显然，在服务器上最好是使用最新的PHP技术，本书将尽可能采用无版本差别的代码。

2. PHP的语言优势

PHP起源于自由软件，即开放源代码软件，使用PHP进行Web应用程序的开发具有以下语言优势：

(1) 安全性高。PHP是开源软件，每个人都可以看到所有PHP的源代码，程序代码与Apache编译在一起的方式也可以让它具有灵活的安全设定，PHP具有公认的安全性能。

(2) 跨平台。PHP几乎支持所有的操作系统平台(如Windows 32或UNIX/Linux/Macintosh/FreeBSD/OS2等)，并且支持Apache、IIS等多种Web服务器，并以此广为流行。

(3) 支持广泛的数据库。可操纵多种主流与非主流的数据库，如MySQL、Access、SQL Server、Oracle、DB2等，其中PHP与MySQL是现在最佳的组合，它们的组合可以跨平台运行。

(4) 简单易学。PHP嵌入在HTML语言中，以脚本语言为主，内置丰富函数，语法简单、书写容易，方便学习掌握。

(5) 执行速度快。占用系统资源少，代码执行速度快。

(6) 开发成本低。在流行的企业应用LAMP平台中，Linux、Apache、MySQL和PHP都是免费软件，这种开源免费的框架结构可以为网站经营者节省很大一笔开支。

(7) 模板化。实现程序逻辑与用户界面分离。

(8) 支持面向对象。支持面向对象和过程的两种风格开发,并可向下兼容。面向对象编程(OOP)是当前的软件开发趋势。PHP 对 OOP 提供了良好的支持,可以使用 OOP 的思想来进行 PHP 的高级编程,这对于提高 PHP 编程能力和规划好 Web 开发架构都非常有意义。

(9) 内嵌 Zend 加速引擎,性能稳定快速。

(10) 应用范围广,PHP 技术在 Web 开发的各个方面应用得非常广泛。世界上很多大公司都采用了 PHP 技术,如德意志银行的交易系统、华尔街的股票在线买卖、汉莎航空公司的票务处理,甚至美联储、宇航局都采用了 PHP 技术。

3. PHP 语言的发展

TIOBE 世界编程语言排行榜在一定程度上体现了编程语言在当前的流行趋势。TIOBE 最新公布了 2014 年 2 月的编程语言排行榜,值得关注的 PHP 语言一直稳居前列,位于第六位。2014 年 2 月份 TIOBE 世界编程语言排行的相关数据说明如图 1-4 所示。

2014年2月	2013年2月	排名变化	编程语言	支持率	支持率变化
1	2	↑	C	18.334%	+1.25%
2	1	↓	Java	17.316%	-1.07%
3	3		Objective-C	11.341%	+1.54%
4	4		C++	6.892%	-1.87%
5	5		C#	6.450%	-0.23%
6	6		PHP	4.219%	-0.85%
7	8	↑	(Visual) Basic	2.759%	-1.89%
8	7	↓	Python	2.157%	-2.79%
9	11	↑	JavaScript	1.929%	+0.51%
10	12	↑	Visual Basic .NET	1.798%	+0.79%
11	16	↑↑	Transact-SQL	1.667%	+0.89%
12	10	↓	Ruby	0.924%	-0.83%
13	9	↓↓	Perl	0.887%	-1.36%
14	18	↑↑	MATLAB	0.641%	-0.01%
15	22	↑↑	PL/SQL	0.604%	-0.00%
16	47	↑↑	F#	0.591%	+0.42%
17	14	↓	Pascal	0.551%	-0.38%
18	36	↑↑	D	0.529%	+0.23%
19	13	↓↓	Lisp	0.523%	-0.42%
20	15	↓↓	Delphi/Object Pascal	0.522%	-0.36%

图 1-4 2014 年 2 月 TIOBE 世界编程语言排名

TIOBE 编程语言排行榜衡量了各种编程语言的流行程度。该排行榜每月发布一次,统计数据包括全球范围的软件工程师、培训课程以及第三方供应商,数据来自 Google、

MSN 和 Yahoo！等流行搜索引擎。

近几年 PHP 的发展呈现上升趋势，如图 1-5 所示，这也说明了 PHP 语言简单、易学、面向对象和安全等特点正在被更多人所认同。相信新的 PHP 语言将会朝着更加企业化的方向迈进，并且将更适合大型系统的开发。

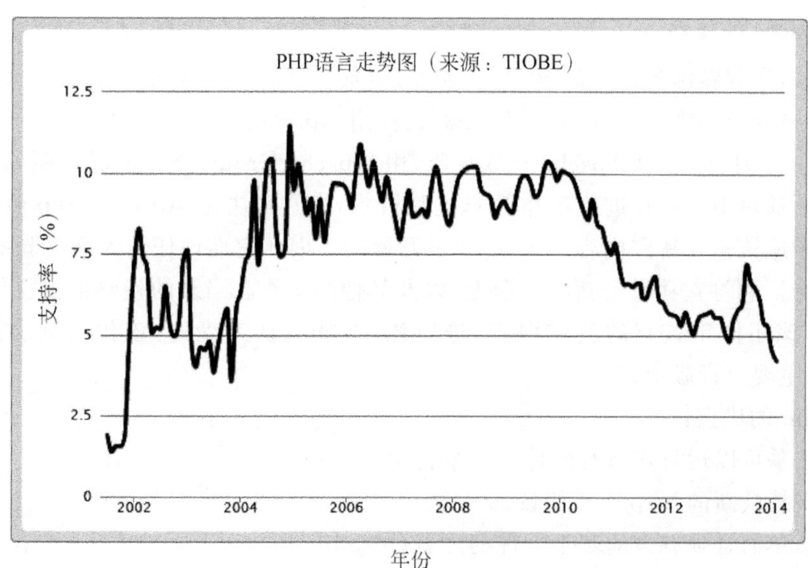

图 1-5 PHP 近几年的语言走势图

4. PHP 与其他语言的比较

就目前的动态网页开发技术而言，除了 PHP 以外，还有 ASP、JSP 和.NET，它们各有千秋，都有着广泛的用户群，本节将它们进行简单的比较，如表 1-1 所示。

表 1-1 PHP 与其他语言的比较

比 较 项 目	PHP	ASP	JSP	.NET
跨操作系统性	支持	只支持 Windows	支持	只支持 Windows
Web 服务器	多	IIS	很多	IIS
执行效率	快	快	极快	极快
稳定性	高	低	高	高
开发敏捷度	高	高	中	高
支持语言	PHP	VBScript	Java	C#、VB、C++、JScript
函数支持	多	少	中	多
系统安全	高	低	高	高
版本升级	快	慢	慢	一般
难易程度	易	易	难	中

它们都各有所长,可以根据实际需要从中选择一种。不一定要选择最好的,但一定要选择最适合自己的。

1.1.3 Apache 简介

1. Apache 的特性

Apache 是世界排名第一的 Web 服务器,根据 Netcraft(www.netsraft.com)公司所作的调查,世界上 50%以上的 Web 服务器在使用 Apache。

1995 年 4 月,最早的 Apache(0.6.2 版)由 Apache Group 公布发行。Apache Group 是一个完全通过 Internet 进行运作的非盈利机构,由它来决定 Apache Web 服务器的标准发行版中应该包含哪些内容。Apache 是开源的。因此它准许任何人修改隐藏的错误,提供新的特征和将它移植到新的平台上,以及其他的工作。当新的代码被提交给 Apache Group 时,该团体审核它的具体内容,进行测试,如果认为满意,该代码就会被集成到 Apache 的主要发行版中。

Apache 的优点:

(1) 几乎可以运行在所有的计算机平台上。

(2) 支持最新的 http/1.1 协议。

(3) 简单而且强有力的基于文件的配置(httpd.conf)。

(4) 支持通用网关接口(cgi)。

(5) 支持虚拟主机。

(6) 支持 Http 认证。

(7) 集成 Perl。

(8) 集成的代理服务器。

(9) 可以通过 Web 浏览器监视服务器的状态,可以自定义日志。

(10) 支持服务器端包含命令(ssi)。

(11) 支持安全 Socket 层(ssl)。

(12) 具有用户会话过程的跟踪能力。

(13) 支持 fastcgi。

(14) 支持 Java Servlets。

Apache 的缺点:

Apache 没有为管理员提供图形用户接口(gui),但最近的 Apache 版本已经有了 gui 的支持。

2. Apache 的市场情况

Netcraft 在 Web 服务器上的统计(http://www.netcraft.com/survey)显示,自从 1996 年 4 月以后,Apache 就成为 Web 服务器领域应用最为广泛的软件。而在此前,使用最广泛的 Web 服务器是 NCSA Web 服务器(这是 Apache 的前身,也是 OSS/FS)。它在 1995 年 8 月至 1996 年 3 月间占据了 Web 服务器市场份额第一的位置。从 2000 年开始,Netcraft 就尝试只计算那些"活跃"的 Web 站点。因为很多 Web 站点被创建以后并未被使用(比如,虽然注册了域名但并未使用),这样的站点就属于“非活跃”的站点,很显然,这种统计方式更能反映实际的情况。在统计活跃的站点时,2014 年 2 月的数据是 Apache 占据了 41.64%的市场份额,IIS 仅占据了 29.42%,虽然这几年 Apache 的市场份额有所下降,但不容置疑的是,它依然是最主流的 Web 服务器。如图 1-6 所示,反映的是 1995 年 9 月至 2014 年 2 月 Web 服务器市场份额的变化情况(链接 http://news.netcraft.com/archives/2014/02/03/february-2014-web-server-survey.html)。

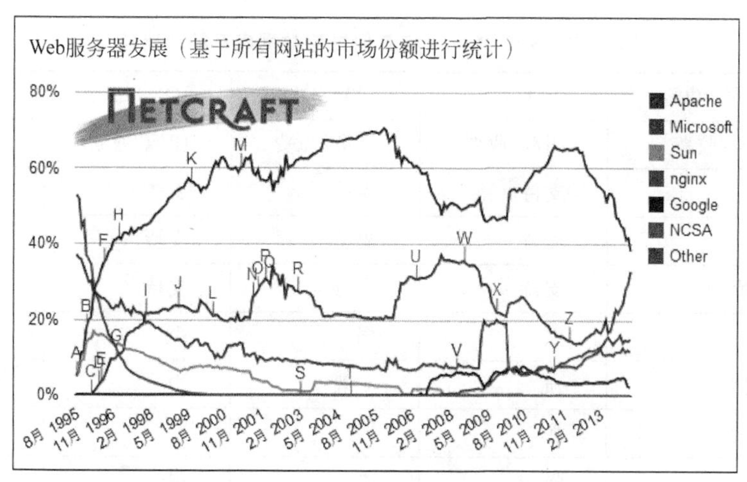

图 1-6 Netcraft 公司统计的 Web 服务器使用情况

1.1.4 MySQL 简介

1. MySQL

MySQL 是一个关系型数据库管理系统。MySQL 设计之初的目标便是成为高性能、普通用户支付得起的数据库服务器和工具。到今天为止,这一目标已经变得越来越近。

MySQL 也代表开源精神。由 MySQL 带动的一系列软件开发和经济效益给数据库领域带来了许多革命性的贡献。MySQL 的使命是为所有人贡献一个经济实惠并且性能卓越的数据库软件。

MySQL 的独到之处——插件式存储引擎(Pluggable Storage Engine),可谓将数据库理论发挥得淋漓尽致,完美地映射了数据库的外模式和内模式理论。MySQL 存储类别的粒度小到每个表,用户可以最大程度地利用各种引擎的优点,又避免了它的缺点。

相对于其他数据库系统往往无法选择存储引擎的现实,MySQL 能够满足多方面的需求。如数据库仓库市场、嵌入式数据库等。

2. MySQL 的市场情况

短短的十几年间,MySQL 快速发展,原本门可罗雀的 MySQL 网站,如今日访问超过 1000 万页面访问量(Page View,PV)。到目前为止 MySQL 装机量接近 1200 万,而且每天下载量以超过 5 万的数量增加。毋庸置疑地成为世界上最流行的开源数据库。

据 MySQL 官方称,MySQL 数据库占有全球数据库 25%的市场份额、互联网公司

80%的市场份额。特别近几年 Web 2.0 的兴起，更是引爆了 MySQL 的应用。国内各大互联网公司也大量地在其关键产品中使用 MySQL，使得国内 MySQL 技术人员的就业形势一路走红。

3. MySQL 与其他商用数据比较

从技术角度来说，MySQL 也不逊色于当前的其他商用数据库。表 1-2 是 MySQL 5.1 与其他主流数据库系统的功能比较。

表 1-2 MySQL 5.1 与其他主流数据库系统的比较

数据库系统/功能	Oracle	MySQL	SQL Server	DB2
是否开源/收费	闭源/收费	开源/免费	闭源/收费	闭源/收费
视图	支持	支持	支持	支持
触发器	支持	支持	支持	支持
存储过程	支持	支持	支持	支持
索引	强	弱	中	中
事务支持	强	一般	中	强
复杂查询	强	弱	中	中
安全性	强	中	中	强
快照	支持	不支持	支持	支持
易学性	难	简单	简单	难
用户友好度	中	一般	强	中

目前，MySQL 也有商业支持版的收费产品。

4. MySQL 的发展

MySQL AB 是一家公司。瑞典主流媒体《瑞典日报》是如此描述这家公司的："MySQL AB 是开源软件数据库软件 MySQL 的后台支持公司"。MySQL 公司由两个瑞典人 Michael Widenius、Allan Larsson 和一个芬兰人 David Axmark 于 1995 年在瑞典注册成立。

2008 年 2 月，当时的业界开源老大 Sun Microsystems 动用 10 亿美元收购了 MySQL，造就了开源软件的收购最高价。这次交易给开源交易设立了一个新的基准。MySQL 被收购之后，MySQL 图标停止使用，取而代之的是 Sun/MySQL 图标。

MySQL 和 Sun 合并之后，推出了 MySQL 5.1GA 版和 MySQL 5.4 Beta 版。5.4 的推出照搬了 4.1 和 5.0 当时的开发模式，让 5.4 版和 6.0 版并行处于 Beta 开发阶段。

2009 年，数据库老大 Oracle 大笔一挥，开出 74 亿美元的支票，将 Sun Microsystems 和 MySQL 通盘收于旗下。

作为"陪嫁"给 Oracle 的重要数据库技术，MySQL 已成为 Oracle 重点发展的方向，也是 Oracle 抗衡微软 SQL Server 的法宝。无论 MySQL 的未来发展如何，其数据库存储引擎的实现都是解决数据存储问题的关键，掌握其存储机制，即可举一反三，从容应对其他任何一种数据库产品。

1.2　动态 Web 站点

1.2.1　B/S 结构原理

在开始 Web 动态程序的开发之前，必须先要理解 B/S 结构。整个 Web 可以分为两个重要的组成部分：客户端和服务器端。当客户端需要请求特定的 URL 时，它将与服务器建立连接，并通过 HTTP 协议发送请求至 Web 服务器。Web 服务器接收到客户端的请求之后将生成响应内容，同时将该响应内容通过连接返回给客户端。

正常情况下，一个 HTTP 服务器会等待浏览器发送的请求，并根据 HTTP 协议进行响应。客户端总是请求某个特定的文档。服务器将检查该请求，同时将客户端请求的文档映射到服务器本地的文件系统中，或者将该请求转发给一个特定的应用程序，并由该应用程序负责对请求进行处理，生成响应内容。一旦处理完毕，服务器将把处理结果返回给客户端，如图 1-7 所示。

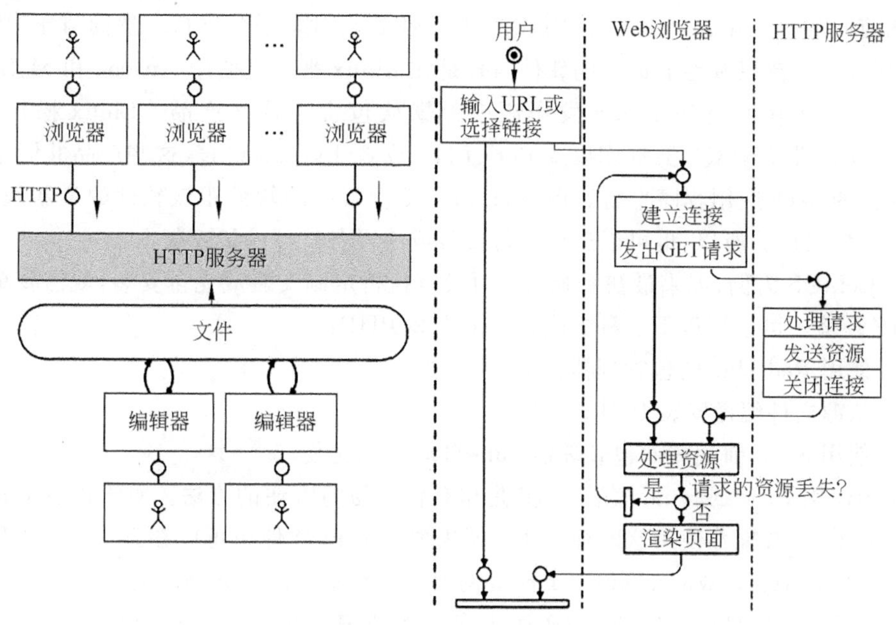

图 1-7　B/S 结构原理

图 1-7 的左侧部分演示了一个非常简单的系统结构：用户与浏览器打交道，浏览器接受用户的输入和数据，然后将请求发送到 HTTP 请求服务器，而请求服务器则从磁盘上读取客户端需要的文件，再发送给客户端。

图 1-7 的右侧部分描述了系统中发生的内容：用户在浏览器中输入 URL 或点击某个超链接，浏览器从输入的 URL 或超链接中获取服务器地址，然后与服务器建立 TCP/

IP 连接。使用该连接，浏览器可以向 HTTP 服务器发送一个 GET 请求，服务器接收到该 URL 地址后从 URL 中提取出请求的资源名称。

HTTP 服务器读取请求并对请求进行处理，使用打开的 TCP/IP 连接，服务器在它的响应中发送客户端需要的资源，发送完毕后服务器将关闭该连接。浏览器接收到服务器返回的数据后，它将检测这些数据。HTML 文档中可以包含资源链接（比如图片、Flash 或 Java applets）。对于这些资源，客户端必须再次向服务器发送请求获取。一旦所有的内容都下载完毕，浏览器就可以将这个 HTML 展现在浏览器中。

PHP 的工作原理也是如此：PHP 应用程序通过请求的 URL、所有表单数据和已捕获的任意会话信息从客户端获得信息，从而确定应该执行什么操作。如有必要，服务器会从 MySQL 数据库获得信息，将这些信息与一些 HTML 模板组合在一起，并将结果返回给客户机。当用户在浏览器中导航时，这个过程重复进行。当多个用户访问系统时，这个过程会并发进行。但是，数据流不是单向的，因为可以用来自用户的信息更新数据库，包括会话数据、统计数据和用户提交的内容（比如评论或站点更新）。除了动态元素之外，还有静态元素，比如图像、JavaScript 代码和层叠样式表（CSS）。

1.2.2 Linux 环境下的安装与配置

在前面的章节中已经介绍了 PHP 的兼容性和它对多平台支持。然而对于 PHP 来说，应用最为广泛以及性能最佳的软件组合是在 Linux 平台上使用 Apache 和 MySQL。

目前，几乎在所有的 Linux 发布版中都默认包含了这些产品。Linux 操作系统、Apache 服务器、MySQL 数据库以及 Perl、PHP 或者 Python 语言，这些产品共同组成了一个强大的 Web 应用程序平台。但是，Linux 发行版中的软件跟该软件的最新版相比，都有一定的滞后。所以，也可以选择自行安装或编译各软件的最新版本。

以 CentOS 为例，如果最初系统安装时没有执行定制安装或完全安装，就需要单独安装 PHP 环境。可以用以下三种方法之一来安装 PHP：

- 使用 Red Hat 的包管理器（RPM）。
- 从源文件编译安装 PHP。
- 使用 Shell 前端软件包管理器 yum 自动下载安装。

其中使用 RPM 或 yum 安装 PHP 是相对较容易与方便的方法。对于没有太多经验的用户来说，通常推荐使用这两种方法。所需要的 rpm 软件包可以在系统镜像 CD 中找到，也可以从 http://www.rpmfind.com 网站上下载最新的.rpm 软件包。

而使用从源文件编译安装 PHP 时，可能还需要编译安装以下软件包。

- autoconf：2.13＋（PHP ＜ 5.4.0），2.59＋（PHP ＞＝5.4.0）。
- automake：1.4＋。
- libtool：1.4.x＋（除了 1.4.2）。
- re2c：版本 0.13.4 或更高。
- flex：版本 2.5.4（PHP ＜＝5.2）。
- bison：版本 1.28（建议），1.35 或 1.75。

1.2.3 Windows 环境下的安装配置

在 Windows 平台安装 PHP 时，可以从很多选项中进行选择，如与 Windows 一起使用 Apache 和 MySQL，或者使用 Microsoft SQL Server 和 IIS 的组合。

1. 下载软件

1) MySQL

从 http://dev.mysql.com/downloads/上下载 MySQL 数据库服务器推荐的通用(MySQL Community Server)版本。

MySQL 将指定推荐版本，它们将是最新发布的稳定版本。在编写本书时，最新版本是 5.6.16。在下载页面上，应该下载针对 Windows 系统的版本。

2) Apache

从 http://httpd.apache.org/download.cgi 上下载 Apache 的最新版本。

Apache 的版本有三个分支：1.3.x、2.0.x 和 2.2.x。在编写本书时，使用的是 Apache 2.2 版本的最新版本 2.4.7。

Apache for Windows 可以作为一个简单的可执行文件使用。

3) PHP

从 http://windows.php.net/download/下载 PHP for Windows 的最新版本。

下载 Windows Zip 程序包。在编写本书时，最新的版本是 5.5.9。

2. 安装软件

1) MySQL

从 MySQL 的 Web 站点上下载的文件将是 MSI 类型，它是一种常见的 Windows 安装程序。直接双击下载的文件，开始安装过程。

安装过程可根据程序向导进行，值得注意的是，安装完成后开始配置 MySQL，全部保持默认选项即可，但最好把 MySQL 默认编码改为 utf8，如图 1-8 所示。

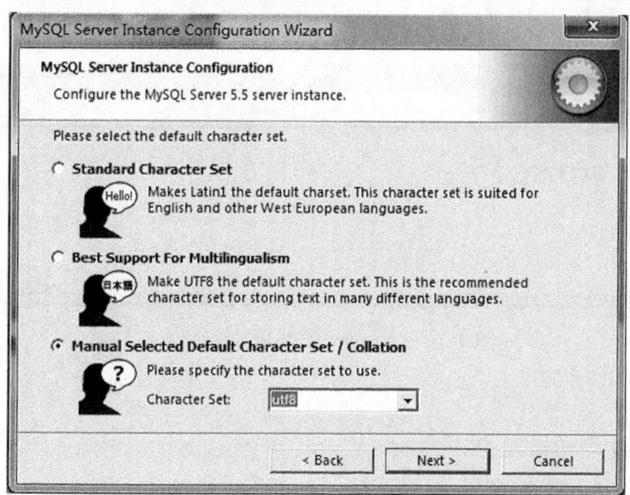

图 1-8 设置 MySQL 默认编码

需要在安装过程中设定 root 用户的密码。根用户 root 具有对 MySQL 的不受限制的访问权限，因此这个密码应该是安全的，并且不应该忘记它。在 Modify Security Settings 选项中设置密码，输入两次密码即可完成，最后单击 Next 按钮完成配置，如图 1-9 所示。

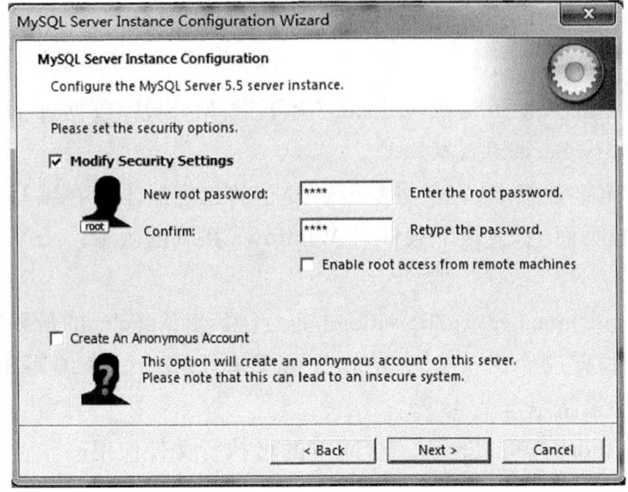

图 1-9　设置 root 账户密码

2) Apache

从 Apache 的 Web 站点上下载的文件也是 MSI 类型，双击下载的安装程序，开始安装过程，逐步通过向导。

安装程序将经过多个步骤，包括同意许可。当要求输入服务器信息时，可以输入几乎所有的信息。尽管作为一种服务应该选择为所有用户运行 Apache。在安装过程中，还需选择目标文件夹，默认是 C:\Program Files\Apache Group，最后完成实际的安装过程。

安装完成之后，在浏览器输入 http://localhost/，如果显示"It Works!"，则表示 Apache 安装成功，如图 1-10 所示。

图 1-10　Apache 安装成功测试页面

3) PHP

PHP 的安装过程稍微复杂一点。

(1) 需要解压缩下载的文件。

可以把它的内容放到几乎任何位置，但是选择 C:\php 有意义一些。不要在目录路径中使用空格，因为这可能导致某些服务器崩溃。

(2) 把 php.ini-development 复制到 Windows 的目录中，并将其重命名为 php.ini。

php.ini 文件控制 PHP 的行为方式。Zip 程序包带有这个文件的两个示例，php.ini-development 是其中的一个文件。应该把它复制或移动到 Windows 目录中，可能是 C:\WINNT 或 C:\Windows，或者类似的目录，这取决于特定的操作系统。把这个文件重命名为 php.ini。

(3) 从"开始"菜单中选择"程序"→Apache HTTP Server→Configure Apache Server→Edit the Apache httpd.conf Configuration File 命令。

现在，需要告诉 Apache 把 PHP 用于某些文件。为了执行该任务，需要编辑 Apache 的配置文件(httpd.conf)。幸运的是，Apache 安装程序为此创建了一个"开始"菜单快捷方式，应该会在"记事本"或另一个文本编辑器中打开文件。

(4) 在 LoadModule 部分的末尾，添加：

```
LoadModule php5_module "c:/php/php5apache2_2.dll"
```

通过手动编辑 Apache 的配置文件，以启用 PHP。

这一步告诉 Apache 加载 PHP 模块。

(5) 添加 index.php 作为目录索引。

找出以 DirectoryIndex 开头的行，取消这一行的注释：

```
DirectoryIndex index.html index.php
```

这允许 index.php 作为目录中的主文件，例如，如果用户只输入了 www.sitename.com，则 Apache 将提供 www.sitename.com/index.php。

(6) 重新启动 Apache，使以上配置生效。

(7) 测试 PHP。

最后，可以通过运行脚本 phpinfo.php，测试是否启用了 PHP，并会显示关于 PHP 安装的大量信息。这个脚本非常简单，但它是 PHP 开发人员曾经编写过的最重要的脚本之一，因为它提供了非常多的有价值的知识。

把 phpinfo.php 文件放置在服务器上正确的目录中，这依赖于操作系统和 Web 服务器。对于安装了 Apache 的 Windows 用户，这个目录名为 htdocs，并且在 Apache 目录，默认为 C:\Program Files\Apache Group\Apache 内。

如果在 Web 浏览器中运行 PHP 脚本时，它试图下载文件，那么 Web 服务器就不会把文件扩展名识别为 PHP。可以检查 Apache 的配置，以校正这个问题。

1.2.4 常见 Apache+PHP+MySQL 整合安装环境

虽然可以遵照这些指导并手动安装所有必需的软件，但也有另一种选择。可以在线找到多种不同的免费多合一程序包，它们可以一次性安装 Apache、PHP 和 MySQL——有时还包括像 phpMyAdmin 这样的额外软件。其缺点是：如果安装发生问题，则可能更难以调试。

1. AppServ（推荐，简洁精简）

主页：http://www.appservnetwork.com/。

当前的两个版本是2.5.10及2.6.0。

AppServ是PHP网页架站工具组合包，作者将一些网路上免费的架站资源重新包装成单一的安装程序，以方便初学者快速完成架站，AppServ所包含的软件有Apache、Apache Monitor、PHP、MySQL、PHP-Nuke、phpMyAdmin。适合初学者。

2. XAMPP（功能全面）

主页 http://www.apachefriends.org/zh_cn/index.html。

XAMPP是一款具有中文说明的功能全面的集成环境，XAMPP并不仅仅针对Windows，而是一个适用于Linux、Windows、Mac OS X和Solaris的易于安装的Apache发行版。软件包中包含Apache服务器、MySQL、SQLite、PHP、Perl、FileZilla FTP Server、Tomcat等。默认安装开放了所有功能，安全性有问题，需要对以下安全问题进行设定：

- MySQL管理员(root)未设置密码。
- MySQL服务器可以通过网络访问。
- PhpMyAdmin可以通过网络访问。
- 样例可以通过网络访问。
- Mercury邮件服务器和FileZilla FTP服务器的用户是公开的。

3. WampServer（简便易用）

主页 http://www.wampserver.com/en/。

WampServe集成了Apache、MySQL、PHP、phpmyadmin，支持Apache的mod_rewrite，PHP扩展、Apache模块有相应的“开启/关闭”菜单方便管理，省去了修改配置文件的麻烦。

4. phpstudy

个人主页 http://www.phpstudy.net/。

该程序包集成最新的Apache＋PHP＋MySQL＋phpMyAdmin＋ZendOptimizer，一次性安装，无须配置即可使用，是非常方便、好用的PHP调试环境。该程序不仅包括PHP调试环境，还包括了开发工具、开发手册等。总之学习PHP只需一个包。

对于学习PHP的新手来说，不管是Windows还是Linux，全新且完整的环境配置是一件很困难的事，对于有经验的开发者来说也是一件烦琐的事。因此无论是新手还是老手，以上列出的程序包套件都是一个不错的选择。

本章小结

本章重点讲述了什么是PHP、PHP的语言优势及发展，介绍了开源的历史背景，以及与PHP配合使用的Apache和MySQL软件介绍，通过这些内容使读者对PHP有一个全面的认识。

重 点 回 顾

1. PHP、Apache 及 MySQL 各软件的功能。
2. 开源的意义。
3. AMP 环境在不同系统中的安装过程。
4. 整合套件的用法。

本 章 实 训

【实训】

选择一种合适的安装方式，为后续的学习搭建开发环境。

第 2 章　PHP 语法基础

PHP 是一种易于学习和使用的服务器端脚本语言，只需要很少的编程知识就能使用 PHP 建立一个真正交互的 Web 站点。初学者需要具备 HTML、JavaScript 等脚本语言基础，这些知识为学习 PHP 打下了坚实的基础。

从语法上看，PHP 语言近似于 C 语言。可以说，PHP 是借鉴 C 语言的语法特征，由 C 语言改进而来的。

2.1　基本语法

2.1.1　在 Web 页面中嵌入 PHP

虽然可以书写和运行独立的 PHP 程序，但是大多数的 PHP 代码都是嵌入到 HTML 文件中的。这毕竟是 PHP 被创造的首要原因。PHP 是一种 HTML 中嵌入的脚本语言。HTML 中嵌入的(HTML-embedded)是指可以把 PHP 代码和 HTML 代码混合在相同的脚本里，不仅可以将 PHP 脚本嵌入到 HTML 文件中，还可以把 HTML 标签也嵌入在 PHP 脚本里。

1. PHP 标签的类别

为了开始用 PHP 编程，首先从一个简单的 Web 页面开始。脚本 2-1 是一个简洁的 XHTML 过渡性文档的示例，它将用作本书中每个 Web 页面的基础。

脚本 2-1　基本 XHTML 1.0 过渡型 Web 文档。

```
<!DOCTYPE html PUBLIC "-//W3C//DTD XHTML 1.0 Transitional//EN"
"http://www.w3.org/TR/xhtml1/DTD/xhtml1-transitional.dtd">
<html xmlns="http://www.w3.org/1999/xhtml">
<head>
<meta http-equiv="Content-Type" content="text/html; charset=gb2312" />
  <title>网页标题</title>
</head>
<body>
</body>
</html>
```

因为一个单独的文件中包含PHP和非PHP的源代码，所以需要一种方法来识别出属于PHP代码的区域用于执行。PHP提供了多种不同的方式。

(1) 首选的正式语法。

```
<?php
?>
```

(2) 非正式的语法。

```
<?
?>
```

这些符号叫做PHP标签(PHP Tags)，是用来告诉Web服务器PHP程序从哪里开始、到哪里结束。标签内的所有内容都会被当作PHP来解释，这意味着PHP解释器将处理这些代码；PHP标签外的文本会被当作一般的HTML，立即发送给Web浏览器。PHP标签让我们可以脱离HTML。

注：当使用“＜？…？＞”将PHP代码嵌入HTML文件中时，可能会同XML发生冲突，同时，能否使用这一缩减形式还取决于PHP本身的设置。

对PHP脚本的最后一个考虑是文件必须使用正确的扩展名。扩展名告诉服务器把脚本作为PHP页面处理。大多数Web服务器都为标准HTML页面使用.html或.htm扩展名，通常为PHP脚本首选.php扩展名。

2. 建立基本的PHP脚本

(1) 在文本编辑器中创建一个新文档(见脚本2-2)。

脚本2-2 这是第一个PHP脚本，它本身不做任何事情，只示范了要使用的语法。

```
<!DOCTYPE html PUBLIC "-//W3C//DTD XHTML 1.0 Transitional//EN"
"http://www.w3.org/TR/xhtml1/DTD/xhtml1-transitional.dtd">
<html xmlns="http://www.w3.org/1999/xhtml">
<head>
<meta http-equiv="Content-Type" content="text/html; charset=gb2312" />
  <title>最简单的 PHP 页面</title>
</head>
<body>
<p>这里是 HTML。</p>
<?php
?>
</body>
</html>
```

一般可以任意选择要使用的文本编辑器，它可以是Macintosh上的BBEdit、Windows上非常基本的“记事本”或更高级的Dreamweaver，或者是Linux上的vi。

(2) 开始编写HTML文档。

强烈建议PHP开发人员使用正式的PHP标签。

(3) 将文件另存为 first.php。

记住：如果没有使用合适的 PHP 扩展名保存文件，该脚本将不会正确执行。

(4) 将该文件置于 Web 服务器上正确的目录中。

如果在自己的计算机上运行 PHP，只需要将文件保存到计算机上的特定文件夹中。可以检查特定 Web 服务器应用程序的文档，以找到该目录。常见的选项有 C:\inetpub\wwwroot(Windows 上的 IIS)、C:\Program Files\Apache Group\Apache\htdocs (Windows 上的 Apache)，或者～/Sites(具有 Apache 的 Mac OS X，其中～指主目录)，或者/var/www/html(Linux 上的 Apache)。

如果在远程托管服务器上运行 PHP，则需要使用 FTP 应用程序将文件上传到正确的目录中，托管 ISP 运营商将提供访问权限及其他必要的信息。

(5) 在 Web 浏览器中运行 first.php，如图 2-1 所示。

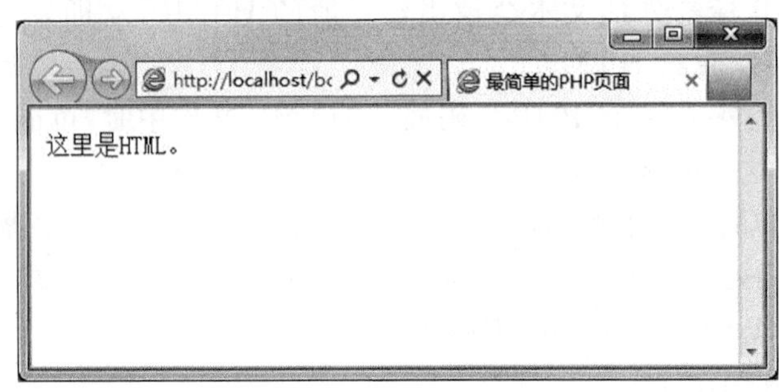

图 2-1 first.php 在浏览器中的运行结果

图 2-1 虽然看起来与任何其他简单的 HTML 页面一样，但这是一个 PHP 脚本，它是本书中其余示例的基础。

同样，如果在自己的计算机上运行 PHP，将需要浏览地址 http://localhost/first.php 或 http://localhost/～<username>/first.php。如果正在使用一台具有个人域名的 Web 主机，则需要使用 http://your-domain-name/first.php。

正常情况下，应该看到一个简单但完全有效的 Web 页面。如果看到了 PHP 代码(标签)，则说明没有使用正确的扩展名，或者服务器不支持 PHP，需要检查文件及服务器环境配置，排除相关错误。

由于 PHP 脚本需要由服务器解析，所以必须通过 URL(http://localhost/first.php 或 http://www.dmcinsights.com/first.php)访问 PHP 脚本。不能像在 HTML 静态页面或其他应用程序中打开一个文件那样在 Web 浏览器中简单地打开它们，如果这样做，则地址的开头部分将是 file://。

另外，可以在单一 HTML 文档中嵌入 PHP 代码的多个部分，即可以在两种语言之间来回转换。

2.1.2 发送数据到 Web 浏览器

要利用 PHP 构建动态 Web 站点，必须知道如何发送数据到 Web 浏览器。PHP 具有许多用于此目的的内置函数，其中最常用的是 echo()和 print()。PHP 和 HTML 最简单的交互是通过 print 和 echo 语句来实现的，在实际使用中，print 和 echo 两者的功能几乎是完全一样。可以这么说，凡一个可以使用的地方，另一个也可以使用。

```
echo 'Hello, world!';
print "您好!";
```

正如从这个示例中可以看到的，任一个函数都将使用单引号或双引号。应注意：在 PHP 中，所有语句都必须以分号结尾。

1. 将数据输出到 Web 浏览器

(1) 在文本编辑器中打开 first.php(参见脚本 2-2)。

(2) 在 PHP 标签(第 10 行和第 11 行)之间，添加一条简单的消息(参见脚本 2-3)。

```
echo '这一行由 PHP 输出。';
```

脚本 2-3 PHP 可以使用 print()或 echo()发送数据到 Web 浏览器(如图 2-2 所示)。

```
1  <!DOCTYPE html PUBLIC "-//W3C//DTD XHTML 1.0 Transitional//EN"
2  "http://www.w3.org/TR/xhtml1/DTD/xhtml1-transitional.dtd">
3  <html xmlns="http://www.w3.org/1999/xhtml">
4  <head>
5  <meta http-equiv="Content-Type" content="text/html; charset=gb2312" />
6    <title>使用 echo()</title>
7  </head>
8  <body>
9  <p>这里是 HTML。</p>
10  <?php
11  echo '这一行由 PHP 输出。';
12  ?>
13  </body>
14  </html>
```

在此，对于在这里输入的消息内容、使用的是哪个函数(echo()或 print())或者哪种引号，都是无关紧要的。

(3) 可以按自己的想法更改页面标题(第 6 行)。

```
<title>使用 echo()</title>
```

这是可选的，并且纯粹是装饰性的改变。

(4) 将文件另存为 second.php，上传到 Web 服务器，然后在 Web 浏览器中测试它(如图 2-2 所示)。

如果看到的是解析错误，而不是输出的消息，如图 2-3 所示，请检查是否同时具有开引号和闭引号，以及对任何有问题的字符转义，还要肯定每一条语句都用分号结尾。

如果看到的是完全空白的页面，这可能是由于下面两个原因之一引起的：

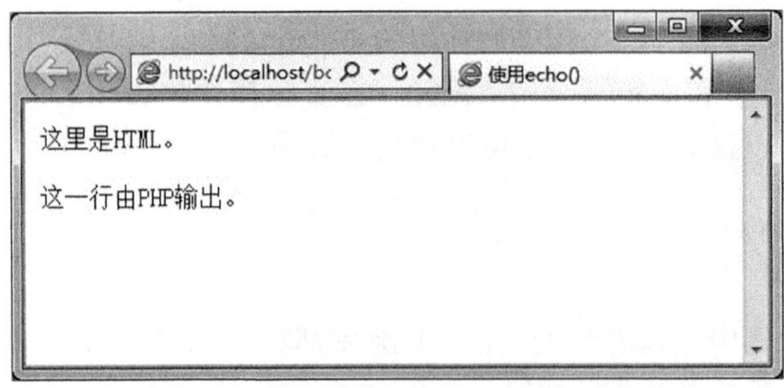

图 2-2 second. php 在浏览器中的运行结果

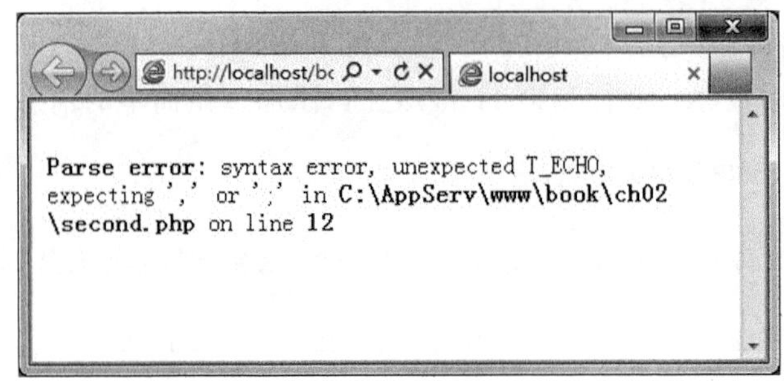

图 2-3 解析错误

(1) HTML 代码有问题。通过查看页面的源文件来测试它,并寻找其中的 HTML 问题。

(2) 发生了 PHP 的错误,但是 PHP 配置中关闭了 display_errors,因此,不会显示任何内容。

2. echo()和 print()

从技术上讲,echo()和 print()是语言构造,而不是函数,所以双括号不是必需的,如脚本 2-3 中,第 11 行代码"echo '这一行由 PHP 输出。';"未使用双括号。

PHP 对函数名不区分大小写,因此,ECHO()、echo()、eCHo()等都有效。另外,echo()和 print()还可以用来发送 HTML 代码到 Web 浏览器,其方法如下,效果如图 2-4 所示。

```
echo '<b>Hello, <font size="+2">  world</font>!</b>';
```

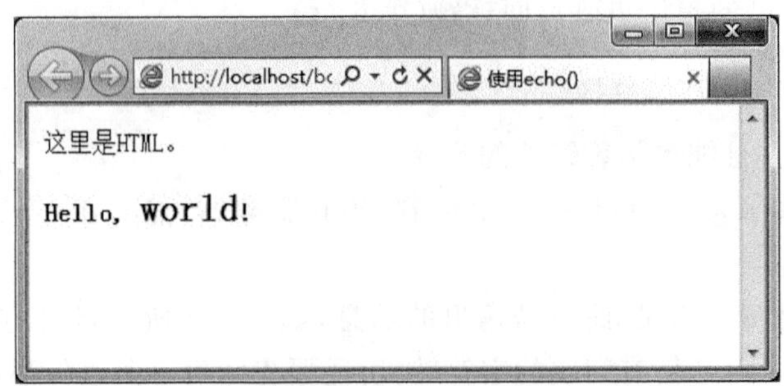

图 2-4 PHP 可以发送 HTML 代码到 Web 浏览器

但是,两者之间还有一个非常重要的区别:echo()可以同时输出多个字符串,发送多个单独的数据块到 Web 浏览器,它们之间用逗号分隔开,而 print()则只可以同时输出一个字符串。例如:

```
echo 'Hello,', 'world!';
```

2.1.3　理解 PHP、HTML 和空白

1. PHP 的空白、HTML 的空白与 Web 页面的空白

在进一步深入探讨使用 PHP 发送 HTML 和其他数据到 Web 浏览器之前,充分理解 PHP 的处理过程是重要的。利用 PHP,可以发送数据(HTML 标签和文本的组合)到 Web 浏览器。接下来,Web 浏览器可以将其显示为最终用户查看的 Web 页面。因此,利用 PHP 所做的工作就是创建 Web 页面的 HTML 源文件(HTML source)。形象地讲,这意味着 PHP 正在生成如图 2-5 所示的 HTML(通过在浏览器中选择"查看"→"源文件"命令或"查看"→"页面源文件"命令来访问它),Web 浏览器将把它转变成如图 2-6 所示的内容。

```
whitespace[1]
<!DOCTYPE html PUBLIC "-//W3C//DTD XHTML 1.0 Transitional//EN"
"http://www.w3.org/TR/xhtml1/DTD/xhtml1-transitional.dtd">
<html xmlns="http://www.w3.org/1999/xhtml">
<head>
<meta http-equiv="Content-Type" content="text/html; charset=gb2312" />
<title>空白</title>
</head>

<body>
<b>Hello, <font size="+2"> world</font>!</b><br /><pre>     缩进2个字。</pre>
</body>
</html>
```

图 2-5　使用 PHP 生成 Web 页面的 HTML 源文件

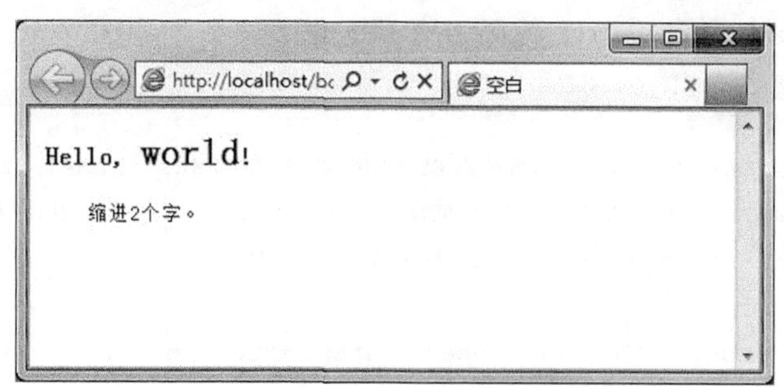

图 2-6　Web 浏览器将它转变成良好格式化的显示

记住这一点,实质上可以在 3 个地方产生空白,影响间距:在 PHP 脚本中、在 HTML 源文件中以及在呈现的 Web 页面中。创建的额外的空格、制表位以及空白行一般被称为空白(white space)。

PHP 一般会忽略空白,这意味着在编写代码时可以加宽代码间距,不管怎样,编程人

员希望自己的脚本更易读。HTML 一般也会忽略空白。确切地讲，HTML 中会影响页面的唯一空白是单个空格，多个空格仍然作为一个空格呈现。因此，图 2-7 中的 HTML 将生成与图 2-5 中的 HTML 相同的页面，如图 2-6 所示。

```
whitespace[1]
<!DOCTYPE html PUBLIC "-//W3C//DTD XHTML 1.0 Transitional//EN"
"http://www.w3.org/TR/xhtml1/DTD/xhtml1-transitional.dtd">
<html xmlns="http://www.w3.org/1999/xhtml">
<head>
<meta http-equiv="Content-Type" content="text/html; charset=gb2312" />
<title>空白</title>
</head>

<body>

    <b>Hello, <font size="+2"> world</font>!</b>
    <br />

    <pre>     缩进2个字。</pre>
</body>
</html>
```

图 2-7　HTML 源文件中的空白

2. 创建空白

- 要创建 Web 页面的空白，改变完成的 Web 页面的间距，可以使用 HTML 标签
(换行标签，在较旧的 HTML 标准中是
)、<p></p>(段落标签)和 (空格)。
- 要创建 HTML 的空白，改变用 PHP 创建的 HTML 源文件的间距，可以在多个行上使用 echo()或 print()；或者在 echo 时双引号内使用换行符(\n)。

(1) 在文本编辑器中打开 second. php(参见脚本 2-3)。

(2) 如果需要，可更改页面的标题(参见脚本 2-4)。

```
<title>空白</title>
```

脚本 2-4　这个脚本演示了 PHP 代码、HTML 源文件和呈现的 Web 页面内创建的不同类型的空白。

```
<!DOCTYPE html PUBLIC "-//W3C//DTD XHTML 1.0 Transitional//EN"
"http://www.w3.org/TR/xhtml1/DTD/xhtml1-transitional.dtd">
<html xmlns="http://www.w3.org/1999/xhtml">
<head>
<meta http-equiv="Content-Type" content="text/html; charset=gb2312" />
  <title>空白</title>
</head>
<body>
<?php

echo '这里的 echo()语句
分为两行输出。';
```

```

echo "<br />这一行单独显示.\n\n";

echo '最后一行.';

?>
</body>
</html>
```

(3) 在初始 PHP 标签之后，按下 Enter 键。

Enter 键创建的空白行不会影响 PHP 脚本、HTML 源文件或呈现的 HTML 页面，但是它使得 PHP 脚本更易读。

(4) 修改现有的 echo()语句，使得它分布在多行上。

```
echo '这里的 echo()语句
分为两行输出。';
```

一旦执行这个脚本，在 echo 语句中间按下 Enter 键，使得“分为”出现在下一行的开始处，将会在两行上生成 HTML 源文件。这是有效的，因为 echo()语句会继续工作，直至它遇到结束的单引号。

(5) 输入另一条 echo()语句，它使用换行标签和换行符。

```
echo "<br />这一行单独显示.\n\n";
```

在这条语句中，正在完成两个目标。首先，发送了一个换行标签
，使得 Web 浏览器在其自己的行上显示这个句子。其次，用两个换行符结束了这条语句，来影响 HTML 源文件。为了使换行符工作，必须使用双引号。

(6) 添加最后一条 echo()语句。

```
echo '最后一行.';
```

(7) 将该文件另存为 whitespace.php，上传到 Web 服务器，并在 Web 浏览器中测试它，如图 2-8 所示。

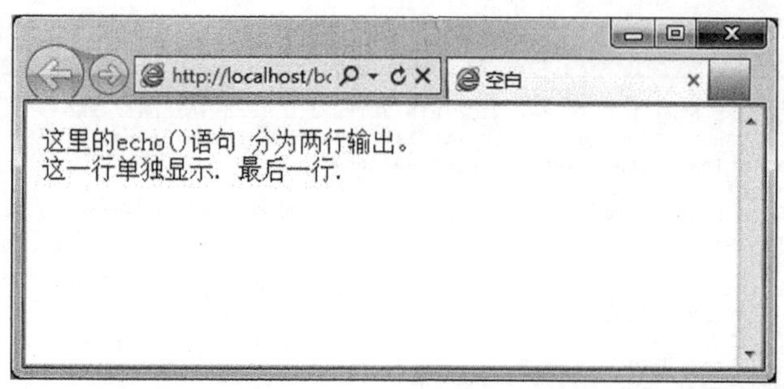

图 2-8 改变显示的 Web 页面间距的唯一方式是使用 HTML 的标签

应该看到，该脚本在最终的 Web 页面中创建间距的唯一方法是通过换行标签

完成，它在“输出。”和“这一行”之间打印。

(8) 查看页面的 HTML 源文件，如图 2-9 所示。

```
whitespace[1]
<!DOCTYPE html PUBLIC "-//W3C//DTD XHTML 1.0 Transitional//EN"
        "http://www.w3.org/TR/xhtml1/DTD/xhtml1-transitional.dtd">
<html xmlns="http://www.w3.org/1999/xhtml">
<head>
  <meta http-equiv="Content-Type" content="text/html; charset=gb2312" />
  <title>空白</title>
</head>
<body>
这里的echo()语句
分为两行输出。<br />这一行单独显示.

最后一行.</body>
</html>
```

图 2-9 PHP 脚本创建的 HTML 代码

在 HTML 源文件中，可以看到没有传输 PHP 代码中的额外间距。把一条语句分为多行(第 11 行和第 12 行)或使用换行符\n(参见脚本 2-4 的第 14 行)确实会影响 HTML 源文件，但是不会影响呈现的 Web 页面。

因此，在 PHP 脚本中慷慨地使用空白间距，将使它们更易于编码和编辑。当使用 PHP 生成 HTML 时，应该尽可能设法使 HTML 源文件最易读，以便细读和调试原始 HTML 源文件。

2.1.4 编写注释

编写执行的 PHP 代码自身只是编程过程的一部分。动态 Web 站点开发的一个次要但仍然至关重要的方面涉及为代码加注解。

在 HTML 中，可以使用以下方式添加注释：

```
<!--HTML 注释 -->
```

HTML 注释在源文件中可以看到，如图 2-10 所示，但是不会出现在呈现的 Web 页面中。

```
whitespace[1]
<!DOCTYPE html PUBLIC "-//W3C//DTD XHTML 1.0 Transitional//EN"
        "http://www.w3.org/TR/xhtml1/DTD/xhtml1-transitional.dtd">
<html xmlns="http://www.w3.org/1999/xhtml">
<head>
  <meta http-equiv="Content-Type" content="text/html; charset=gb2312" />
  <title>空白</title>
</head>
<body>
<!-- PHP生成的代码开始 -->

这里的echo()语句
分为两行输出。<br />这一行单独显示.

最后一行.<!-- PHP生成的代码结束 -->

</body>
</html>
```

图 2-10 HTML 注释

PHP 注释则有所不同，因为它们根本不会被发送到 Web 浏览器，这意味着最终用户不会看到它们，即使查看 HTML 源文件也是如此。

1. PHP 支持 3 种注释类型。

第一种使用井号(#)。

```
#这是 Unix Shell 风格的单行注释
```

第二种使用两个斜杠。

```
//这是 C++风格的单行注释
```

这两种注释都会使 PHP 忽略其后直到这一行末的一切内容。因此，这两种注释都只是单行注释。它们还常用于在与某些 PHP 代码相同的行上添加注释。

```
print 'Hello!';                              //Say hello.
```

第三种风格允许注释分布在多行上。

```
/* 这是 C 风格的多行注释
分为两行。*/
```

2. 给脚本加注释

(1) 在文本编辑器中打开 whitespace.php(参见脚本 2-4)。

(2) 在初始 PHP 标签之后，编写第一条注释(参见脚本 2-5)。

```
#创建日期:2014-11-11
#创建者:张三
#本脚本用于测试 PHP 注释
```

脚本 2-5　这些基本的注释演示了在 PHP 中可以使用的 3 种语法。

```
<!DOCTYPE html PUBLIC "-//W3C//DTD XHTML 1.0 Transitional//EN"
"http://www.w3.org/TR/xhtml1/DTD/xhtml1-transitional.dtd">
<html xmlns="http://www.w3.org/1999/xhtml">
<head>
<meta http-equiv="Content-Type" content="text/html; charset=gb2312" />
  <title>注释</title>
</head>
<body>
<?php

 #创建日期:2014-11-11
 #创建者:张三
 #本脚本用于测试 PHP 注释

 echo '这里的 echo()语句
 分为两行输出。';
```

```

/*
echo "<br />这一行单独显示.\n\n";
 */

echo '最后一行.';                              //PHP代码结束

?>
</body>
</html>
```

每个脚本都应该包含的最初几条注释是一个介绍性的块，其中列出了创建日期、修改日期、创建者、创建者的联系信息、脚本的目的等。有些人认为 Shell 风格的注释(#)在脚本中更醒目，因此这种注释是最佳的。

(3) 使用多行注释来注释第二条 echo()语句。

```
/*
echo "<br />这一行单独显示.\n\n";
*/
```

用/*和*/来包围的任何 PHP 代码块，将不会被 PHP 解释器运行，因此不必将其从脚本中删除，之后可通过删除注释标签，重新激活那部分 PHP 代码。

(4) 在最后一条 echo()语句后面添加最后一条注释。

```
echo '最后一行.';                              //PHP代码结束
```

这条最后的注释说明了如何把一条注释放在一行的末尾，这是一种惯例。

(5) 将该文件另存为 comments.php，上传到 Web 服务器，然后在 Web 浏览器中测试它，如图 2-11 所示。

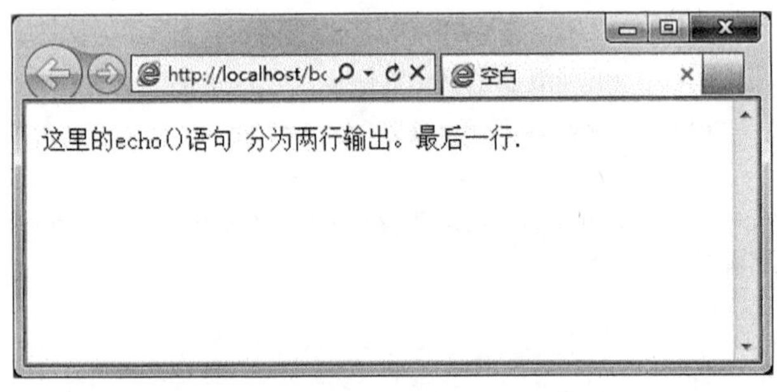

图 2-11　脚本 2-5 中的 PHP 注释不会出现在 Web 页面中

特别注意：不能嵌套使用多行注释(/*…*/)，把一条注释放在另一条注释内，因为这会引起问题。

2.2 词法结构

2.2.1 什么是变量

简言之,变量是用于临时存储值的容器。这些值可以是数字、文本或者复杂的排列组合。变量在任何编程语言中都居于核心地位,理解它们是使用 PHP 的关键所在。

依据 PHP 手册,该语言中有 8 种变量,其中包括 4 种标量(单值)类型——布尔型(TRUE 或 FALSE)、整型、浮点型(小数)和字符串型(文本);两种非标量(多值)类型——数组和对象;以及资源(用于与数据库交互)和 NULL(它是一种不具有任何值的特殊类型)。

1. 变量的语法规则

不管创建什么类型,PHP 中的所有变量都遵循依照以下的语法规则:

- 变量的名称,必须以美元符号($)开头,例如,$ name。
- 变量名称可以包含字符串、数字和下划线的组合,例如,$ my_report1。
- 美元符号之后的第一个字符必须是字母或下划线(不能是数字)。
- PHP 中的变量名称是区分大小写的。这意味着 $ name 和 $ Name 是截然不同的变量。
- 可以使用等于号(=),也称为赋值运算符给变量赋值。

为了开始使用变量,我们先利用几个预定义的变量,在运行 PHP 脚本时会自动设置它们的值。

2. 打印出 PHP 预定义的变量

(1) 在文本编辑器中创建新的 HTML 文档(参见脚本 2-6)。

脚本 2-6 这个脚本会打印 3 个 PHP 预定义的变量。

```
<!DOCTYPE html PUBLIC "-//W3C//DTD XHTML 1.0 Transitional//EN"
"http://www.w3.org/TR/xhtml1/DTD/xhtml1-transitional.dtd">
<html xmlns="http://www.w3.org/1999/xhtml">
<head>
<meta http-equiv="Content-Type" content="text/html; charset=gb2312" />
  <title>预定义变量</title>
 </head>
 <body>
 <?php #脚本 2-6 -predefined.php

 //创建脚本中要使用的变量的简写版本
 $file=$_SERVER['PHP_SELF'];
 $user=$_SERVER['HTTP_USER_AGENT'];
 $address=$_SERVER['REMOTE_ADDR'];
```

```

//打印出将被运行的脚本的名称
echo "<p>您现在运行的文件是:<b>$file</b>.</p>\n";

//打印出访问脚本的用户的信息
echo "<p>您现在使用的 Web 浏览器和操作系统信息为:<br /><b>$user</b><br />您的 IP 地址是:<br/><b>$address </b></p>\n";

?>
</body>
</html>
```

(2) 创建脚本中要使用的变量的简写版本。

```
$file=$_SERVER['PHP_SELF'];
$user=$_SERVER['HTTP_USER_AGENT'];
$address=$_SERVER['REMOTE_ADDR'];
```

这个脚本将使用 3 个变量，它们都来自更大的、预定义的 $_SERVER 变量。$_SERVER 指大量与服务器相关的信息，如将要运行的脚本的名称（$_SERVER['PHP_SELF']）、访问脚本的用户的 Web 浏览器和操作系统（$_SERVER['HTTP_USER_AGENT']）以及访问脚本的用户的 IP 地址（$_SERVER['REMOTE_ ADDR']）。

用更短的名称创建新变量，然后从 $_SERVER 给它们赋值，这将使得在打印这些变量时更容易引用它们。

(3) 打印出将被运行的脚本的名称。

```
echo "<p>您现在运行的文件是<b>$file</b>.</p>\n";
```

使用的第一个变量是 $file，它具有与 $_SERVER['PHP_SELF']相同的值。同样，这个特殊变量总是引用当前正被执行的脚本。注意：这个变量必须打印在双引号内，这里还利用了 PHP 换行符(\n)，它将在生成的 HTML 源文件中添加一个分行符；还会添加一些基本的 HTML 标签（段落和加粗），从而给生成的页面增添一些优雅的风格。

(4) 打印出访问脚本的用户的信息。

```
echo "<p>您现在使用的 Web 浏览器和操作系统信息为:<br /><b>$user</b><br />您的 IP 地址是:<br/><b>$address </b></p>\n";
```

在这里使用了另外两个变量。为了重复在第(3)步中所做的工作，使 $user 与 $_SERVER['HTTP_ USER_AGENT']相关联，并引用正访问 Web 页面的操作系统、浏览器类型和浏览器版本。第二个变量 $address 与 $_SERVER['REMOTE_ADDR']相配，并引用访问页面的用户的 IP 地址。这里再次使用了换行符，并且还插入了一些 HTML 分隔符，使得产生的 Web 页面具有额外的行。

(5) 将文件另存为 predefined.php，上传到 Web 服务器，并在 Web 浏览器中测试它，如图 2-12 所示，还可以使用不同的 Web 浏览器运行这个脚本，测试真正的动态效果，

Web 页面的效果随查看它的环境而变化，如图 2-13 所示。

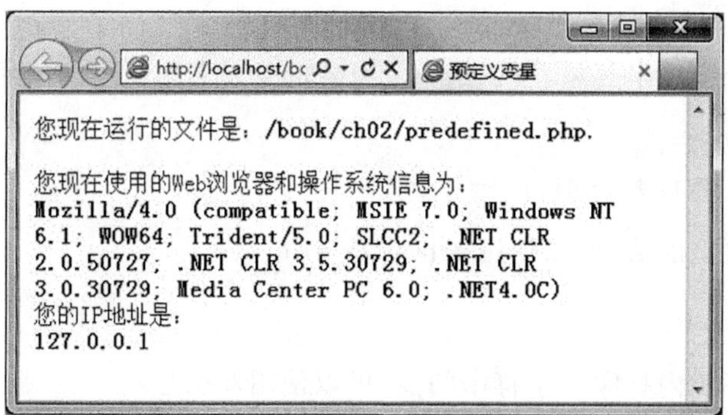

图 2-12　predefined.php 脚本向浏览器报告回关于脚本以及正用于查看它的 Web 浏览器的信息

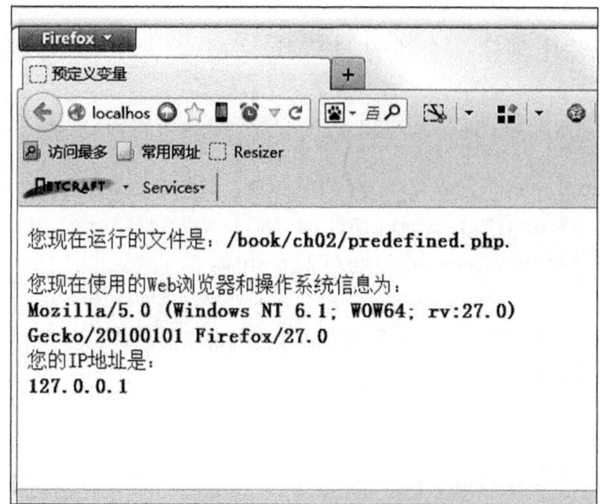

图 2-13　predefined.php 脚本使用不同版本的浏览器(对比图 2-12)

创建变量时最重要的考虑事项是使用一致的命名模式。在本书中，使用的变量名称用的全都是小写字母，并且用下划线分隔单词($first_name)。有些程序员更喜欢使用词首大写字母，例如，$FirstName。

PHP 处理变量的方式非常随意，这意味着不必初始化变量或声明它们具体的类型，并且可以在多种类型之间转换一个变量，而不会引发任何问题。

2.2.2　关于字符串

字符串在 Web 应用中非常常见，PHP 提供了创建和处理字符串的核心级支持。字符串(string)只是一块用引号括起来的字母、数字、空格、标点符号等，字符串是任意长度的字符序列。下面列出的全都是字符串：

```
'张三'
"Hello Word!"
```

```
'1,000'
'2014年12月25日'
```

为了建立一个字符串变量，可以给一个有效的变量名赋予一个字符串值：

```
$first_name='张';
$today='2014年12月25日';
```

为了打印字符串的值，可以使用 echo()或 print()：

```
echo $first_name;
```

为了在某种环境内打印出字符串的值，可以使用双引号：

```
echo "你好,$first_name";
```

1. 使用字符串

(1) 在文本编辑器中创建一个新的 HTML 文档，以及 PHP 标签(参见脚本 2-7)。

脚本 2-7 在这个介绍性的脚本中创建字符串变量并把它们的值发送给 Web 浏览器。

```
<!DOCTYPE html PUBLIC "-//W3C//DTD XHTML 1.0 Transitional//EN"
"http://www.w3.org/TR/xhtml1/DTD/xhtml1-transitional.dtd">
<html xmlns="http://www.w3.org/1999/xhtml">
<head>
<meta http-equiv="Content-Type" content="text/html; charset=gb2312" />
  <title>字符串</title>
 </head>
 <body>
 <?php #脚本 2-7-strings.php

 //创建变量
 $first_name='斯提芬妮';
 $last_name='梅尔';
 $book='暮光之城';

 //打印变量
 echo "小说<i>$book</i>由 $first_name  $last_name 所著。";

 ?>
 </body>
 </html>
```

(2) 在 PHP 标签内，创建 3 个变量。

```
$first_name='斯提芬妮';
$last_name='梅尔';
$book='暮光之城';
```

在这个基本的示例中,创建了 $first_name、$last_name 和 $book 这 3 个变量,随后将会在一条消息中打印出它们。

(3) 创建 echo()语句。

```
echo "小说<i>$book</i>由 $first_name  $last_name 所著。";
```

这个脚本所做的全部工作是基于已建立的 3 个变量打印出一份作者身份声明。其中插入了很少的 HTML 格式化效果(斜体),使之实现强调效果。记住在这里为要打印的变量值相应地使用双引号(在本章末尾将更详细地讨论双引号的重要性)。

(4) 将该文件另存为 strings.php,上传到 Web 服务器,并在 Web 浏览器中测试它,如图 2-14 所示。

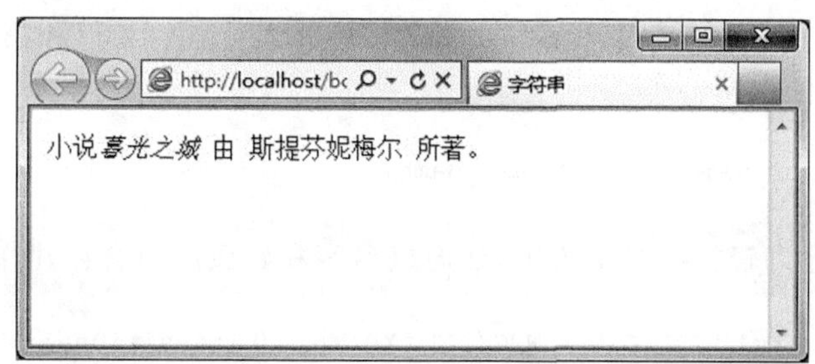

图 2-14 得到的 Web 页面基于打印出 3 个变量的值

(5) 作为测试,可更改 3 个变量的值,然后再次运行脚本,如图 2-15 所示。

图 2-15 通过改变脚本中的变量来改变脚本的输出

如果把另一个值赋予现有的变量(比如,$book),新的值就会重写旧的值。例如,

```
$book='暮光之城';
$book='品三国';                //现在$book的值变为'品三国'
```

2. 连接字符串

连接字符串是创建动态 Web 站点时的一个重要工具,像是为字符串增加的一种功能,可以使用连接运算符即句点(.)来执行它。

```
$city='南京';
$state='江苏';
$address=$state . $city;
```

$address 变量的值现在是“江苏南京”。为了对其进行改进,还可以将逗号和空格添加到字符串混合中:

```
$address=$state . ',' . $city;        //生成"江苏,南京"
```

连接还可以处理字符串或数字。下面两条语句将会产生相同的结果:

```
$address=$state . ',' . $city . ' 210000';
$address=$state . ',' . $city . ' ' . 210000;
```

连接常与字符串变量一起使用,在后面的章节中构建数据库查询时会大量用到它。

现在修改 strings.php 脚本,以使用连接这个新工具。

(1) 在文本编辑器中打开 strings.php(参见脚本 2-7)。

(2) 在创建了 $first_name 和 $last_name 变量之后(第 12 行和第 13 行),添加如下语句(参见脚本 2-8)。

```
$author=$first_name . ' ' . $last_name;
```

脚本 2-8 连接允许轻松操纵字符串,如通过名字和姓氏的组合创建作者的姓名。

```
1  <!DOCTYPE html PUBLIC "-//W3C//DTD XHTML 1.0 Transitional//EN"
2  "http://www.w3.org/TR/xhtml1/DTD/xhtml1-transitional.dtd">
3  <html xmlns="http://www.w3.org/1999/xhtml">
4  <head>
5  <meta http-equiv="Content-Type" content="text/html; charset=gb2312" />
6    <title>连接字符串</title>
7   </head>
8   <body>
9   <?php #脚本 2-8-concat.php
10
11  //创建变量
12  $first_name='史提芬';
13  $last_name='金';
14  $author=$first_name . ' ' . $last_name;
15
16  $book='肖申克的救赎';
17
18  //打印变量
19  echo "小说<i>$book</i>由 $author 所著。";
20
21  ?>
22  </body>
23  </html>
```

如连接的示范那样,将会创建一个新变量 $author,它连接了两个现有的字符串和它们之间的一个空格。

(3) 更改 echo()语句，使用这个新变量。

```
echo "小说<i>$book</i>由 $author 所著。";
```

因为把两个变量变成了一个变量，所以应该相应地改变 echo()语句。

(4) 将文件另存为 concat.php，上传到 Web 服务器，并在 Web 浏览器中测试它，如图 2-16 所示。

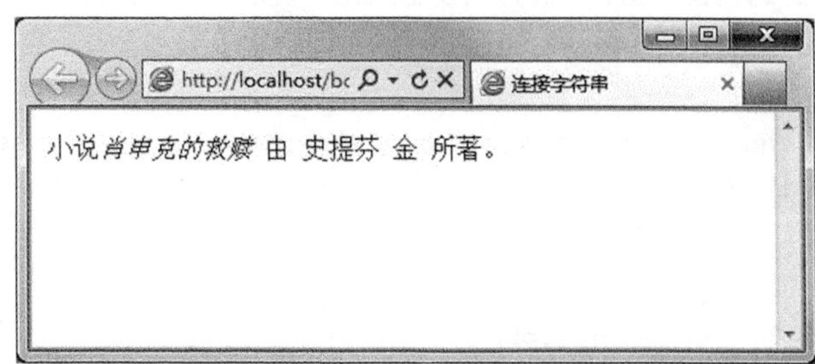

图 2-16　连接的最终结果对用户从来不是显而易见的(对比图 2-14 和图 2-15)

PHP 具有许多特定于字符串的有用函数，功能十分强大，我们将在后续章节中一一进行详细介绍。

2.2.3 关于常量

常量是 PHP 中一种特定的数据类型，与变量不同的是，常量在整个脚本中都会保持它们的初始值。事实上，一旦设置了常量，就不能更改它的值。常量可以被赋予任意单值，如一个数字或字符串，而不能被赋予类似数组这样的多值。

1. 创建常量

要创建常量，可以使用 define()函数，而不是用于变量的赋值运算符(=)。

```
define('NAME', 'value');
```

注意：一条经验法则是，全都使用大写字母来命名常量，尽管并非必须如此。最重要的是，常量不会像变量那样使用美元符号，因为从技术上讲常量不是变量。

2. 打印常量

打印常量也需要特殊的语法：

```
define('USERNAME', '张三');
echo 'Hello, ' . USERNAME;
```

不能使用 echo "Hello, USERNAME"打印常量，因为 PHP 只会打印出 Hello, USERNAME，而不会打印出 USERNAME 常量的值，因为没有变量标识符 $(美元符号)告诉 PHP：USERNAME 是不同于字面量文本的任何内容。

PHP 运行时利用了几个预定义的常量，这与本章前面使用的预定义变量非常相像。这些常量包括 PHP_VERSION(PHP 运行的版本)和 PHP_OS(服务器的操作系统)。

3. 使用常量

(1) 在文本编辑器中创建一个新的 PHP 文档(参见脚本 2-9)。

脚本 2-9 常量是在 PHP 中可以使用的另一种数据类型,它不同于变量。

```
<!DOCTYPE html PUBLIC "-//W3C//DTD XHTML 1.0 Transitional//EN"
"http://www.w3.org/TR/xhtml1/DTD/xhtml1-transitional.dtd">
<html xmlns="http://www.w3.org/1999/xhtml">
<head>
<meta http-equiv="Content-Type" content="text/html; charset=gb2312" />
  <title>常量</title>
 </head>
 <body>
 <?php #脚本 2-9-constants.php

 //将今天的日期设置为常量
 define('TODAY', '2014年12月25日');

 //打印信息,使用预定义常量和自定义的 TODAY 常量
 echo '今天日期为: ' . TODAY . '。<br />服务器使用的 PHP 版本为:<b>' . PHP_VERSION . '</b>,使用的操作系统为: <b>' . PHP_OS . '</b>。';

 ?>
 </body>
 </html>
```

(2) 创建一个新的日期常量。

```
define('TODAY', '2014年12月25日');
```

人们普遍认为使用常量的意义不大,但是,这个示例将说明其重要性。在后续章节中,将使用常量来存储数据库访问信息。

(3) 打印出日期、PHP 版本以及操作系统信息。

```
echo '今天日期为: ' . TODAY . '。<br />服务器使用的 PHP 版本为:<b>' . PHP_VERSION .
'</b>,使用的操作系统为: <b>' . PHP_OS . '</b>。';
```

因为常量不能打印在双引号内,缺少美元符号将使它们被视作大写的文本,所以使用连接运算符来创建 echo()语句。

(4) 将文件另存为 constants. php,上传到 Web 服务器,并在 Web 浏览器中测试它,如图 2-17 所示。

2.2.4 关于数字

在讨论变量时,PHP 具有整型和浮点型(小数)数字类型。但是,经验证明,这两种类

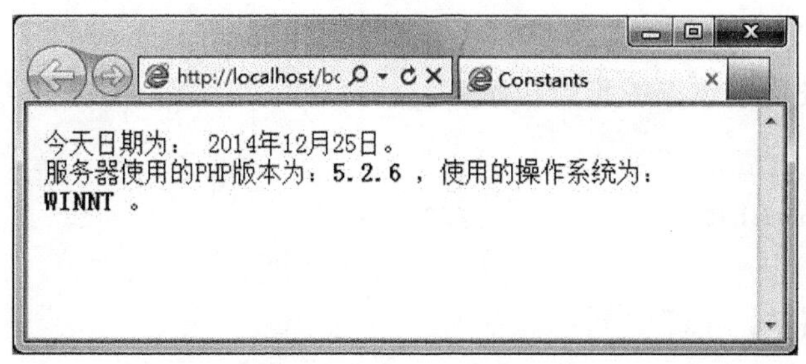

图 2-17　使用 PHP 的常量

型可以归类到一般的数字(number)之下，在大多数情况下，不会有任何差别。PHP 中有效的数字类型的变量可以是如下形式：

```
8
3.14
10980843985
-4.2398508
4.4e2
```

注意：这些值永远不会用引号括起来，如果这样做，它们就是具有数值的字符串。此外，数字被假定为正，除非在其前面放置一个负号(—)。

对数字除了可以使用标准的算术运算符(参见表 2-1)之外，还可以使用许多函数。在这里先介绍的 round()和 number_format()两个函数。前者用于把小数四舍五入为最接近的整数：

表 2-1　标准数学运算符

运　算　符	含　　义	运　算　符	含　　义
＋	加法	%	取模
—	减法	＋＋	增量
*	乘法	——	减量
/	除法		

```
$n=3.14;
$n=round($n);                  //3
```

或者把小数四舍五入到指定的位数：

```
$n=3.142857;
$n=round($n, 3);               //3.143
```

number_format()函数用于把一个数字转换成更普遍地书写的版本，并使用逗号把它分成"三位一组"。例如：

```
$n=20943;
```

```
$n=number_format($n);            //20,943
```

这个函数还可以设置小数点的指定位数：

```
$n=20943;
$n=number_format($n, 2);         //20,943.00
```

2.2.5 单引号与双引号

在 PHP 中，理解单引号与双引号有什么区别是重要的。如本章的示例中所示，可以使用 echo()或 print()语句，但是，这两个语句以及使用它们的原因之间有一个关键的区别。之前已详细说明了何时应该使用它们，但是，现在将更明确地定义它们的使用模式。

1. 单引号和双引号区别

在 PHP 中，封闭在单引号内的值将照字面意义进行处理，而封闭在双引号内的值则将被解释。换句话说，把变量和特殊字符(参见表 2-2)放在双引号内将导致打印出它们表示的值，而不是它们的字面值。例如：

```
$var='test';
echo "var的值是$var";             //将打印出:var的值是 test
echo 'var的值是$var';             //将打印出:var的值是$var
```

使用一个转义的美元符号：

```
echo "\$var的值是$var";           //将打印出:$var的值是 test
echo '\$var的值是$var';           //将打印出:\$var的值是$var
```

正如这些示例所说明的，双引号将用变量的值(test)代替它的名称($ var)，并用特殊字符表示的值($)代替它的代码(\ $)。单引号总是准确地打印输入的内容，除了转义的单引号(\')和转义的反斜杠(\\)之外，它们将分别被打印为一个单引号和一个反斜杠。

表 2-2 当在双引号内使用这些字符时，它们具有特殊的含义

转义字符的代码	转义字符的含义	转义字符的代码	转义字符的含义
\"	双引号	\r	回车符
\'	单引号	\t	制表符
\\	反斜杠	\ $	美元符号
\n	换行符		

使用反斜杠对字符进行转义是一个重要的概念。当给变量赋值或者将数据作为参数发送给函数时，上述规则适用于 echo()或 print()语句内使用的任何引号。

2. 使用单引号和双引号

(1) 在文本编辑器中创建一个新的 PHP 文档(参见脚本 2-10)。

脚本 2-10 本脚本演示了何时以及如何使用一种引号，而不使用另一种引号。

```
<!DOCTYPE html PUBLIC "-//W3C//DTD XHTML 1.0 Transitional//EN"
```

```
"http://www.w3.org/TR/xhtml1/DTD/xhtml1-transitional.dtd">
<html xmlns="http://www.w3.org/1999/xhtml">
<head>
<meta http-equiv="Content-Type" content="text/html; charset=gb2312" />
  <title>单引号与双引号</title>
 </head>
 <body>
 <?php #脚本 2-10-quotes.php
  //定义变量
  $file1='c:\windows\remove.ini';
  $file2="c:\\windows\\remove.ini";
  $link="I'm happy.";

  //打印 HTML 代码
  $html1='<a href="' . $file1 . '">' . $link . '</a>';
  $html2="<a href=\"$file2\">$link</a>";
  echo $html1 . "<br />\n";
  echo $html2 . '<br />';

 ?>
 </body>
 </html>
```

(2) 创建 3 个变量。

```
$file1='c:\windows\remove.ini';
$file2="c:\\windows\\remove.ini";
$link="I'm happy." ;
```

可以看到，反斜杠在字符串中有它的特殊含义，当需要在字符串中包含反斜杠本身时，需要在该符号前面多加一个反斜杠，或者如 $file1 变量定义方式，直接将字符串封闭在单引号内。

(3) 打印出两个 HTML 的超链接。

```
$html1='<a href="' . $file1 . '">' . $link . '</a>';
$html2="<a href=\"$file2\">$link</a>";
echo $html1 . "<br />\n";
echo $html2 . '<br />';
```

这里演示了两种方式的引号效果，$html1 变量使用单引号和连接运算符，$html2 使用反斜杠转义的方式。尤其需要注意的是换行符(\n)必须括在双引号中才能生效。

在标准 HTML 语言中双引号常被用来表示标签内的属性值(现在很多浏览器具备较强的容错功能，允许在 HTML 中用单引号甚至不用引号表示字符串)。

(4) 将文件另存为 quotes.php，上传到 Web 服务器，并在 Web 浏览器中测试它，如图 2-18 所示，并查看源代码检测 PHP 运行结果，如图 2-19 所示。

图 2-18　quotes. php 在浏览器中运行结果

quotes[1]

```
<!DOCTYPE html PUBLIC "-//W3C//DTD XHTML 1.0 Transitional//EN"
  "http://www.w3.org/TR/xhtml1/DTD/xhtml1-transitional.dtd">
<html xmlns="http://www.w3.org/1999/xhtml">
<head>
<meta http-equiv="Content-Type" content="text/html; charset=gb2312" />
<title>单引号与双引号</title>
</head>
<body>
<a href="c:\windows\remove.ini">I'm happy.</a><br />
<a href="c:\windows\remove.ini">I'm happy.</a><br /></body>
</html>
```

图 2-19　quotes. php 的 HTML 源代码

由于 PHP 将试图找出那些需要将其值插入到双引号内的变量，所以从理论上讲，使用单引号要快一些。但是，如果需要打印一个变量的值，则必须使用双引号。

因为有效的 HTML 常常包括许多用双引号括住的属性，所以当利用 PHP 打印 HTML 时，使用单引号最容易。

```
echo '<table width="80%" border="0" cellspacing="2"
cellpadding="3" align="center">';
```

如果想使用双引号打印出这段 HTML 代码，将不得不对字符串中的所有双引号进行转义。

```
echo "<table width=\"80%\" border=\"0\" cellspacing=\"2\"
cellpadding=\"3\" align=\"center\">";
```

2.3　项目训练——内容管理系统 CMS 首页设计

2.3.1　项目说明

制作一个最简单的内容管理系统(Content Management System，CMS)首页，可以是新闻发布系统或博客(Blog)的首页，该页面中包含一些特定信息，例如，网站名称、文章名称、站长信息等，这些特定信息有两个特点：首先，实际应用中，如果用户登录的身份或时间地点不同，这些信息会有所变化；其次，当某一用户访问该站点的多个页面时，这些信息在每一页中显示的内容和效果又是相同的。

2.3.2　设计思路

分析需求可知，动态网站中的内容一定是存储在各种变量中的，这些变量有的来源于数据库，有的来源于表单提交等。在实际开发过程中，只需设计好静态页面的布局效果，然后将各个变量分别打印在特定的位置，就可实现界面美化的动态页面。

为此，可以借鉴任何一个网页模板或已成型的CMS项目，先完成静态页面布局，再添加动态PHP代码。

2.3.3　设计过程

首先，设计一个最简单静态页面，包含一定的页面布局与CSS，并设计了多个变量，打印在页面的各个位置，灵活实现Web页面的动态效果。

(1) 在文本编辑器中创建一个新的PHP文档(参见脚本2-11)。

脚本2-11　本脚本演示了某站点页面的显示模板，并使用PHP变量来灵活实现动态效果。

```
<?
    //全站通用变量
    $MyEmail="admin@domain.com";
    $MyEmailLink="<a href=\"mailto:$MyEmail\">$MyEmail</a>";
    $MyName="Alex Wang";
    $MySiteName=$MyName ."'s Blog";
    $PageTitle="连接运算符的使用";
?>
<!DOCTYPE html PUBLIC "-//W3C//DTD XHTML 1.0 Transitional//EN" "http://www.w3.org/TR/xhtml1/DTD/xhtml1-transitional.dtd">
<html xmlns="http://www.w3.org/1999/xhtml">
<head>
<meta http-equiv="Content-Type" content="text/html; charset=gb2312" />
<title><?php echo "$MySiteName - $PageTitle" ?></title>
 <style type="text/css">
   h1,p{font-family:Tahoma;}
 </style>
</head>

<body>
<h1><?php echo "$MySiteName"; ?></h1>
<hr />
 正文信息!
<hr />
```

```
<p align="center">
Copyright &copy; by <?php echo "$MyName($MyEmailLink)"; ?>, 2014
</p>
</body>
</html>
```

(2) 在 HTML 代码开始之前，先定义了 5 个变量，分别定义了站长邮箱、邮箱超链接、站长昵称、站点名称、页面标题等信息。

```
$MyEmail="admin@domain.com";
$MyEmailLink="<a href=\"mailto:$MyEmail\">$MyEmail</a>";
$MyName="Alex Wang";
$MySiteName=$MyName ."'s Blog";
$PageTitle="连接运算符的使用";
```

(3) 从<title>开始，即开始动态打印已定义好的各个变量。

(4) 将文件另存为 website.php，上传到 Web 服务器，并在 Web 浏览器中测试它，如图 2-20 所示。

图 2-20　site.php 在浏览器中的运行结果

本章小结

本章介绍了 PHP 语言的基础语法，包括 PHP 的嵌入方法、变量和常量、数据类型、数字和字符转义。学习这些基础知识将会为以后更好地掌握 PHP 打下基础。

重点回顾

1. 在 Web 页面中使用 PHP 标签嵌入 PHP 代码。
2. 如何输出数据到 Web 页面及空白处理。
3. PHP 的变量与常量定义。
4. 使用字符串与特殊字符处理。

本章实训

【实训 1】

新建 hello. php，练习如何在 HTML 中嵌入 PHP 脚本，并使用 echo 命令输出任意字符串，并添加网页标题和相关注释。网页运行效果如图 2-21 所示。

图 2-21　hello. php 的运行效果

【实训 2】

新建 string. php，练习字符串变量单、双引号使用及转义符使用，分别设定如下 5 个变量，变量值替换为你的真实信息，并在网页中通过 echo 输出，效果如图 2-22 与图 2-23 所示。

图 2-22　string. php 的运行效果

```
  <body>
我的测试服务器地址：http://localhost/学号文件夹/<br />
网页保存路径：C:\AppServ\www\学号文件夹<br />
我的学号：0111111<br />
我的英文名：Jack<br />
今日心情：I'm happy!
  </body>
```

图 2-23　生成的网页 HTML 代码片段，注意 HTML 源代码的换行

【实训 3】

新建 table. php，练习预定义常量和预定义变量的使用，请参见脚本 2-6 及脚本 2-9，获取服务器及用户客户端的信息，网页运行效果参考如图 2-24 所示。

具体要求：

(1) 今天的日期使用自定义常量，请参见脚本 1-10。

(2) 信息以表格形式输出，如图 2-24 所示。

(3) 有关脚本的相对及绝对路径的预定义变量请参考 PHP 中文帮助。

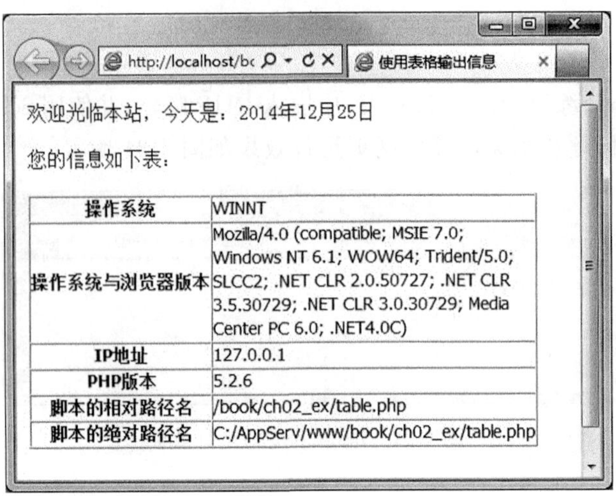

图 2-24 table.php 的运行结果

第3章　流程控制语句

任何 PHP 脚本都是由一系列语句构成的。一条语句可以是一个赋值语句、一个函数调用、一个循环、一个条件语句或者甚至是一个什么也不做的语句(空语句)。语句通常以分号结束。此外,还可以用花括号将一组语句封装成一个语句组。语句组本身可以当作是一行语句。

3.1　条件语句与运算符

3.1.1　if 条件语句

条件语句像变量一样是程序设计的一个组成部分,大多数人都熟悉它们的某一种或另外一种形式。动态 Web 页面经常需要使用条件语句,依据设置的准则来改变脚本的行为。

PHP 用于创建条件语句的 3 个主要术语是:if、else 和 elseif(它也可以写作两个单词:else if)。

在 PHP 中,条件语句有三种形式,每个条件语句都包含有一个 if 子句。

1. if 结构

```
if(条件){
  语句
}
```

首先判断“条件”,如果条件为真(true),则执行“语句”;如果条件为假(False),将忽略“语句”。

2. if-else 结构

条件语句的第二种形式是 if-else,除了 if 语句之外,还加上了 else 语句,它可以在 if 语句中的表达式的值为 False 时执行。

```
if(条件){
  语句 1
}else{
  语句 2
}
```

首先判断“条件”，如果条件为真(true)，则执行“语句 1”；如果条件为假(False)，则执行“语句 2”。

3. if-elseif 结构

条件语句的第三种形式是 if-elseif，elseif 是 if 和 else 的组合。和 else 一样，它延伸了 if 语句，可以在原来的 if 表达式值为 False 时执行不同语句。但是和 else 不一样的是，它仅在 elseif 的条件表达式值为 True 时执行语句，语法如下：

```
if(条件 1){
  语句 1
}elseif(条件 2){
  语句 2
}elseif(条件 3){
  …
}else{
  语句 n
}
```

如果条件为真，则将执行其下面的花括号({})中的代码。如果条件不为真，PHP 将继续往下执行。首先判断“条件 1”，如果“条件 1”为真(true)，则执行“语句 1”；如果“条件 1”为假(False)，则判断“条件 2”。如果“条件 2”为真(true)，则执行“语句 2”；如果“条件 2”为假(False)，则判断“条件 3”，以此类推，如果所有的表达式的值都为 False，则执行“语句 n”。

这个过程将继承——可以根据需要使用多个 elseif 子句——直至 PHP 遇到 else，此时将自动执行它；或者如果没有 else，则 PHP 将执行到条件语句终止为止。

因此，总是把 else 放在最后，并将其视作默认的动作，除非满足特定的条件，这样做是重要的。

PHP 中条件为真的原因有许多种。下面是常见的条件为真的情况：

- $var，如果变量 $var 非空，也就是具有非 0 值、空字符串或 NULL，则条件为真。
- isset($var)，如果变量 $var 具有不同于 NULL 的任何值，包括 0 或空字符串，则条件为真。
- TRUE、true、True 等。

在上述为真条件中，引入了一个函数 isset()。这个函数用于检查一个变量是否被设置，这意味着它具有一个不同于 NULL 的值。还可以连同符号一起使用比较和逻辑运算符(参见表 3-1 和表 3-2)，来建立更复杂的表达式。

在编写条件语句时，经常会使用如表 3-1 所示的比较和逻辑运算符。

比较运算符，允许对两个值进行比较，PHP 常用的比较运算符如表 3-1 所示。

如果比较一个整数和字符串，则字符串会被转换为整数。如果比较两个数字字符串，则作为整数比较。

PHP 常用的逻辑运算符如表 3-2 所示。

表 3-1　算术运算符

符　　号	含　　义	示　　例
==	等于	$a==$b
===	全等,等于且类型相同	$a===$b
!=	不等	$a!=$b
!==	不全等,不等或类型不同	$a!==$b
>	大于	$a>$b
<	小于	$a<$b
>=	大于或等于	$a>=$b
<=	小于或等于	$a<=$b

表 3-2　逻辑运算符

符　号	含　义	示　　例
!	逻辑非	!$a
&&	逻辑与	$a&&$b
||	逻辑或	$a\|\|$b
XOR	逻辑异或	$a XOR $b

“与”和“或”有两种不同形式运算符,它们运算的优先级不同,&& 和||优先级高。

4. 使用条件语句

(1) 在文本编辑器中创建一个新的 PHP 文档(参见脚本 3-1)。

脚本 3-1　代码中的条件语句允许依据不同的条件执行不同的行为。

```
<!DOCTYPE html PUBLIC "-//W3C//DTD XHTML 1.0 Transitional//EN"
"http://www.w3.org/TR/xhtml1/DTD/xhtml1-transitional.dtd">
<html xmlns="http://www.w3.org/1999/xhtml">
<head>
<meta http-equiv="Content-Type" content="text/html; charset=gb2312" />
  <title>条件语句</title>
 </head>
 <body>
 <?php #脚本 3-1-if.php

 //初始化 $gender 变量
 $gender=男;

 //根据变量的值输出欢迎内容
 if(isset($gender)){
```

```
    if($gender=='男'){
        echo '<p><b>您好,先生!</b></p>';
    } elseif($gender=='女'){
        echo '<p><b>您好,女士!</b></p>';
    } else {                    //$gender 变量的值无效
        echo '<p><b>请您重新输入您的性别。</b></p>';
    }
}else{
    echo '<p><b>您还未输入您的性别。</b></p>';
}

?>
</body>
</html>
```

在 HTML 表单验证输入时,经常会使用单选按钮、复选框或选项菜单等控件,此时使用条件语句是一种简单、有效的方式。如果用户选中了任何一个性别单选按钮,那么传递到后台的变量将具有一个值,这时可以使用 isset()函数来判断条件是否为真。如果条件不为真,那么指示它没有值或无效。

(2) 在第一个条件语句(isset())中,嵌套了另一个条件语句,基于 $ gender 的值打印一条消息。

```
if($gender=='男'){
    echo '<p><b>您好,先生!</b></p>';
} elseif($gender=='女'){
    echo '<p><b>您好,女士!</b></p>';
} else {
    echo '<p><b>请您重新输入您的性别。</b></p>';
}
```

这个 if-elseif-else 条件语句会查看 $ gender 变量的值,并针对每一种可能性打印一条不同的消息。双等于号(==)指相等,而单个等于号(=)则用于赋值,记住这一点非常重要。这个区别很重要,因为条件 $ gender = = '男'可能为真,也可能不为真;但是 $ gender='男'总是为真。

(3) 保存文件,上传到 Web 服务器,并在 Web 浏览器中测试它(参见图 3-1、图 3-2 和图 3-3)。

在此例中使用了条件语句的嵌套,把一个条件语句放在另一个条件语句内部。遇到这种复杂语句结构时,可以使用制表位(或 4 个空格)实现代码的缩进,以这种方式格式化条件语句是一个标准的过程和良好的编程形式。

这个脚本中的第一个条件语句(isset())是一个检查默认值的理想示例。在后续学习了 HTML 表单后,可使用 PHP 的表单变量来获取用户实际选择的性别($ gender)变量的值。

另外,如果只执行一条语句,则用于指示条件语句开始和结束的花括号不是必需的。

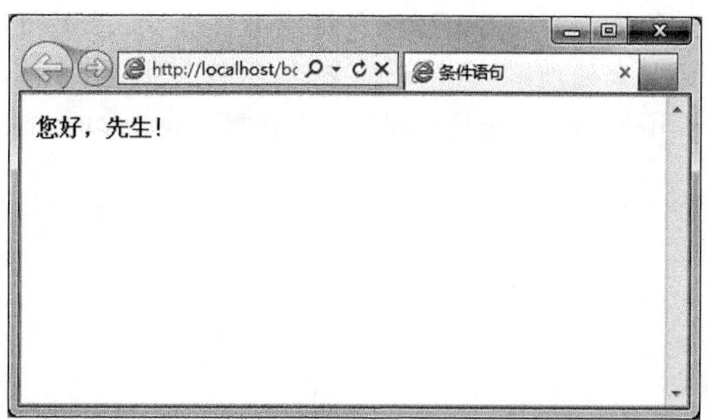

图 3-1 基于性别的条件语句针对表单中的每个选择打印一条不同的消息

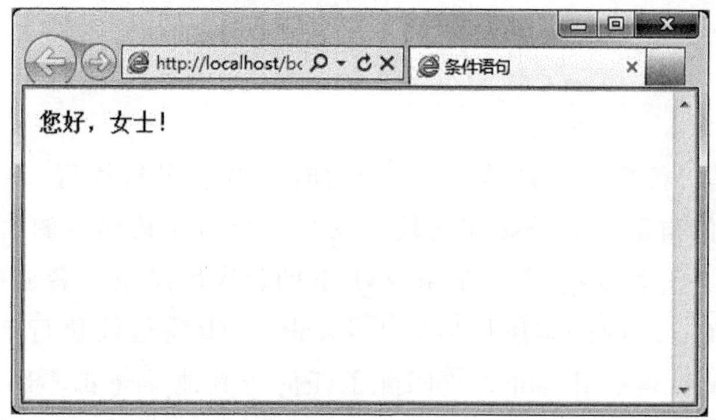

图 3-2 当更改表 $ gender 初始值时，相同的脚本将产生不同的结果(对比图 3-1)

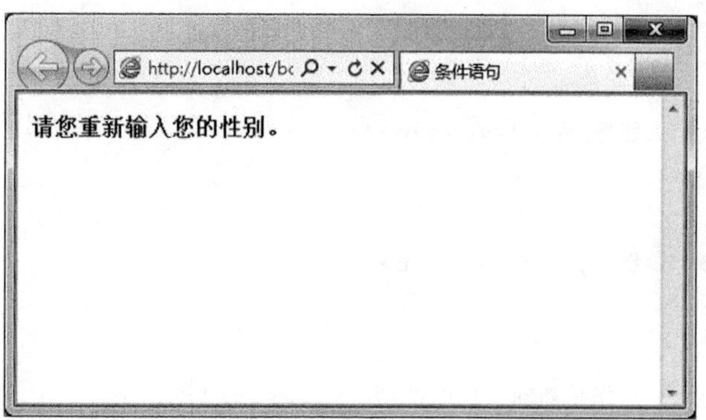

图 3-3 如果没有选择性别(未初始化 $ gender)，就会打印一条消息，指出用户的疏忽

不过，出于对清晰性的考虑，在这里建议初学者使用它们。

3.1.2 switch 条件语句

PHP 还有另一种条件语句，称为 switch，能够最佳地用于代替较长的 if-elseif-else 条件语句。上一节介绍的 if 语句只有两个分支可供选择，而实际问题中常需要用到多分支的选择，比如，成绩的等级分为优秀、良好、及格或不及格等。当然可以通过使用多个 if 语句，或嵌套的 if 语句来处理，但是如果分支较多，就会使程序冗长而且可读性较差。PHP 提供了分支(switch)语句来直接处理多分支选择。switch 的语法是：

```
switch($variable){
  case '值 1':
    语句 1
    break;
  case '值 2':
    语句 2
    break;
  default:
    其他语句
    break;
}
```

switch 语句是一行接一行地执行的，开始时没有代码被执行。switch 条件语句将 $ variable 变量的值与不同的 case 作比较。仅当一个 case 语句中的值和 $ variable 变量的值匹配时 PHP 才开始执行语句，直到 switch 的程序段结束或者遇到第一个 break 语句为止。如果不在 case 的语句段最后写上 break，PHP 将继续执行下一个 case 中的语句段。一个 case 的特例是 default。它匹配了任何与其他 case 都不匹配的情况，并且应该是最后一条 case 语句。如果没有发现匹配，则会执行 default，它是可选的。

因此，脚本 3-1 中的条件语句可以重写为：

```
switch($gender){
  case '男':
    echo '<p><b>您好,先生!</b></p>';
    break;
  case '女':
    echo '<p><b>您好,女士!</b></p>';
    break;
  default:
    echo '<p><b>请您重新输入您的性别。</b></p>';
    break;
}
```

需要注意的是，switch 条件语句仅限于在可以检查变量值与某些情况的相等性的条件下使用，往往不能轻松地检查更复杂的条件语句。

3.2 循环结构

下面将讨论的语言构造是循环,有两种常用的循环类型:while 和 for。

3.2.1 while 循环

1. while 循环

while 循环是 PHP 中最简单的循环类型。while 语句的基本格式是:

```
while(条件)
    语句
```

只要判断条件为 TRUE,就重复执行嵌套中的循环语句。表达式的值在每次开始循环时检查,所以即使这个值在循环语句中改变了,语句也不会停止执行,直到本次循环结束。如果表达式的值一开始就是 FALSE,则循环语句一次都不会执行。后面在第 9 章中将介绍,当从数据库中检索结果时,经常使用 while 循环。

和 if 语句一样,可以在 while 循环中用花括号括起一个语句组。例如:

```
$i=1;
while($i <=10){
  echo $i++;                    //从 1~10 依次输出
}
```

2. do-while 循环

do-while 和 while 循环非常相似,区别在于表达式的值是在每次循环结束时检查而不是开始时。do-while 语句的基本格式是:

```
do{
  语句
}while(条件)
```

和 while 循环主要的区别是 do-while 的循环语句保证会执行一次,因为 do-while 循环的表达式是否为真在每次循环结束后检查,然而在 while 循环中就不一定了,因为 while 循环的条件是否为真在循环开始时检查,如果一开始就为 False,则整个循环立即终止。例如:

```
$i=0;
do {
  echo $i;
} while($i >0);
```

以上循环将正好运行一次,因为经过第一次循环后,当检查表达式是否为真时,其值为 False($i 不大于 0)而导致循环终止。

3. 使用 while 和 do-while 循环

(1) 在文本编辑器中创建一个新的 PHP 文档(参见脚本 3-2)。

脚本 3-2　使用 while 和 do-while 循环。

```
<!DOCTYPE html PUBLIC "-//W3C//DTD XHTML 1.0 Transitional//EN"
"http://www.w3.org/TR/xhtml1/DTD/xhtml1-transitional.dtd">
<html xmlns="http://www.w3.org/1999/xhtml">
<head>
<meta http-equiv="Content-Type" content="text/html; charset=gb2312" />
  <title>while 和 do-while 循环</title>
 </head>
 <body>

<body>
<?php
$num=0;
while($num<10){
     echo "第".$num."次循环。<br />";
     $num++;
}
?>
<br />
<?php
$i=0;
do{
     echo "第".$i."次循环。<br />";
     $i++;
}while($i<10);
?>
</body>
</html>
```

(2) 使用 while 循环实现 10 次循环。

```
$num=0;
while($num<10){
    echo "第".$num."次循环。<br />";
    $num++;
 }
```

(3) 使用 do-while 循环实现 10 循环。

```
$i=0;
do{
    echo "第".$i."次循环<br />";
    $i++;
}while($i<10);
```

两次循环设定循环变量分别是 $num 和 $i，两次循环的显示效果是一致的，都是从 0 开始循环至 9，共 10 次。

(4) 保存文件，上传到 Web 服务器，并在 Web 浏览器中测试它(参见图 3-4)。

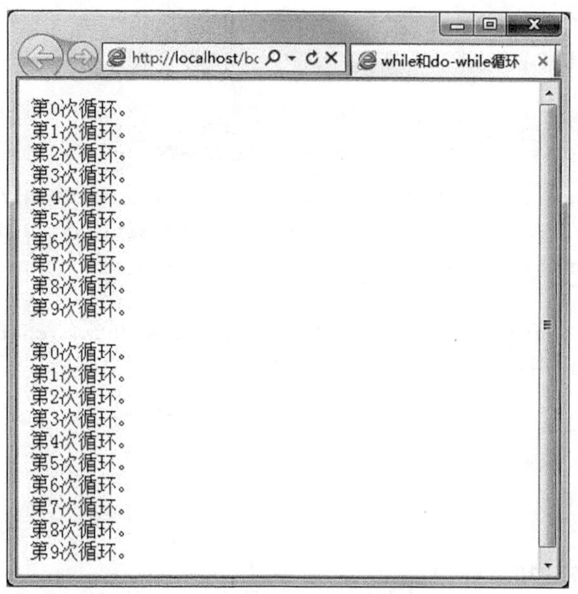

图 3-4 while 和 do-while 循环

3.2.2 for 循环

1. for 循环

for 循环具有更复杂的语法：

```
for(expr1; expr2; expr3){
    statement
}
```

在第一次执行循环时，会运行初始表达式(expr1)，然后检查条件(expr2)，如果条件为真，就执行循环的内容(statement)。执行之后，将会运行结束表达式(expr3)，并再次检查条件(expr2)。这个过程会继续下去，直到条件为假。例如：

```
for($i=1;$i<=10;$i++){
    echo $i;
}
```

第一次运行这个循环时，将把 $i 变量的初始值设置为 1，然后检查条件(1 小于或等于 10 吗?)，由于这个条件为真，就会打印出 1(echo $i)；然后将 $i 递增为 2($i++)，再检查条件，以此类推。这个脚本的执行结果将打印出数字 1～10。

在这里需要注意的是，由于 for 和 while 循环的语法和功能足够相似，因此经常可以互换使用它们。尽管如此，经验表明：当要把某件事情做一定的次数时，for 循环是更好的选择;只要条件为真就做某件事情时,最好使用 while 循环。

使用循环时,要注意观察参数和条件,避免可怕的无限循环,当循环条件永远不会为假时,就会发生这种情况。

2. 使用 for 循环

(1) 在文本编辑器中创建一个新的 PHP 文档(参见脚本 3-3)。

脚本 3-3 使用 for 循环。

```
<!DOCTYPE html PUBLIC "-//W3C//DTD XHTML 1.0 Transitional//EN"
"http://www.w3.org/TR/xhtml1/DTD/xhtml1-transitional.dtd">
<html xmlns="http://www.w3.org/1999/xhtml">
<head>
<meta http-equiv="Content-Type" content="text/html; charset=gb2312" />
  <title>for 循环</title>
 </head>
 <body>

 <body>
 <?php
 for($i=0;$i<10;$i++){
     echo "第".$i."次循环。</br>";
 }
 ?>
 </body>
 </html>
```

(2) 使用 for 循环实现 10 次循环。

```
for($i=0;$i<10;$i++){
    echo "第".$i."次循环。</br>";
}
```

循环变量为 $i,循环次数从 0~9,共 10 次。

(3) 保存文件,上传到 Web 服务器,并在 Web 浏览器中测试它(参见图 3-5)。

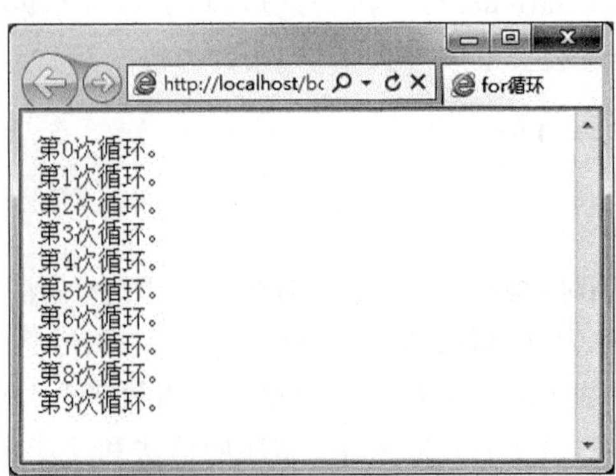

图 3-5 for 循环

3.3 项目训练——动态年月日下拉菜单

3.3.1 项目说明

网络上众多注册表单在涉及选择日期或生日等表单控件时，多数会使用下拉列表。通过 PHP 循环，实现下拉列表年月日自动生成为列表菜单项目。

3.3.2 设计思路

不管是年月日的哪一项，都是一定范围内的整数集合，年份可以是 2005—2015 年，月份规定为 1～12 月，日期为 1～31 日，这里暂且忽略月份之间天数的差异。

为此，同样还是先制作静态页面，制作一个包含 3 个下拉菜单格式的 Web 页，然后使用任何一种 PHP 的循环结构去实现有规律的整数范围，并且年份的周期也方便在日后随时修改。

3.3.3 设计过程

循环实现动态年月日下拉菜单，这里分别使用了 while 循环、do-while 循环及 for 循环。

(1) 在文本编辑器中创建一个新的 PHP 文档(参见脚本 3-4)。

脚本 3-4 使用循环实现下拉菜单。

```
<!DOCTYPE html PUBLIC "-//W3C//DTD XHTML 1.0 Transitional//EN"
"http://www.w3.org/TR/xhtml1/DTD/xhtml1-transitional.dtd">
<html xmlns="http://www.w3.org/1999/xhtml">
<head>
<meta http-equiv="Content-Type" content="text/html; charset=gb2312" />
  <title>while 和 for 循环结构</title>
 </head>
 <body>

 <form action="" method="post">
 <?php #脚本 3-4-calendar.php
 //创建年份下拉菜单
 echo '<select name="year">';
 $year=2005;
 while($year <=2015){
     echo "<option value=\"$year\">$year</option>\n";
     $year++;
 }
 echo '</select>年 ';
```

```
//创建月份下拉菜单
echo '<select name="month">';
$month=1;
do{
    echo "<option value=\"$month\">$month</option>\n";
    $month++;
}while($month <=12);
echo '</select>月 ';

//创建日期下拉菜单
echo '<select name="day">';
for($day=1; $day <=31; $day++){
    echo "<option value=\"$day\">$day</option>\n";
}
echo '</select>日 ';

?>
</form>
</body>
</html>
```

这里需要注意的是，需要 HTML 表单标签创建下拉菜单。因为在何处以及何时嵌入 PHP 是无关紧要的，所以这里把表单标签放在 PHP 代码前面。

(2) 使用 while 循环生成年份下拉菜单。

```
echo '<select name="year">';
$year=2005;
while($year <=2015){
    echo "<option value=\"$year\">$year</option>\n";
    $year++;
}
echo '</select>年 ';
```

最初设置 $year 变量，只要它小于或等于 2015，就会执行循环。在循环内，将会运行 echo()语句，然后递增 $year 变量。

(3) 使用 do-while 循环生成月份下拉菜单。

```
echo '<select name="month">';
$month=1;
do{
    echo "<option value=\"$month\">$month</option>\n";
    $month++;
}while($month <=12);
echo '</select>月 ';
```

这里使用的 do-while 循环生成月份与 while 循环生成年份功能相似。

(4) 使用 for 循环生成日期下拉菜单。

```
echo '<select name="day">';
for($day=1; $day <=31; $day++){
    echo "<option value=\"$day\">$day</option>\n";
}
echo '</select>日 ';
```

这个标准的 for 循环首先将 $day 变量初始化为 1。它将继续运行循环,直到 $day 大于 31,并在每次迭代时,将 $day 递增 1。循环自身的内容(它将执行 31 次)是一条 echo()语句。

(5) 将文件另存为 calendar.php,上传到 Web 服务器,并在 Web 浏览器中测试它(参见图 3-6)。

图 3-6 这些下拉菜单是使用循环结构创建的

(6) 选择"查看"→"源文件"命令,或"查看"→"页面源文件"命令,在浏览器中查看源代码(参见图 3-7)。

```
calendar[1]
<!DOCTYPE html PUBLIC "-//W3C//DTD XHTML 1.0 Transitional//EN"
        "http://www.w3.org/TR/xhtml1/DTD/xhtml1-transitional.dtd">
<html xmlns="http://www.w3.org/1999/xhtml" xml:lang="en" lang="en">
<head>
  <meta http-equiv="content-type" content="text/html; charset=gb2312" />
  <title>年历</title>
</head>
<body>

<form action="" method="post">
<select name="year"><option value="2005">2005</option>
<option value="2006">2006</option>
<option value="2007">2007</option>
<option value="2008">2008</option>
<option value="2009">2009</option>
<option value="2010">2010</option>
<option value="2011">2011</option>
<option value="2012">2012</option>
<option value="2013">2013</option>
<option value="2014">2014</option>
<option value="2015">2015</option>
</select>年 <select name="month"><option value="1">1</option>
<option value="2">2</option>
<option value="3">3</option>
<option value="4">4</option>
<option value="5">5</option>
```

图 3-7 大多数源代码都是由仅仅几行 PHP 代码生成的

本章小结

本章介绍了PHP语言的条件语句及其余的运算符，以及循环语言构造。这些语言基础将会为完成后续的复杂程序设计提高效率。

重点回顾

1. PHP的比较和逻辑运算符。
2. 如何使用分支语句if结构与switch结构实现各种条件判断。
3. 合理使用循环结构实现高效率的编程。

本章实训

【实训1】

新建switch.php，参考PHP中文帮助，使用date函数获取今天星期几，然后使用switch分支语句分别给出不同说明。网页运行效果如图3-8所示。

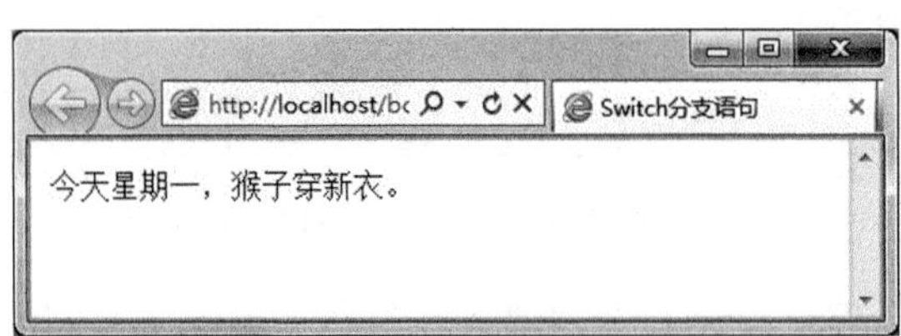

图3-8 switch.php的运行效果

【实训2】

新建99.php，使用for循环实现九九乘法表，并将结果输出为表格格式。网页运行效果如图3-9所示。

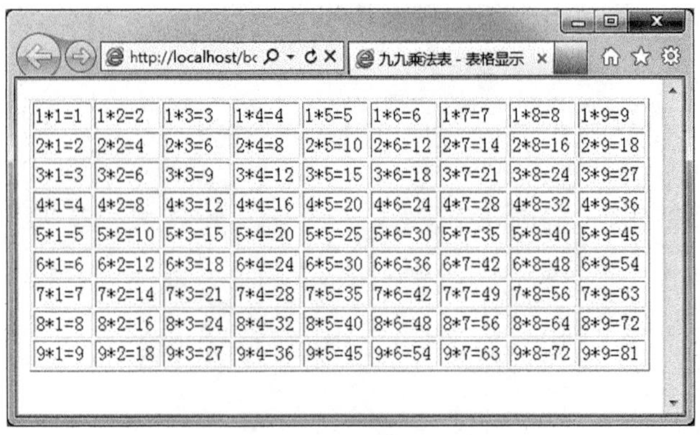

1*1=1	1*2=2	1*3=3	1*4=4	1*5=5	1*6=6	1*7=7	1*8=8	1*9=9
2*1=2	2*2=4	2*3=6	2*4=8	2*5=10	2*6=12	2*7=14	2*8=16	2*9=18
3*1=3	3*2=6	3*3=9	3*4=12	3*5=15	3*6=18	3*7=21	3*8=24	3*9=27
4*1=4	4*2=8	4*3=12	4*4=16	4*5=20	4*6=24	4*7=28	4*8=32	4*9=36
5*1=5	5*2=10	5*3=15	5*4=20	5*5=25	5*6=30	5*7=35	5*8=40	5*9=45
6*1=6	6*2=12	6*3=18	6*4=24	6*5=30	6*6=36	6*7=42	6*8=48	6*9=54
7*1=7	7*2=14	7*3=21	7*4=28	7*5=35	7*6=42	7*7=49	7*8=56	7*9=63
8*1=8	8*2=16	8*3=24	8*4=32	8*5=40	8*6=48	8*7=56	8*8=64	8*9=72
9*1=9	9*2=18	9*3=27	9*4=36	9*5=45	9*6=54	9*7=63	9*8=72	9*9=81

图3-9 99.php的运行效果

第4章　数　　组

数组是一种数据类型，它的使用频率相当高，学会处理数组会使我们在编程时得心应手。数组同数值或者字符串有着显著的不同，并且如果没有掌握和理解它，大多数 PHP 编程工作都将无法实现。

4.1　什么是数组

数组(array)组成一个复杂但是非常有用的概念。数值和字符串都是标量变量，它们只含有一个单独的值，数组实际上是一个数据集合，它可以保存多份单独的信息，就像是值的列表，其中每个值可以是字符串或数字，甚至是另一个数组。因此比起简单的字符串或者数字，数组能够让一个变量以指数级承载更多的信息。

4.1.1　索引数组与联合数组

数组就是一组数据的集合，把一系列数据组织起来，形成一个可操作的整体。数组的每个实体都包含两项：键和值。

数组可以构造成一系列键-值(key-value)对，其中每一对都是那个数组的一个项目或元素(element)。对于列表中的每个项目，都有一个与之关联的键(key)(或索引(index))。得到的结构很像是电子表格或数据库表(参见表 4-1 和表 4-2)。

表 4-1　$ days 索引数组使用数字作为它的键

键	值	键	值
0	星期天	3	星期三
1	星期一	4	星期四
2	星期二		

表 4-2　$ user 联合数组使用字符串作为它的键

键	值	键	值
id	0922188	gender	男
name	张明	age	30
pwd	1234567890		

PHP 支持两种数组：索引数组(indexed array)和联合数组(associative array)，前者使用数字作为键，后者使用字符串作为键。

同 C 语言和大部分语言一样，索引数组的第一个索引开始于 0，而不是从 1。键(key)可以是整型或者字符串，值(value)可以是任何类型。例如，$ days 数组，如表 4-1 所示。

联合数组就是在索引值方面与索引数组不同，其索引值中包含了字符串，这样可以更方便地处理实际生活的问题，比如把名字作为索引，资料为索引的值，但是在操作数据时就需要比较复杂的方法。例如，$ user 数组，如表 4-2 所示。

数组遵守与任何其他变量相同的命名规则，数组的名称使用美元符号($)开头。因此，单看变量名 $ var 无法区分是数组，还是字符串或数字。

由于 PHP 对其变量结构的要求很宽松，数组甚至可以使用数字和字符串的组合作为它的键。唯一重要的规则是数组的每一个键都必须是唯一的。

4.1.2 创建数组

创建一个数组是指定义一个数组的名字和结构，可以初始化其内部数据元素的值，也可以不作初始化处理，即所有的元素值为空。在 PHP 中，创建或声明数据的方式主要有两种：一种是直接为数组元素赋值，一次添加一个元素来构建数组；另一种是应用 array()函数声明数组。

1. 直接为数组元素赋值

直接为数组元素赋值方法是使用方括号的语法，通过在方括号内指定键为数组赋值来实现，也可以省略键，在这种情况下给变量名加上一对空的方括号([])。语法如下：

```
$arrayName[key]=value;
$arrayName []=value;
```

其中，键 key 可以是整型或者字符串，值 value 可以是任何类型。例如：

```
$colName[0]="id";
$colName[1]="username";
$colName[2]="pwd";
```

如果给出方括号但没有指定键，则取当前最大整数索引值，新的键将是该值加 1。如果当前还没有整数索引，则键将为 0。例如：

```
$array[]='Math';
$array[]='9月 1日';
$array['teacher']='Chen';
```

需要注意的是，如果指定一个键，并且已经存在用那个相同的键进行索引的一个值，则新值将覆盖现有的值。例如：

```
$array['son']='Mark';
$array['son']='Michael';
$array[2]='apple';
```

```
$array[2]='orange';
```

如果在创建数组时不知所创建数组的大小,或在实际编写程序时数组的大小可能发生变化,那么采用这种数组创建的方法较好。

2. 使用 array()函数创建数组

创建数组正式的方法是使用 array()函数。它的语法如下:

```
$list=array('apple', 'banana', 'orange');
```

除非特别指出,否则数组的索引自动从 0 开始。本示例并未为元素指定特定的索引,因此 apple 作为第一项自动索引为 0,而第二项索引为 1,第三项索引为 2。

可以在使用 array()时为索引赋值,运算符"=>"用于定义数组元素的值。语法"key =>values",用于定义数组键和对应的值。键可以是数字或字符串。例如:

```
$list=array(1=>'Monday', 2=>'Tuesday', 3=>'Wednesday');
$fruit=array("first"=>'apple',"second"=>'banana',"third"=>'orange');
```

最后,指定的索引值不必为数值,还可以使用字符串。这种索引的技术在制作更加有意义的列表时非常实用。

4.1.3 数组的打印

1. 打印单个数组元素

在 PHP 中对数组元素输出,可以通过 echo 和 print 语句来实现,但这只能对数组中的单个元素进行输出。要从数组中检索特定的值,需要先引用数组名称,然后在方括号中指出键。例如:

```
echo $days [2];                      //输出星期二
echo $user ['name'];                 //输出张明
```

可以看到在 PHP 中,若数组的键值为数字(例如,2)则不会用引号括住,而对字符串(例如,name)则必须这样做。

由于数组使用的语法不同于其他变量,对它们执行打印更具技巧性,以下是容易犯的错误。

(1) 因为数组可以包含多个值,所以不能编写简单的代码:

```
echo "输出星期: $day";
```

(2) 联合数组中的键复杂化了打印它们的操作。下面的代码将引起一个解析错误:

```
echo "客户的姓名是$user['name']";
```

为了解决这个问题,当数组使用字符串作为它的键时,把数组名和键包装在花括号中:

```
echo "客户的姓名是{$user['name']}";
```

不过，数字式索引数组没有这种问题：

```
echo "今天是$days [4]";
```

2. 输出整个数组结构

要将数组结构输出则要使用 print_r()函数。语法如下：

```
print_r(mixed expression);
```

如果参数 expression 为普通的整型、字符型或实型变量，则输出该变量本身；如果该参数为数组，则按一定键值和元素的顺序显示出该数组中的所有元素。

作为示例，可以利用下面的脚本创建一个数组来记录一周中每天的天气，并且可以通过使用赋值运算符为每个元素赋值的方式直接向数组添加元素。该示例也将诠释如何能够以及不能打印数组。

(1) 在文本编辑器中创建一个新的文档(参见脚本 4-1)：

脚本 4-1 $ weather 数组包含 3 个元素并且使用字符串作为它的键。

```
<!DOCTYPE html PUBLIC "-//W3C//DTD XHTML 1.0 Transitional//EN"
"http://www.w3.org/TR/xhtml1/DTD/xhtml1-transitional.dtd">
<html xmlns="http://www.w3.org/1999/xhtml">
<head>
<meta http-equiv="Content-Type" content="text/html; charset=gb2312" />
  <title>打印数组</title>
 </head>
 <body>

 <?php //Script 4-1-weather1.php
 //创建数组:
 $weather=array(
   'Monday'=>'晴转多云',
   'Tuesday'=>'多云转阴',
   'Wednesday'=>'阴转阵雨'
   'Thursday'=>'多云'
 );

 //打印数组结构及内容:
 print_r($weather);

 //使用 print 打印数组:
 print "<p>$weather</p>";

 //为数组再添加 3 个元素:
 $weather['Friday']='多云转晴';
 $weather['Saturday']='多云转阴';
```

```
$weather['Sunday']='阴有阵雨';

var_dump($weather);
?>
</body>
</html>
```

(2) 开始脚本中的 PHP 片段，使用 array()函数创建一个数组：

```
$weather=array(
    'Monday'=>'晴转多云',
    'Tuesday'=>'多云转阴',
    'Wednesday'=>'阴转阵雨',
    'Thursday'=>'多云'
);
```

这是在 PHP 中用字符串作为索引对数组进行初始化(创建和为其赋值)所使用的正确格式。由于其键和值都是字符串类型，因此需要用单引号将之引用。

不要在最后一个数组元素之后添加逗号(索引为 Thursday)，这样做会导致解析错误发生。

(3) 尝试打印这个数组：

```
print_r($weather);
```

使用 print_r()函数可以来显示任何变量的内容和结构。

(4) 使用与前述不同的 print()函数打印数组：

```
print "<p>$weather </p>";
```

如图 4-1 所示，这里将不会显示数组内容，由于数组和其他变量类型是结构上不同的，因此直接使用"print"方法打印数组的请求会导致数值类型名称"Array"的出现(以及错误的出现，这取决于 PHP 的版本及其设置)。

(5) 为数组再添加 3 个元素：

```
$weather['Friday']='多云转晴';
$weather['Saturday']='多云转阴';
$weather['Sunday']='阴有阵雨';
```

这些代码又向已有的数组添加了 3 天的天气，分别用 Friday、Saturday 和 Sunday 进行索引。

(6) 再次打印数组。

这里用 var_dump()函数代替 print_r()，它不仅显示数组的内容，同时还会以更加详细的格式呈现数组的结构，如图 4-1 所示。在 PHP 第 6 版中，这个函数还会指出一个字符串是否使用了 Unicode 编码。

(7) 结束 PHP 和 HTML 代码部分，将文档保存为 weather1.php，放置在启用了 PHP 的服务器上适当的目录中，并且在 Web 浏览器中进行测试(参见图 4-1)。

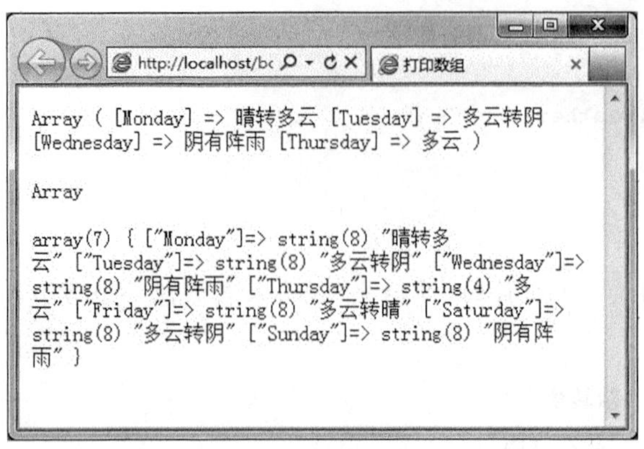

图 4-1 weather1.php 的执行结果

4.2 访问数组

4.2.1 foreach 循环

无论是如何创建数组的,从数组中检索某个特定元素(或者值)只有一个方法,那就是用它的索引。要访问数组中所有值的最快捷而且最简单的方法是使用 foreach 循环。这个循环结构将遍历数组中的每个元素。

要访问每个数组元素,可以使用 foreach 循环。foreach 循环有两种格式。如果只访问数组元素的值,可以使用:

```
foreach($array as $value){
  echo $value;                                   //$value变量名字可以随意合法设置
}
```

foreach 循环将会迭代 $array 中的每个元素,并把每个元素的值赋予 $value 变量。

如果要访问键和值,可以使用:

```
foreach($array as $key=>$value){
  echo "元素的键为:$key,对应的值为:$value.";  //$key和$value变量名字可以随意合法设置
}
```

现在可以利用这些知识编写一个新的 weather 脚本。不仅仅能够打印出数组中拥有的元素数量,还将能够访问到它真实的值。

1. 打印数组的值

(1) 在文本编辑器中新建一个文档(参见脚本 4-2)。

脚本 4-2 foreach 循环是访问数组中每个元素的最简便的方法。

```
<!DOCTYPE html PUBLIC "-//W3C//DTD XHTML 1.0 Transitional//EN"
```

```
"http://www.w3.org/TR/xhtml1/DTD/xhtml1-transitional.dtd">
<html xmlns="http://www.w3.org/1999/xhtml">
<head>
<meta http-equiv="Content-Type" content="text/html; charset=gb2312" />
  <title>打印数组</title>
 </head>
 <body>

 <?php //Script 4-2-weather2.php
  //创建数组:
 $weather=array(
     'Monday'=>'晴转多云',
     'Tuesday'=>'多云转阴',
     'Wednesday'=>'阴有阵雨',
     'Thursday'=>'多云',
     'Friday'=>'多云转晴',
     'Saturday'=>'多云转阴',
     'Sunday'=>'阴有阵雨'
 );

 //打印数组的值:
 foreach($weather as $day=>$content){
     echo "<p>$day: $content</p>\n";
 }

 ?>
 </body>
 </html>
```

(2) 开始脚本中的 PHP 片段,使用 array()函数创建一个数组:

```
$weather=array(
    'Monday'=>'晴转多云',
    'Tuesday'=>'多云转阴',
    'Wednesday'=>'阴有阵雨',
    'Thursday'=>'多云',
    'Friday'=>'多云转晴',
    'Saturday'=>'多云转阴',
    'Sunday'=>'阴有阵雨'
);
```

在这里一次就创建了整个数组,虽然可以使用同前面脚本中相同的方式,逐步创建数组。

(3) 创建一个 foreach 循环以打印每天的天气:

```
foreach($weather as $day=>$content){
```

```
    echo "<p>$day: $content</p>\n";
}
```

foreach 循环遍历数组 $ weather 的每个元素，将每个索引赋值给 $ day，并将每个值赋值给 $ content。这些值现在打印在 HTML 段落标记中。该 echo 语句包含一个换行符(使用\n 创建的)，它将对页面中的 HTML 源代码造成影响。

(4) 结束 PHP 部分和 HTML 页面：

```
?>
</body>
</html>
```

(5) 将页面保存为 weather2. php，并放置在启用了 PHP 的服务器上适当的目录中，然后在 Web 浏览器中进行测试(参见图 4-2)。

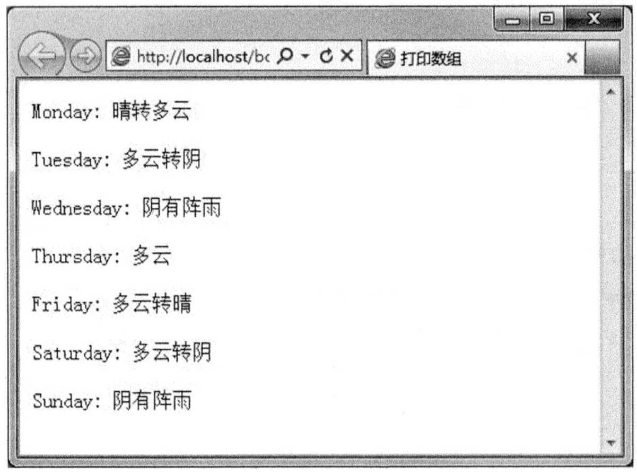

图 4-2　为数组中的每个元素执行循环后将生成这个页面

2. 创建和访问数组

使用数组来建立一组表单下拉菜单以从中选择一个日期，也非常容易。

(1) 在文本编辑器中打开 calendar. php 脚本(参见脚本 3-2)。

(2) 添加一个星期的下拉菜单(参见脚本 4-3)。

脚本 4-3　循环通常与数组一起使用，使用数组动态创建下拉菜单。

```
<!DOCTYPE html PUBLIC "-//W3C//DTD XHTML 1.0 Transitional//EN"
"http://www.w3.org/TR/xhtml1/DTD/xhtml1-transitional.dtd">
<html xmlns="http://www.w3.org/1999/xhtml">
<head>
<meta http-equiv="Content-Type" content="text/html; charset=gb2312" />
  <title>while 和 for 循环结构</title>
 </head>
 <body>
```

```
<form action="" method="post">
<?php #脚本 3-2-calendar.php
//创建年份下拉菜单
echo '<select name="year">';
$year=2005;
while($year <=2015){
    echo "<option value=\"$year\">$year</option>\n";
    $year++;
}
echo '</select>年 ';

//创建月份下拉菜单
echo '<select name="month">';
$month=1;
do{
    echo "<option value=\"$month\">$month</option>\n";
    $month++;
}while($month <=12);
echo '</select>月 ';

//创建日期下拉菜单
echo '<select name="day">';
for($day=1; $day <=31; $day++){
    echo "<option value=\"$day\">$day</option>\n";
}
echo '</select>日 ';

//创建星期数组
$weekday=array(1=>'星期一','星期二','星期三','星期四','星期五','星期六','星期天');
//创建星期下拉菜单
echo '<select name="weekday">';
foreach($weekday as $key=>$value){
    echo "<option value=\"$key\">$value</option>\n";
}
echo '</select>';
?>
</form>
</body>
</html>
```

(3) 为星期创建一个数组。

```
$weekday=array(1=>'星期一','星期二','星期三','星期四','星期五','星期六','星期天');
```

这个数组使用1～7作为键。因为指定了第一个键,则会对余下的值递增地添加索引。

(4) 通过foreach循环生成星期下拉菜单。

```
echo '<select name="weekday">';
foreach($weekday as $key=>$value){
    echo "<option value=\"$key\">$value</option>\n";
}
echo '</select>';
```

利用foreach循环,可以快速生成星期下拉菜单的所有HTML代码。每执行一次循环,都会创建一行代码,如<option value="1">星期一</option>。

年月日的下拉菜单同样也可通过数组的方式生成,但是创建数组会涉及额外代码和内存开销,所以使用循环的效率更高。

(5) 保存文件,上传到Web服务器,并在Web浏览器中测试它(参见图4-3)。

图4-3 这些下拉菜单是使用循环或数组创建的

foreach循环仅适用于数组,如果看到Invalid argument supplied for foreach()(为foreach()提供了无效的参数)出错消息,则意味着正尝试在不是数组的变量上使用foreach循环。

4.2.2 多维数组

数组的值可以是数字、字符串,甚至其他数组的任意组合。最后一种选择——包含其他数组的数组——将会创建一个多维数组。

多维数组可以用来包含比标准数组更多的信息,多维数组的值本身就可以是数组。多维数组的使用非常普遍,特别是在表单中使用超全局变量时则更是如此。但是,处理多维数组非常容易。例如:

```
$fruits=array('apples', 'bananas', 'oranges');
$meats=array('steaks', 'hamburgers', 'pork chops');
$groceries=array(
    'fruits'=>$fruits,
    'meats'=>$meats,
    'other'=>'peanuts',
    'cash'=>30.00
);
```

数组 $ groceries 现在由一个字符串(peanuts)、一个浮点数值(30.00)和两个数组($ fruits 和 $ meats)组成。

指向多维数组中的某个元素会有一点复杂。要点是根据需要在方括号中继续添加索引。因此在这个示例中，bananas 位于 $ groceries['fruits'][1]。

首先，使用['fruits']来指向数组 $ groceries 中的元素(在这种情况下，是一个数组)。然后再基于它的位置指向数组中的这个元素：它是第二项，因此需要使用索引[1]。

使用多维数组

(1) 在文本编辑器中创建一个新的 PHP 文档(参见脚本 4-4)。

脚本 4-4 多维数组 $ interests 在一个大变量中存储了大量的信息。

```
<!DOCTYPE html PUBLIC "-//W3C//DTD XHTML 1.0 Transitional//EN"
"http://www.w3.org/TR/xhtml1/DTD/xhtml1-transitional.dtd">
<html xmlns="http://www.w3.org/1999/xhtml">
<head>
<meta http-equiv="Content-Type" content="text/html; charset=gb2312" />
  <title>while 和 for 循环结构</title>
 </head>
 <body>

 <?php #Script 4-4-interests.php
 //创建第一个数组:
 $songs=array('小小虫','东风破','waka waka');

 //创建第二个数组:
 $movies=array('钢铁侠','变形金刚','阿凡达');

 //创建第三个数组:
 $books=array('哈利波特','暮光之城','品三国');

 //创建多维数组:
 $interests=array(
     'music'=>$songs,
     'movie'=>$movies,
```

```
    'book'=>$books
  );
//输出一些值：
echo "<p>我喜欢的一首歌是 <i>{$interests['music'][0]}</i>。</p>";
echo "<p>我喜欢的电影是 <i>{$interests['movie'][2]}</i>。</p>";
echo "<p>我喜欢的书是 <i>{$interests['book'][1]}</i>。</p>";

//使用 foreach 的嵌套才能完整打印多维数组
foreach($interests as $title=>$content){
  print "<p>$title";
  foreach($content as $number=>$value){
  print "<br />我喜欢的第 $number 个是 $value";
  }
  print '</p>';
}

?>
</body>
</html>
```

(2) 创建初始 PHP 标签，创建第一个数组：

```
$songs=array(1=>'小小虫','东风破','waka waka');
```

为了构建这个多维数组，我们将创建 3 个标准数组，并且将它们作为这个更大数组的值。该数组使用数值作为键，同时使用字符串作为值。数值从 1 开始编号。

(3) 创建接下来的两个数组：

```
$movies=array(1=>'钢铁侠','变形金刚','阿凡达');
$books=array(1=>'哈利波特','暮光之城','品三国');
```

对于每个数组，出于简便的考虑，只添加 3 个元素的信息。

(4) 创建主体，多维数组：

```
$interests=array(
    'music'=>$songs,
    'movie'=>$movies,
    'book'=>$books
);
```

数组 $interests 是本脚本中的主数组。它使用字符串作为键并且数组作为值。可以用函数 array()像创建其他数组那样创建它。

(5) 打印一首歌：

```
echo "<p>我喜欢的一首歌是 <i>{$interests['music'][1]}</i>。</p>";
```

按照之前介绍的规则，为了访问所有子项，我们所需要做的就是从 $interests 开始，首先是第一个索引(['music']),然后是下一个索引([1])。

因为将把这些内容放置在一个 echo()调用中,所以需要用花括号引用整个结构,以避免发生解析错误。

(6) 再打印两个示例:

```
echo "<p>我喜欢的电影是 <i>{$interests['movie'][2]}</i>。</p>";
echo "<p>我喜欢的书是 <i>{$interests['book'][3]}</i>。</p>";
```

(7) 为了访问每个数组中的每个元素,可以将两个 foreach 循环嵌套使用。

```
foreach($interests as $title=>$content){
  print "<p>$title";
  foreach($content as $number=>$value){
      print "<br />我喜欢的第 $number 个是 $value";
  }
  print '</p>';
}
```

当然,仍然可以使用 foreach 循环访问多维数组,如果需要的话,可把一个 foreach 循环嵌套在另一个内部。

(8) 结束 PHP 代码片段并且完成 HTML 页面,将文件保存为 interests. php,并保存在启用了 PHP 服务器上适当的目录中,然后在 Web 浏览器中进行测试(参见图 4-4)。

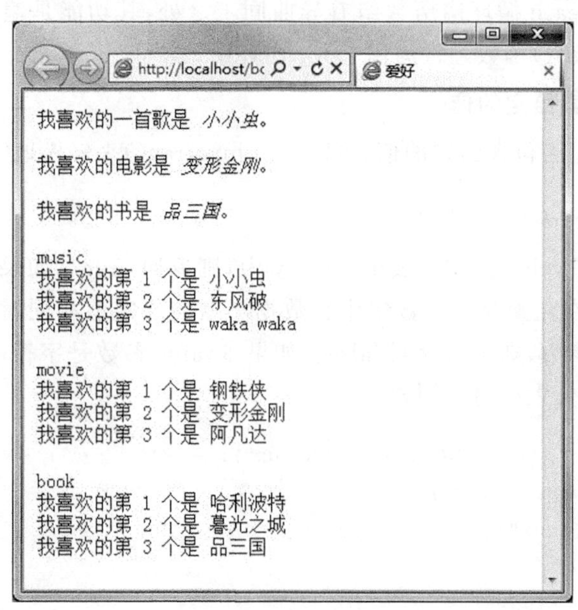

图 4-4 foreach 的嵌套实现对二维数组中每个元素的访问

可以使用一系列嵌套的 array()调用的方式在一个语句中创建多维数组(用以代替本示例中使用多个步骤的方式)。但是,并不推荐这样做,因为随着语句中嵌套数量的增加,引发语法错误的可能性就越大。

尽管本示例中的所有子数组都有相同的结构(用数值作为索引,并且有 3 个元素),但这并不是多维数组所必需的。

4.3 数组应用

4.3.1 基本数组函数

1. 获取数组个数

要确定数组中的元素个数,可以使用 count()或 sizeof()函数,这两个函数是同义的。

```
$num=count($array);
```

count()是经常用到的一个函数,其功能是返回一个数组的长度,它会遍历整个数组然后求出元素个数。例如:

```
$A=array("one","two","three","four");
$num=count($A);
for($i=0;$i<$num;$i++){
    echo "$A[$i]"."<br />";
}
```

上述代码与 foreach 循环遍历数组有异曲同工之处,其功能是遍历整个数组并输出每个数组元素。count()函数经常运用于 for 循环中。

2. 在数组中搜索给定的值

检查数组里面是否包含给定的值,可以使用 in_array()来轻松地完成这项功能。

```
in_array($value,$array,true);
```

如果给定的值 $value 存在于数组 $array 中,则返回 true。如果第三个参数设置为 true,那么函数只有在元素存在于数组中且数据类型与给定值相同时才返回 true。如果没有在数组中找到参数,则函数返回 false。如果 $value 参数是字符串,且第三个参数设置为 true,则搜索区分大小写。例如:

```
$os=array("Mac", "NT", "Windows", "Linux");
if(in_array("Linux", $os)){
    echo "找到 Linux";
}else{
    echo "没找到 Linux";
}
```

上述代码的功能是在 $os 数组中搜索"Linux"字符串。

3. 创建指定范围的元素的数组

range()可用来快速创建连续字母或数字的数组。

```
range(first,second,)
```

该函数创建一个数组,包含从 first 到 second(包含 first 和 second)之间的整数或字符。如果 second 比 first 小,则返回反序的数组。例如:

```
$number=range(0,5);
```

上述代码将实现快速创建一个数字数组,长度为 6,元素的值为 0~5。

range()函数还可用于脚本 3-2 中使用循环生成下拉菜单,可用该函数快速创建年月日的连续数字数组,通过 foreach 进行遍历。

4.3.2 数组与字符串的转换

字符串和数组都非常常用,在这两种形式之间进行转换有两个函数:第一个是 implode(),它用来将数组转换为字符串;第二个是 explode()用来做相反的处理。

使用这些函数的原因是:

- 将数组转换为字符串是为了能够将值附加在 URL 上进行传递,因为不能用数组实现。
- 将数组转换为字符串是为了将信息更方便地储存在数据库中。
- 将字符串转换为数组是为了将一个用逗号分隔的文本区,例如表单中的关键字搜索区域,转化为相互独立的形式。

使用 explode()的语法如下:

```
$array=explode($separator, $string);
```

使用 implode()的语法如下:

```
$string=implode($glue, $array);
```

使用和理解这两个函数的关键之处是分隔符(separator)和胶合(glue)关系。当把一个数组转变成一个字符串时,将会设置胶合(glue)——将被插入到生成字符串中的数组值之间的字符或代码。相反,当把字符串转变成数组时,要指定分隔符(separator),它是描绘生成数组中的不同元素之间的连接的代码。

separator 分隔符指明了一个或多个字符,用来区分一个值的结束和另外一个值开始。通常情况下分隔符是一个逗号、一个制表符或者一个空格。因此 explode 可能如此使用:

```
$array=explode(',', $string);
```

或

```
$array=explode(' ', $string);
```

为了将一个数组转换为字符串,需要定义用什么作为分隔符,也就是之间的连接符,PHP 将处理剩下的工作。因此 implode 可能如此使用:

```
$string=implode(',', $array);
```

或

```
$string=implode(' ', $array);
```

例如：

```
$string1='Mon-Tue-Wed-Thur-Fri';
$days_array=explode('-', $string1);
```

$days_array 变量现在是一个有 5 个元素的数组，其元素 Mon 的索引为 0，Tue 的索引为 1，等等。

```
$string2=implode(', ', $days_array);
```

$string2 变量现在是一个逗号分隔的一个星期中各天的列表：Mon、Tue、Wed、Thur 和 Fri。

4.4 项目训练——简易判断文件格式

4.4.1 项目说明

在表单上传等操作过程中，浏览器上传的文件安全性检查非常重要，若上传了恶意的非法文件，可能对服务器造成不可预期的影响。因此，检查上传文件的类型是防止恶意软件的一个有效步骤。在 PHP 中，判断文件类型有多种方法，这里要求提取文件的后缀名（扩展名）并判断文件类型是否符合要求。

4.4.2 设计思路

一般情况下，服务器允许上传的文件类型不止一种，因此要事先制作一个允许列表，包含多种可上传的文件扩展名。获取文件名后，使用 explode 函数分割文件名，取得扩展名，然后与允许列表比对。例如，文件名为 myfile.doc，允许的文件后缀名列表为 jpg/gif/png，获得后缀名“doc”后，在允许列表中搜索是否包含该扩展名。

4.4.3 设计过程

根据文件扩展名判断文件类型，需要使用之前的 explode()、count()、inarray()等数组应用函数。

（1）在文本编辑器中创建一个新的 PHP 文档（参见脚本 4-5）。

脚本 4-5 获取文件扩展名判断是否允许上传。

```
<!DOCTYPE html PUBLIC "-//W3C//DTD XHTML 1.0 Transitional//EN" "http://www.w3.org/TR/xhtml1/DTD/xhtml1-transitional.dtd">
<html xmlns="http://www.w3.org/1999/xhtml">
```

```
<head>
<meta http-equiv="Content-Type" content="text/html; charset=gb2312" />
        <title>测试文件格式</title>
</head>

<body>
<?php
    $filename="myfile.doc";
    $filetypes=array('jpg','png','gif');
    echo "文件名为:$filename<br />\n";

    $file=explode(".",$filename);
    print_r($file);
    echo "<br />";

    $newtype=$file[count($file)-1];
    if(!in_array($newtype, $filetypes))
        echo "文件格式错误,必须是图片!";
    else
        echo "文件格式符合要求,可以上传!";
 ?>
 </body>
 </html>
```

(2) 设置初始文件名称，以及允许上传的文件格式，多种文件扩展名可定义为数组格式。

```
$filename="myfile.doc";
$filetypes=array('jpg','png','gif');
```

(3) 使用 explode 函数，以“.”为分隔符，将字符串的文件名转换为一个数组。

```
$file=explode(".",$filename);
```

(4) 使用 count()函数，获取分割后的数组的最后一个元素的键，以此提取出文件扩展名。

```
$newtype=$file[count($file)-1];
```

(5) 判断取得的文件扩展名是否在允许列表中，这里使用了 in_array()函数。

```
if(!in_array($newtype, $filetypes))
    echo "文件格式错误,必须是图片!";
else
    echo "文件格式符合要求,可以上传!";
```

(6) 结束 PHP 代码片段并且完成 HTML 页面，将文件保存为 checkfile.php，并保存在启用了 PHP 服务器上适当的目录中，然后在 Web 浏览器中进行测试(参见图 4-5)。

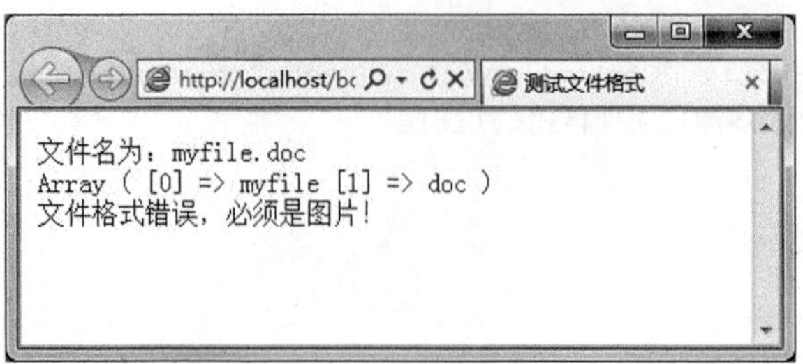

图 4-5 使用多个数组应用函数实现文件扩展名判断

本章小结

本章介绍了 PHP 中数组的概念，详细介绍了数组的类型，如何创建数组、访问数组元素、打印数组及遍历数组元素，并介绍了多维数组的应用及 PHP 中数组常用的各种内置函数。

重点回顾

1. 数组的类型。
2. 如何遍历数组。
3. 数组应用函数。

本章实训

【实训 1】

新建 score.php，统计你的实训成绩，使用数组保存实验和成绩，先输出数组内容和结构，然后使用表格输出。网页运行效果如图 4-6 所示。

【实训 2】

新建 movie.php，定义一个包含 5 个元素的多维数组，内容为前 5 名电影排名，每部电影包含名称和 imdb 评分，先使用 print_r 输出，再输出为表格格式。网页运行效果如图 4-7 所示。

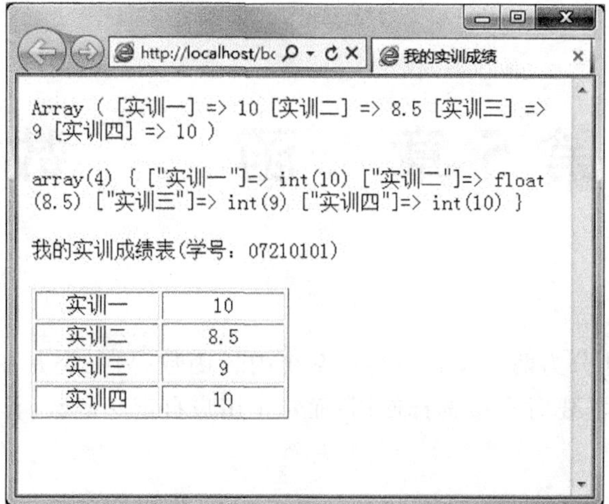

图 4-6　score. php 的运行效果

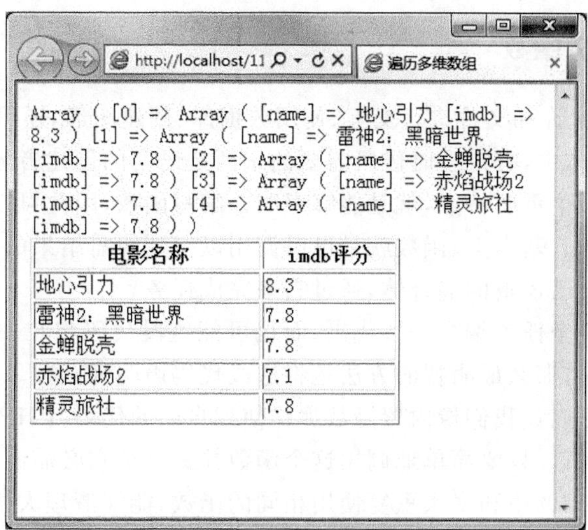

图 4-7　movie. php 的运行效果

第 5 章　函　　数

函数可以简单地分为两大类：一类是系统内置函数；另一类是用户自定义函数。对于系统函数，可以在需要时直接选择使用；而对于用户自定义函数，首先要定义，然后才能使用。

5.1　创建和调用自定义函数

5.1.1　自定义函数

PHP 内置函数允许和文件进行交互、使用数据库、创建图形，还可以连接其他的服务器。但是，在实际工作中，有许多时候所需要的东西是语言的创建者无法预见到的。任何好的编程语言都有一个重要特点，就是能够声明并编写函数，因此可以编写自己的函数来完成任何所需的任务。基本上，函数就是可以调用以得到所需结果的代码块，这些代码块可能是已有函数和自己逻辑的混合体，通过它来完成任务。

如果你正在为一个任务编写一段代码，而很可能这段代码将在一个脚本的多处或是多个脚本中都要使用，那么最明智的方法是将这段代码声明为函数。

声明一个函数可以让我们像内置函数那样使用自己的代码，PHP 中可以向函数传递值，也可以从中返回值。只要简单地调用这个函数并提供给它必需的参数。这就意味着，在整个脚本中，都可以调用和多次重复使用相同的函数，能够清理大量冗余的代码。

1. 自定义函数

建立自定义函数的语法如下：

```
function function_name([$arg_1][, $arg_2][, ...][, $arg_n]){
    statement
}
```

定义函数是需要使用 function 关键字，之后是函数名。

函数名与变量一样，也遵循同样的命名约定，不过与变量不同的是，函数名的最前面不能加 $。函数名中的第一个字母同样不能是数字，而可以是任何字母或下划线。后面的字符则可以是字母、数字和下划线的任意组合。不可以为自定义函数使用现有的函数名(print、echo、isset 等)。

$ arg_1 到 $ arg_n 为函数的可选参数列表，不同的参数之间用逗号分隔。在函数内

部可以放置任何有效的 PHP 代码,从生成 HTML 代码到预先格式化计算,甚至包括其他函数和类定义。例如:

```
<?php
function Sum($a,$b){
$c=$a+$b;
return $c;
}
echo Sum(10,100);                    //输出:110
?>
```

注意,在 PHP 3 中,函数必须在被调用之前定义。而在 PHP 4 之后则不再有这样的限制。上面的一段代码也可以写成:

```
<?php
echo Sum(10,100);                    //输出:110
function Sum($a,$b){
$c=$a+$b;
return $c;
}
?>
```

2. 理解字母大小写和函数名称

请注意,函数调用将不区分字母大小写,所以调用 function_name()、Function_Name()或 FUNCTION_NAME()都是有效的,而且都将返回相同的结果。可以按照便于自己阅读的方式任意使用大小写,但应该尽量保持一致。本书和大多数 PHP 文档使用的命名惯例是:所有字母都用小写。

应注意,函数名称和变量名称是不同的,这一点很重要。变量名是区分大小写的,所以 $Name 和 $name 是两个不同的变量,但 Name()和 name()则是同一个函数。

3. 创建自己的函数

(1) 在文本编辑器中创建一个新的 PHP 文档(参见脚本 5-1)。

脚本 5-1 这个用户定义的函数用于创建一系列下拉菜单。

```
<!DOCTYPE html PUBLIC "-//W3C//DTD XHTML 1.0 Transitional//EN"
"http://www.w3.org/TR/xhtml1/DTD/xhtml1-transitional.dtd">
<html xmlns="http://www.w3.org/1999/xhtml">
<head>
<meta http-equiv="Content-Type" content="text/html; charset=gb2312" />
  <title>数组排序</title>
 </head>
 <body>

 <?php #Script 5-1-dateform.php
```

```
//定义函数,生成年月日三个下拉菜单
function make_calendar_pulldowns(){
    echo '<select name="year">';
    $year=2005;
    while($year <=2015){
        echo "<option value=\"$year\">$year</option>\n";
        $year++;
    }
    echo '</select>年 ';

    echo '<select name="month">';
    $month=1;
    do{
        echo "<option value=\"$month\">$month</option>\n";
        $month++;
    }while($month <=12);
    echo '</select>月 ';

    echo '<select name="day">';
    for($day=1; $day <=31; $day++){
        echo "<option value=\"$day\">$day</option>\n";
    }
    echo '</select>日 ';
}//函数定义结束
?>
请选择一个日期:
<form action="" method="post">
<?php
//调用函数
make_calendar_pulldowns();
?>
</form>
</body>
</html>
```

(2) 开始定义一个新函数。

```
function make_calendar_pulldowns(){
```

这里编写的函数将会生成用于选择月份、天和年份所需的表单下拉菜单，就像 calendar.php 中那样(参见脚本 3-2)。这个函数的名称显然指明了其用途。

尽管不需要这样做，但是通常把函数定义放在靠近脚本顶部的位置，或者放在一个单独的文件中。

(3) 生成下拉菜单，此处代码参见脚本 3-2。

(4) 关闭函数定义，并退出 PHP 代码块。

```
}//函数定义结束
?>
```

在函数定义的末尾放置一条注释，这样就可以知道一个定义开始和终止于何处。

(5) 创建表单并调用函数。

请选择一个日期：

```
<form action="" method="post">
<?php
//调用函数
make_calendar_pulldowns();
?>
</form>
```

这段代码将会创建一个表单的标签，并进入新的 PHP 代码块，调用 make_calendar_pulldowns()函数的最终结果是创建 3 个下拉菜单。

(6) 完成脚本，将文件另存为 dateform.php，存放在 Web 目录中，并在 Web 浏览器中测试它(参见图 5-1)。

图 5-1 这些下拉菜单由用户自定义的函数完成

如果出现 call to undefined function function_name(调用了未定义的函数 function_name)错误，则意味着正在调用一个未定义的函数。如果拼错了函数的名称(在定义或调用它时)或者无法包含定义函数的文件，就可能发生这种错误。

由于用户定义的函数会占用一些内存，所以在使用这样一个函数时应该小心谨慎。一般的规则是，最好把这些函数用于可能在脚本或 Web 站点的多个位置执行的大段代码。

5.1.2 创建带参数的函数

就像 PHP 的内置函数一样，可以编写带参数(argument，也称为 parameter)的函数。例如，isset()函数接受要测试的变量名称作为参数。count()接受一个要确定其长度的数组作为参数。

通过参数列表可以传递信息到函数。PHP 支持按值传递参数，通过引用传递以及默认参数。在 PHP 4 和后续版本中还增加了对可变长度参数列表的支持，在 PHP 3 中可以通过传递一个数组参数达到类似的效果。

一个函数可以带有任意数量的参数，但是列出它们的顺序很重要。为了应用这些参数，可把变量添加到自定义的函数中：

```
function print_hello($first, $last){
  //Function code.
}
```

一旦定义了函数，就可以像调用 PHP 中的其他任何函数那样调用这个函数，并把值或变量发送给它：

```
print_hello('李', '宇春');
$lastname='宇春';
print_hello('李', $lastname);
```

定义带参数的函数

(1) 在文本编辑器中创建一个新的 PHP 文档(参见脚本 5-2)。

脚本 5-2 sum.php 脚本现在使用一个函数来执行它的计算。与用户定义的函数 make_calendar_ pulldowns()不同的是，这个函数带有参数。

```
<!DOCTYPE html PUBLIC "-//W3C//DTD XHTML 1.0 Transitional//EN"
"http://www.w3.org/TR/xhtml1/DTD/xhtml1-transitional.dtd">
<html xmlns="http://www.w3.org/1999/xhtml">
<head>
<meta http-equiv="Content-Type" content="text/html; charset=gb2312" />
  <title>求和</title>
 </head>
 <body>

<?php #Script 5-2-sum.php
//定义函数，求两数之和
function sum($a, $b){
     $total=$a+$b;
     echo "x+y=$total";
  }
  $x=100;
  $y=1;
  sum($x, $y);
?>
</body>
```

```
</html>
```

(2) 这个函数将实现两个变量求和的计算，然后打印出结果，它带有两个参数。

```
function sum($a, $b){
    $total=$a+$b;
    echo "x+y=$total";
}
```

(3) 设定变量初值，然后调用自定义函数。

```
$x=100;
$y=1;
sum($x, $y);
```

当调用函数时，将会给它传递两个参数，其中每个参数都是一个变量。将把 $x 的值赋予函数的 $a 变量，把 $y 的值赋予函数的 $b 变量。

(4) 将文件另存为 sum.php，存放在 Web 目录中，并在 Web 浏览器中测试它(参见图 5-2)。

图 5-2 使用用户定义的函数执行计算

与 PHP 中的任何函数一样，如果无法发送正确数量的参数，就会导致一个错误，如图 5-3 所示。

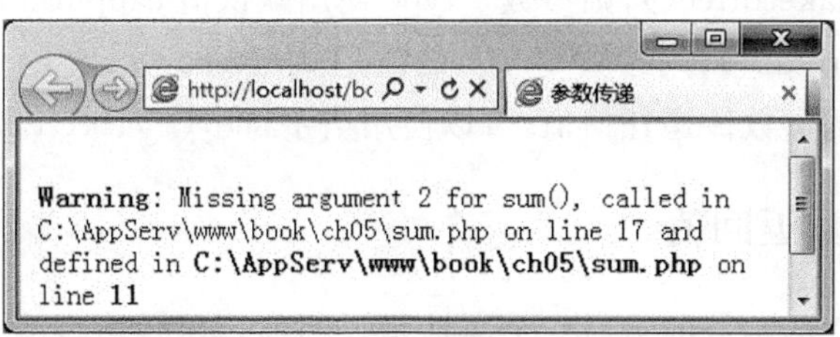

图 5-3 无法给函数发送正确数量和类型的参数将会引发错误

5.1.3 设置默认的参数值

定义自己的函数的另一个变体是预先设置参数的值。要这样做，可以在函数定义时，给参数赋初值：

```
function greet($name, $msg='Hello'){
```

```
  echo "$msg, $name!";
}
```

设置默认参数值的最终结果是，当调用函数时，特定参数变为可选的。如果把一个值传递给它，就会使用传递的值；否则，就会使用默认值。

可以根据需要为多个参数设置默认值，只要这些参数出现在函数定义的最后面即可。换句话说，必需的参数应该总是出现在最前面。

利用刚才定义的示例函数，下面的任何一个函数都将会工作：

```
greet($surname, $message);
greet('张明');
greet('李丽', 'Good evening');
```

不过，只有 greet()不会工作，并且如果不给 $ name 传递一个值，就无法给 $ msg 传递一个值，因为必须按顺序传递参数值，不能跳过必需的参数。例如：

```
<?php
function makecoffee($type="cappuccino"){
    echo "给我来一杯$type。<br />";
}
makecoffee();
makecoffee("espresso");
?>
```

这段代码的输出是：

```
给我来一杯 cappuccino。
给我来一杯 espresso。
```

在这段代码中，函数的参数 $ type 有默认值 cappuccino，在函数调用时，若不提供实际的参数，即使用 makecoffee()，则参数 $ type 使用默认值 cappuccino，如提供实际参数，即 makecoffee("espresso")，则参数 $ type 的值是 espresso。

为了不给函数的参数传递任何值，可以使用空字符串('')、NULL 或 FALSE。

5.1.4 从函数返回值

讨论的用户定义的函数的最后一个属性是返回值。函数可以有返回值，也可以没有返回值。例如，print()将会返回 1 或 0 来指示它是否成功执行，而 echo()则不会返回值。另一个例子是，count()函数会返回一个与数组中的元素个数相关的数字。

要让函数返回一个值，可以使用 return 语句。

```
function find_sign($month, $day){
  //Function code.
  return $sign;
}
```

这个函数可以返回一个值(比如一个字符串或一个数字),或者一个变量(这个函数已经产生了它的一个值)。当调用这个返回值的函数时,可以将函数结果赋予一个变量。

```
$my_sign=find_sign('October', 23);
```

或者把它用作调用另一个函数时的参数。

```
print find_sign('October', 23);
```

任何类型都可以返回,其中包括数组和对象。这导致函数立即结束它的运行,并且将控制权传递回它被调用的行。

让函数返回一个值

(1) 在文本编辑器中创建一个新的 PHP 文档(参见脚本 5-3)。

脚本 5-3 sum()函数将执行计算,并返回计算的结果。

```
<!DOCTYPE html PUBLIC "-//W3C//DTD XHTML 1.0 Transitional//EN"
"http://www.w3.org/TR/xhtml1/DTD/xhtml1-transitional.dtd">
<html xmlns="http://www.w3.org/1999/xhtml">
<head>
<meta http-equiv="Content-Type" content="text/html; charset=gb2312" />
  <title>求和</title>
 </head>
 <body>

 <?php #Script 5-3-returnsum.php
 //定义函数,求两数之和
 function sum($a, $b){
     $total=$a+$b;
     return $total;
 }
 $x=100;
 $y=1;
 $totalvalue=sum($x,$y);
 echo "x+y=$totalvalue";
 ?>
 </body>
 </html>
```

(2) 修改 sum()函数,将 echo 语句改为 return 语句,将总和变量的值返回。

```
function sum($a, $b){
    $total=$a+$b;
    return $total;
}
```

(3) 由于函数现在会返回值,而不会打印计算结果,所以需要把函数调用赋予一个变量,使得以后可以在脚本中打印总额。

```
$totalvalue=sum($x,$y);
```

(4) 添加一条新的 echo()语句,用于打印结果。

```
echo "x+y=$totalvalue";
```

因为这个函数只会返回一个值,所以必须把新的 echo()语句加入主代码中。

(5) 保存文件,存放在 Web 目录中,并在 Web 浏览器中测试它,如图 5-4 所示,用户定义的函数现在将返回(而不是打印)结果,但是这种改变对用户所看到的内容没有任何影响。

图 5-4 函数返回值

需要注意的是,return 语句会终止代码执行,因此,在执行 return 语句之后,永远也不会运行函数内的任何代码。

另外,一个函数可以具有多条 return 语句,例如,在 if 条件语句或 switch 语句中,但是,至多只会调用其中的一条 return 语句。例如,函数通常是以下结构:

```
function some_function(){
if(/* condition */){
    return TRUE;
} else {
    return FALSE;
}
}
```

要让一个函数返回多个值,可以使用 array()函数返回一个数组。这是一个小技巧。

5.2 PHP 内置函数

PHP 具有许多内置函数,可以应对几乎所有的需要。PHP 之所以简洁易用,也是因为它内置了大量功能强大的函数,只要能熟练地操作这些函数,就可以通过少量的代码实现复杂的功能。

PHP 提供了很多内置函数,这些函数可以在程序中直接使用,按照其实现的功能划分为很多个函数库。另外,还可以通过扩展模块的方式引入更多的其他函数。内置函数库非常庞大，函数非常多，足有上千种，在后面的章节中会陆续介绍常用的函数。熟练掌握自定义函数和内置函数，可以极大地提高编程人员的开发效率，迅速提高编程水平。

内置函数涉及 PHP 应用的各个方面，数量众多，本节仅仅介绍几个常见应用中的常用函数，更多的函数说明请参考 PHP 手册。

5.2.1 常见的基本函数

1. 生成随机数

rand()函数可以返回随机整数。语法如下：

```
rand(min,max);
```

min 和 max 为两个可选参数，用于规定随机数产生的范围。如果没有提供可选参数 min 和 max，rand()返回 0 到 RAND_MAX 之间的伪随机整数。例如，想要 5～15(包括 5 和 15)之间的随机数，用 rand(5, 15)。

在某些平台下(例如，Windows)RAND_MAX 只有 32 768。如果需要的范围大于 32 768，那么指定 min 和 max 参数就可以生成大于 RAND_MAX 的数。

Rand()函数只可生成随机整数，在网页验证身份等范例中，常见的验证码功能要求能够生成随机字符串，包含大小写字母和数字。

脚本 5-4 就利用 rand()函数来实现随机字符串。

(1) 在文本编辑器中创建一个新的 PHP 文档(参见脚本 5-4)。

脚本 5-4 利用 rand()函数生成随机字符串。

```
<!DOCTYPE html PUBLIC "-//W3C//DTD XHTML 1.0 Transitional//EN"
"http://www.w3.org/TR/xhtml1/DTD/xhtml1-transitional.dtd">
<html xmlns="http://www.w3.org/1999/xhtml">
<head>
<meta http-equiv="Content-Type" content="text/html; charset=gb2312" />
  <title>取得定常的随机字符串</title>
 </head>
 <body>

 <?php #Script 5-4-rand.php
 //取得定常的随机字符串,包含大小写字母和数字
 $length=5;
 $string='';
 $arr=array(a,b,c,d,e,f,g,h,i,j,k,l,m,n,o,p,q,r,s,t,u,v,w, x,y,z,A,B,C,D,E,F,G,H,I,J,K,L,M,N,O,P,Q,R,S,T,U,V,W,X,Y,Z,1,2,3,4,5,6,7,8,9,0);

 $arrlength=count($arr);
 for($i=0;$i<$length;$i++)
     $string .=$arr[rand(0,$arrlength-1)];
```

```
echo $string;
?>
</body>
</html>
```

(2) 初始化 $ length 变量,定义要生成的随机字符串的长度,这里定义的长度为 5。

```
$length=5;
```

(3) 初始化 $ string 变量,用来存放要生成的随机字符串,开始时为空字符串。

```
$string='';
```

(4) 初始化 $ arr 数组,用来存放所有的大写字母、小写字母和数字。

```
$arr=array(a,b,c,d,e,f,g,h,i,j,k,l,m,n,o,p,q,r,s,t,u,v,w,x,y,z,A,B,C,D,E,F,G,
H,I,J, K,L,M,N,O,P,Q,R,S,T,U,V,W,X,Y,Z,1,2,3,4,5,6,7,8,9,0);
```

(5) 使用 $ arrlength 变量存放 $ arr 数组的长度,通过 count()函数获取数组长度。

```
$arrlength=count($arr);
```

(6) 使用 for 循环生成随机字符串,每次循环通过 rand()函数生成一个随机整数,范围从 0 到 $ arr 数组长度减 1,此随机整数作为 $ arr 数组的下标,由此生成随机的数组元素。循环 5 次,每次生成一个数组元素,并通过“. =”运算符连接生成 $ string 字符串,最后打印输出。

```
for($i=0;$i<$length;$i++)
    $string .=$arr[rand(0,$arrlength)];
echo $string;
```

(7) 完成脚本,将文件另存为 rand. php,存放在 Web 目录中,并在 Web 浏览器中测试它(参见图 5-5)。

图 5-5　应用 rand 函数生成的 5 位随机字符串

上例的随机字符串是应用 rand()函数并结合数组、循环生成的,此例将用在后例的生成随机数验证码图片范例中。

2. 最大值和最小值

max()函数可返回最大值。语法如下:

```
max(x,y);
```

参数 x 和 y 都是必需的,可以是一个数。max()会返回参数 x 和 y 中数值最大的值。

如果仅有一个参数且为数组,max()返回该数组中最大的值。如果第一个参数是整数、字符串或浮点数,则至少需要两个参数而 max()会返回这些值中最大的一个。可以比较无限多个值。

使用 max() 来返回两个指定的数中的最大值,如下例:

```
<?php
echo(max(5,7));
echo(max(7.25,7.30));
?>
```

输出结果为:

```
7
7.3
```

PHP 会将非数值的字符串当成 0,但如果这个正是最大的数值,则仍然会返回一个字符串。如果多个参数都求值为 0 且是最大值,则 max()会返回其中数值的 0,如果参数中没有数值的 0,则返回按字母表顺序最大的字符串。

min()函数用法与 max()函数相同,将返回参数中数值最小的值。

3. MD5 加密

MD5 算法是一种非常优秀的加密算法。MD5 的全称是 Message-Digest Algorithm 5,在 20 世纪 90 年代初由 MIT 的计算机科学实验室和 RSA Data Security Inc 发明,经 MD2、MD3 和 MD4 发展而来。

Message-Digest 泛指字节串(Message)的 Hash 变换,就是把一个任意长度的字节串变换成一定长的大整数。请注意这种变换只与字节的值有关,与字符集或编码方式无关。

MD5 加密算法的特点是灵活性、不可恢复性。MD5 将任意长度的"字节串"变换成一个 128 位的大整数,并且它是一个不可逆的字符串变换算法,换句话说就是,即使能看到源程序和算法描述,也无法将一个 MD5 的值变换回原始的字符串;从数学原理上说,是因为原始的字符串有无穷多个,这有点像不存在反函数的数学函数。

MD5 的典型应用是对一段 Message(字节串)产生 fingerprint(指纹),以防止被"篡改"。例如,我们将一段话写在一个叫 readme. txt 的文件中,并对这个 readme. txt 产生一个 MD5 的值并记录在案,然后将这个文件传播给别人,别人如果修改了文件中的任何内容,我们对这个文件重新计算 MD5 时就会发现原来的值已经变化。如果再有一个第三方的认证机构,用 MD5 还可以防止文件作者的"抵赖",这就是所谓的数字签名应用。

MD5 还广泛用于加密和解密技术上,在很多操作系统中,用户的密码是以 MD5 值(或类似的其他算法)的方式保存的,用户登录的时候,系统是把用户输入的密码计算成 MD5 值,然后再去和系统中保存的 MD5 值进行比较,而系统并不"知道"用户的密码是什么。

PHP 中的 md5()函数可以计算字符串的 MD5 散列。md5()函数使用 RSA 数据安全,包括 MD5 报文摘译算法。如果成功,则返回所计算的 MD5 散列;如果失败,则返回

False。语法如下：

```
md5(string, charlist);
```

参数 string 是必需的，是规定要计算的字符串。参数 charlist 可选，用来规定十六进制或二进制输出格式，有如下选择：

- TRUE——原始 16 个字符二进制格式。
- FALSE——默认 32 个字符十六进制数。

例如：

```
<?php
$str="Hello";
echo md5($str);
?>
```

输出：

```
8b1a9953c4611296a827abf8c47804d7
```

另外，在当今很多电子商务和社区应用中，管理用户是一种最常用的基本功能，尽管很多应用服务器都提供了这些基本组件，但很多应用开发者为了管理的更大的灵活性还是喜欢采用关系数据库来管理用户。懒惰的做法是用户的密码往往使用明文或经简单的变换后直接保存在数据库中，因此这些用户的密码对软件开发者或系统管理员来说毫无保密性。

假设密码明文为“Hello”，数据库中保存了“Hello”的密文，那么每次用户输入密码后，把输入的密码再次做 MD5 加密，得到的 MD5 散列与数据库中已保存的密文进行比对，若相同则说明输入了正确的密码。代码类似如下范例：

```
<?php
$str="Hello";
echo md5($str);
if(md5($str)=='8b1a9953c4611296a827abf8c47804d7'){
  echo "<br />您的输入正确!";
}
?>
```

输出：

```
8b1a9953c4611296a827abf8c47804d7
您的输入正确!
```

使用 MD5 来处理用户的密码，使得管理员和程序设计者都无法看到用户的密码，尽管他们可以初始化密码。但重要的一点是对于用户密码的保护。

5.2.2 日期和时间函数

在开发 Web 程序时，时间起着重要的作用。不仅在数据存储和显示时需要日期和时间的管理，有一些功能模块的开发，时间通常是至关重要的。例如，网页静态化需要判断缓存时间、计算页面访问消耗的时间、在不同的时间段提供不同的功能等。PHP 提供了强大的日期和时间处理功能，通过时间和日期函数库，能够得到 PHP 程序在运行时所在服务器中的日期和时间，并可以对它们进行检查和格式化，在不同格式之间进行转换。

1. UNIX 时间戳

UNIX 时间戳是保存日期和时间的一种紧凑简洁的方法，是大多数 UNIX 系统中保存当前日期和时间的一种方法，也是在大多数计算机语言中表示日期和时间的一种标准格式。以 32 位的整数表示格林尼治标准时间，例如，使用整数 11230499325 表示当前时间的时间戳。UNIX 时间戳是从 1970 年 1 月 1 日零点(UTC/GMT 的午夜)开始起到当前时间所经过的秒数。1970 年 1 月 1 日零点作为所有日期计算的基础，这个日期通常称为 UNIX 纪元。

因为 UNIX 时间戳是一个 32 位的数字格式，所以特别适用于计算机处理，例如计算两个时间点之间相差的天数。另外，由于文化和地区的差异，存在不同的时间格式以及时区的问题。所以 UNIX 时间戳也是根据一个时区进行标准化和设计的一种通用格式，并且这种格式可以很容易地被转换为任何格式。

也因为 UNIX 时间戳是由一个 32 位的整数表示的，所以在处理 1902 年以前或 2038 年以后的时间时，将会遇到一些问题。另外，在 Windows 下，由于时间戳不能为负数，如果使用 PHP 中提供的时间戳函数处理 1970 年之前的日期，就会发生错误。要使 PHP 代码具有可移植性，必须记住这一点。

在 PHP 中，如果需要将日期和时间转变成 UNIX 时间戳，可以调用 mktime()函数。语法如下：

```
mktime ([int hour [, int minute [, int second [, int month [, int day [, int
year ]]]]]]);
```

该函数中所有参数都是可选的，如果参数为空，则默认将当前时间转变成 UNIX 时间戳。这样，和直接调用 time()函数获取当前的 UNIX 时间戳功能相同。参数也可以从右向左省略，任何省略的参数会被设置成本地日期和时间的当前值。如果只想转变日期，对具体的时间不在乎，可以将前三个转变时间的参数都设置为 0。mktime()函数对于日期运算和验证非常有用，它可以自动校正越界的输入。

2. 日期的计算

在 PHP 中，计算两个日期之间相隔的长度，最简单的方法就是通过计算两个 UNIX 时间戳之差来获得。

下例脚本 5-5，在 PHP 脚本中接收来自 HTML 表单用户提交的出生日期，计算这个用户的年龄。

(1) 在文本编辑器中创建一个新的 PHP 文档(参见脚本 5-5)。

脚本 5-5 利用 UNIX 时间戳计算用户的年龄。

```
<!DOCTYPE html PUBLIC "-//W3C//DTD XHTML 1.0 Transitional//EN"
```

```
"http://www.w3.org/TR/xhtml1/DTD/xhtml1-transitional.dtd">
<html xmlns="http://www.w3.org/1999/xhtml">
<head>
<meta http-equiv="Content-Type" content="text/html; charset=gb2312" />
  <title>计算年龄</title>
 </head>
 <body>

 <?php #Script 5-5-mktime.php
 $year=1985;
 $month=11;
 $day=13;

 $birthday=mktime(0, 0, 0, $month, $day, $year);
 $nowdate=mktime();
 $ageunix=$nowdate - $birthday;
 $age=floor($ageunix /(60 * 60 * 24 * 365));
 echo "年龄:$age";

 ?>
 </body>
 </html>
```

(2) 初始化用户的生日日期，分别保存在 $ year、$ month 和 $ day 三个变量中，这里将用户的生日 1985 年 11 月 13 日的年月日数值直接赋值给了变量，在后面章节中将介绍如何从表单中获取用户的输入。

(3) 将出生日期转变为 UNIX 时间戳，并保存在 $ birthday 变量中。

```
$birthday=mktime(0, 0, 0, $month, $day, $year);
```

(4) 获取当前时间的 UNIX 时间戳，并保存在 $ nowdate 变量中。

```
$nowdate=mktime();
```

(5) 两个时间戳相减获取用户年龄的 UNIX 时间戳，并保存在 $ ageunix 变量中。

```
$ageunix=$nowdate - $birthday;
```

(6) 将 UNIX 时间戳除以一年的秒数获取用户年龄，计算得到结果为 28(本书编写之年为 2014 年)，并保存至 $ age 中，然后输出。

```
$age=floor($ageunix /(60 * 60 * 24 * 365));
echo "年龄:$age";
```

这里使用了 floor()函数，向下舍入为最接近的整数。

(7) 完成脚本，将文件另存为 mktime. php，存放在 Web 目录中，并在 Web 浏览器中测试它(参见图 5-6)。

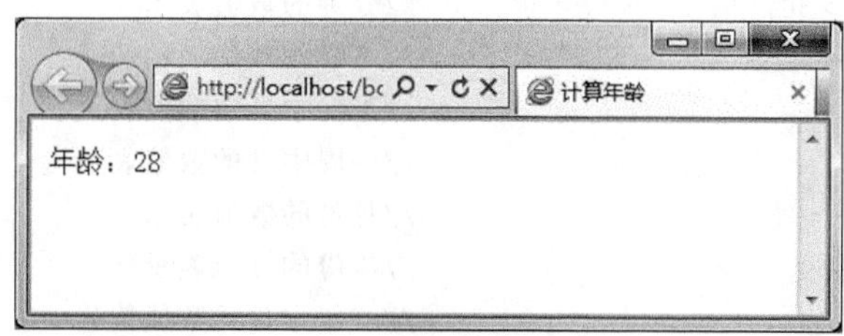

图 5-6 利用 UNIX 时间戳计算用户的年龄

在以上脚本中，调用 mktime()函数将从用户出生日期转变为 UNIX 时间戳，再调用 time()函数获取当前时间的 UNIX 时间戳。因为这个日期的格式都是使用整数表示的，所以可以将它们相减，又将计算后获取的 UNIX 时间戳除以一年的秒数，将 UNIX 时间戳转变为以年度量的单位。

3. 在 PHP 中获取日期和时间

PHP 提供了多种获取时间和日期的函数，除了通过 mktime()函数获取当前的 UNIX 时间戳外，还可调用 getdate()函数确定当前时间。

getdate()函数返回一个由时间戳组成的联合数组，参数需要一个可选的 UNIX 时间戳。如果没有给出时间戳，则认为是当前本地时间。总共返回 11 个数组元素，如表 5-1 所示。

表 5-1 getdate()函数返回的数组单元

键 名	描 述	返回值例子
hours	小时的数值表示	0～23
mday	月份中日的数值表示	1～31
minutes	分钟的数值表示	0～59
mon	月份的数值表示	1～12
month	月份的英文完整文本表示	January～December
seconds	秒的数值表示	0～59
wday	一周中日的数值表示	0～6(0 表示星期日)
weekday	一周中日的英文完整文本表示	Sunday～Saturday
yday	一年中日的数值偏移	0～365
year	年份的 4 位表示	例如，1999 或 2009
0	UNIX 时间戳	系统相关，典型值为从－2 147 483 648～2 147 483 647

如果将“2009 年 10 月 1 日，07:30:50 EDT”转变为 UNIX 时间戳 1254382250 表示，并将其传给 getdate()函数，查看各数组元素如下：

```
Array(
    [seconds]=>50,                        //秒的数值表示
```

```
    [minutes]=>30,                        //分钟的数值表示
    [hours]=>7,                           //小时的数值表示
    [mday]=>1,                            //月份中日的数值表示
    [wday]=>4,                            //一周中日的数值表示
    [mon]=>10,                            //月份的数值表示
    [year]=>2009,                         //年份的 4 位表示
    [yday]=>273,                          //一年中日的数值偏移
    [weekday]=>Thursday,                  //一周中日的完整文本表示
    [month]=>October,                     //月份的完整文本表示
    [0]=>1254382250                       //自从 UNIX 纪元开始至今的秒数
)
```

4. 日期和时间格式化输出

当日期和时间需要保存或计算的时候，应该使用 UNIX 时间戳作为标准格式，这可以作为一条重要的规则。但 UNIX 时间戳的格式可读性比较差，所以把时间戳格式化为可读性更好的日期和时间，或格式化为其他软件需要的格式。在 PHP 中可以调用 date()函数格式化一个本地时间和日期，该函数的语法如下：

```
date(string format [, int timestamp]);
```

date()用户格式化一个本地时间和日期，该函数有两个参数：第一个参数是必需的，规定时间戳的转换格式；第二个参数是可选的，需要提供一个 UNIX 时间戳。如果没有指定这个 UNIX 时间戳，默认值为 mktime()将返回当前日期和时间的 UNIX 时间戳。该函数将返回一个格式化后表示适当日期的字符串。

date()函数中的第一个参数，是通过表 5-2 中所提供的特定字符组成的格式化字符串。如果在格式字串中的字符前加上反斜线来转义可以避免它被按照表 5-2 解释。如果加上反斜线后的字符本身就是一个特殊序列，那还要转义反斜线。格式字串中不能被识别的字符将原样显示。表 5-2 给出了 PHP 中所支持的常用日期格式代码，更多参数格式请参考 PHP 帮助手册。

表 5-2 PHP 的 date()函数所支持的格式代码

格式化字符	描　　述	示　　例
Y	用 4 位数字表示年	2011
y	用 2 位数字表示年	04
n	用 1 位或 2 位数字表示月份	3
m	用 2 位数字表示月份	03
F	月份的英文完整文本表示	February
M	用 3 个字母表示月份	Feb
j	用 1 位或 2 位数字表示一月中的某一天	5
d	用 2 位数字表示一月中的某一天	05

续表

格式化字符	描　述	示　例
l	一周中日的英文完整文本表示(小写 L)	Monday
D	用 3 个字母表示星期几	Mon
g	小时,用 1 位或 2 位数字表示的 12 小时格式	6
G	小时,用 1 位或 2 位数字表示的 24 小时格式	18
h	小时,用 2 位数字表示的 12 小时格式	06
H	小时,用 2 位数字表示的 24 小时格式	18
i	分	45
s	秒	56
a	am 或 pm	am
A	AM 或 PM	AM

date()函数可以带有这些参数的任意组合,来确定其返回的结果。例如:

```
echo date("Y年m月d日 H:i:s");
//输出当前的时间格式:2014年10月01日 08:28:15
```

5. 修改 PHP 的默认时区

每个地区都有自己的本地时间,在网上以及无线电通信中,时间的转换问题就显得格外突出。整个地球分为 24 个时区,每个时区都有自己的本地时间。在国际无线电或网络通信场合,为了统一起见,使用一个统一的时间,称为通用协调时(Universal Time Coordinated,UTC),是由世界时间标准设定的全球标准时间。UTC 原先也被称为格林尼治标准时间(Greenwich Mean Time,GMT),与英国伦敦的本地时间相同。

PHP 默认的时区设置是 UTC 时间,而北京正好位于时区的东八区,领先 UTC 八个小时。所以在使用 PHP 中像 mktime()等获取当前时间的函数时,得到的时间总是不对,表现是和北京时间相差八个小时。如果希望正确显示北京时间,就需要修改默认的时区设置,可以通过以下两种方式完成。

(1) 修改 php.ini 配置文件。

如果使用的是独立的服务器,有权限修改配置文件,设置时区就可以通过修改 php.ini 中的 date.timezone 属性完成。可以将这个属性的值设置为"Asia/Shanghai"、"Asia/Chongqing"、"Etc/GMT-8"或 PRC 等中的一个,再在 PHP 脚本中获取的当前时间就是北京时间。该设置需重启 Web 服务后生效。

修改 PHP 的配置文件如下所示:

```
date.timezone=Asia/Shanghai;
```

(2) 每次获取时间前设置时区。

如果使用的是共享服务器,没有权限修改配置文件 php.ini,并且 PHP 版本又在

5.1.0 以上，也可以在输出时间之前调用 date_default_timezone_set()函数设置时区。该函数需要提供一个时区标识符作为参数，和配置文件中 date.timezone 属性的值相同。

该函数的使用如下所示：

```
date_default_timezone_set('PRC');
```

5.2.3 字符串处理函数

程序处理过程中离不开对数据进行存储、处理。为了更好地处理字符，我们将任意长度的字符序列定义为字符串。字符串可以存储、代表和理解实际生活中很多的数据。PHP 提供了大量的字符串处理函数，帮助我们解决实际中的问题。以下介绍几个常见的 PHP 字符串处理函数，更多函数请参考 PHP 帮助手册。

1. 获取字符串长度

PHP 程序开发过程中，经常需要获取某些特殊字符串的长度，例如在用户注册页面中，可以通过判断用户输入注册信息的长度，来判断该注册信息是否完整地存储到数据库中，因为有些用户填写的注册信息可能超出数据库中存储该字段的长度，导致这些信息只能部分存储。

可以使用函数 strlen()来检查字符串的长度，如果客户端传递过来一个字符串，我们有时需要对字符串的长度进行限制，可以用 strlen()返回字符串的长度。

语法如下：

```
strlen(string string);
```

函数的返回值为整型，返回字符串的长度，参数为字符串类型。例如：

```
$str='php';
echo strlen($str);                    //输出长度为 3
```

注意：一个汉字所占的长度为 2。

2. 比较

运算符"=="可以用来比较两个字符串是否相等，但是详细的比较需要通过函数来处理。PHP 中对字符串的大小比较可以通过函数 strcasecmp()和函数 strcmp()来实现。语法格式如下：

```
strcasecmp(string1, string2)
strcmp(string1, string2)
```

这两个函数用于比较两个字符串的大小(基于 ASCII 码值)，如果 string1>string2，则返回 1；如果 string1<string2，则返回 −1；如果 string1=string2，则返回 0。二者的区别在于函数 strcasecmp()在比较的过程中不区分大小写，而函数 strcmp()在比较的过程中区分大小写。例如：

```
echo strcmp("Hello world!","Hello world!");          //输出 0,代表两个字符串相等
```

```
echo strcasecmp("Hello world!","HELLO WORLD!");                //输出 0,不区分大小写
```

3. 查找替换

在 Web 开发过程中，如果对数据库中的信息处理不当，可能导致这些信息无法原样输出，例如在数据库中提取字符“＜”，该字符无法正常原样输出，这是因为“＜”为 HTML 标记的一部分，如“＜br＞、＜tr＞、＜td＞”等标记都含有“＜”，为了解决上述问题，可以设法将“＜”替换成“<”，因为在 HTML 标记输出时，将“<”识别为“＜”。

1) 取子串

如果需要从字符串中查找，取出字符，可以使用 substr()函数，它可以返回字符串的一部分。语法如下：

```
substr(string,start,length);
```

参数 string 是必需的，规定要返回其中一部分的字符串。参数 start 也是必需的，规定在字符串的何处开始。

start 如果是正数，则表示字符串指定的开始位置；如果是负数，则表示从字符串结尾开始的指定位置；如果是 0，则表示从字符串的第一个字符处开始。

参数 length 可选，规定要返回的字符串长度。默认是直到字符串的结尾。若为正数，则表示从 start 参数所在的位置返回；若为负数，则表示从字符串末端返回。

substr()函数的用法为从 string 中取出字符串，从 start 位置开始取出 length 的长度。字符串位置开始值为零。如果没有指出 length，那么默认一直到字符串末尾。

例如：

```
echo substr("Hello world!",6);           //输出:world!
```

表示从“Hello world!”字符串的第 6 个字符开始取值，一直取到字符串结尾。

```
echo substr("Hello world!",6,5);         //输出:world
```

表示从“Hello world!”字符串的第 6 个字符开始取值，取长度为 5 的子串。

下例脚本 5-6，在 PHP 脚本中将数字转换为图片显示的计数器效果。

(1) 在文本编辑器中创建一个新的 PHP 文档(参见脚本 5-6)。

脚本 5-6　利用取子串函数实现图片效果的计数器。

```
<!DOCTYPE html PUBLIC "-//W3C//DTD XHTML 1.0 Transitional//EN"
"http://www.w3.org/TR/xhtml1/DTD/xhtml1-transitional.dtd">
<html xmlns="http://www.w3.org/1999/xhtml">
<head>
<meta http-equiv="Content-Type" content="text/html; charset=gb2312" />
  <title>计算年龄</title>
 </head>
 <body>

```

```
<?php #Script 5-6-countimg.php
$number=123456;
$str='';

for($i=0;$i <strlen($number);$i++){
    $digit=substr($number,$i,1);
    $str .="<img src=\"img/$digit.gif\">";
}

?>
<p class="style1">@pple 的减肥营</p>
<p class="style2">开站至今,已有<?php echo $str?>人到访,</p>
</body>
</html>
```

(2) 初始化计数器的值,存放在 $ number 变量中。这里直接给 $ number 赋值,在后面章节中将介绍如何从文件中读取数值,以及如何进行动态计数。

```
$number=123456;
```

(3) 初始化 $ str 变量,存放显示数字图片的路径,开始为空。

```
$str='';
```

(4) 通过 for 循环,按位数逐个读取 $ number 的每个数值,并将读出来的每个数字替换为图片显示的路径。图片保存在当前目录下的 img 文件夹,且每张图片都以这张图片对应的数字命名。

```
for($i=0;$i <strlen($number);$i++){
      $digit=substr($number,$i,1);
      $str .="<img src=\"img/$digit.gif\">";
   }
```

(5) 输出图片,调整显示 CSS 样式,完成脚本,将文件另存为 countimg. php,存放在 Web 目录中,并在 Web 浏览器中测试它(参见图 5-7)。

2) 替换

PHP 中实现字符串的替换方法有多种,但最简单的方法可以通过函数 str_replace() 实现。该函数的语法格式如下:

```
str_replace(string1,string2,string)
```

功能:该函数将字符串 string 中的子串 string1 替换成字符串 string2 后返回新字符串。

str_replace() 函数使用一个字符串替换字符串中的另一些字符。例如:

```
echo str_replace("world","John","Hello world!");          //输出:Hello John!
```

另外,在处理 HTML 字符时,经常需要调整 HTML 的显示效果,由于代码中的空白

图 5-7 利用取子串函数实现数字显示为图片的计数器效果

与显示的空白是不同的，所以需要额外处理空格和换行等效果。

以下是常见的用法：

```
$new_content=str_replace(" "," ",$content);
$new_content=str_replace("\n","<br />",$new_content);
```

将用户输入的空格转换为 HTML 显示的空格特殊符，将用户输入的换行转换为 HTML 显示的换行符。

4. 删除空白

在用户信息注册页面或商品信息添加页面中，经常需要对用户录入的信息进行特殊处理，例如录入信息统一格式的转换、录入信息首尾空格的处理。

trim()函数从字符串的两端删除空白字符和其他预定义字符。语法如下：

```
trim(string,charlist);
```

string 参数是必需的，为规定要检查的字符串。

Charlist 参数是可选的，为规定要转换的字符串。如果省略该参数，则删除以下所有字符：

- \0"——NULL。
- "\t"——tab。
- "\n"——new line。
- "\x0B"——纵向列表符。
- "\r"——回车。
- " "——普通空白字符。

另外，ltrim()（l 是指 left）只删除字符串开头的空白。rtrim()（r 是指 right）只删除字符串末尾的空白。用法与 trim()函数相同。例如：

```
$title="   Programming PHP   \n";
```

```
$str_1=ltrim($title);                //$str_1 是 "Programming PHP  \n"
$str_2=rtrim($title);                //$str_2 是 "  Programming PHP"
$str_3=trim($title);                 //$str_3 是 "Programming PHP"
```

5.3 项目训练——随机数验证码图片的制作

5.3.1 项目背景与思路

PHP不仅可以生成HTML页面，而且可以创建和操作二进制形式的数据，如图像、文件等。

1. 了解GD函数库

使用PHP操纵图形可以通过GD2函数库来实现，利用GD2函数库可以在页面中绘制各种图像、统计图。GD2库是一个开放的、动态创建图像的源代码公开的函数库，可以从官方网站http://www.boutell.com/gd下载最新版本的GD2函数库。目前，GD2函数库支持gif、png、jpeg、wbmp和xbm等多种图像格式。

GD2函数库是一个源代码公开的用于创建图形图像的函数库，该函数库由C语言编写，可以在Perl、PHP等多种语言中调试运用。PHP使用GD2函数库可以制作出各类丰富的图形图像效果，如统计图、为图片添加水印以及动态图表等，在企业OA管理系统、电子商务网站等大型项目中得以广泛应用。很多开源项目都对GD2函数库提供了很好的技术支持，如Jpgraph类库就是基于GD2函数库开发的用于制作复杂统计图的类库。

在使用基本的图像创建函数之前，需要安装GD库文件。如果要使用与JPEG有关的图像创建函数，还需要安装jpeg-6b；如果要在图像中使用Type1型字体，则必须安装t1lib。

PHP 5中GD2函数库已经作为扩展被默认安装，但目前有些版本中，还需要对php.ini文件进行设置来激活GD2函数库。

- 若是Windows环境，则将“;extension=php_gd2.dll”选项中的分号“;”删除，如图5-8所示。
- 若是Linux环境，则将“;extension=php_gd2.so”选项中的分号“;”删除。

保存修改后的文件，并重新启动Apache服务器即可激活GD2函数库。

在成功加载GD2函数库后，可以通过phpinfo()函数来获取GD2函数库的安装信息，验证GD库是否安装成功。如果在打开的页面中检索到的GD库的安装信息，如图5-9所示，说明GD库安装成功，这样开发人员就可以在程序中使用GD2函数库编写图形图像。

2. 图像处理函数

在PHP中处理一个图像应该完成如下所示的四个步骤：

(1) 创建一个背景图像，后继操作都基于此背景图像。

(2) 在背景上绘制图像轮廓或输入文本。

(3) 输出最终图像。

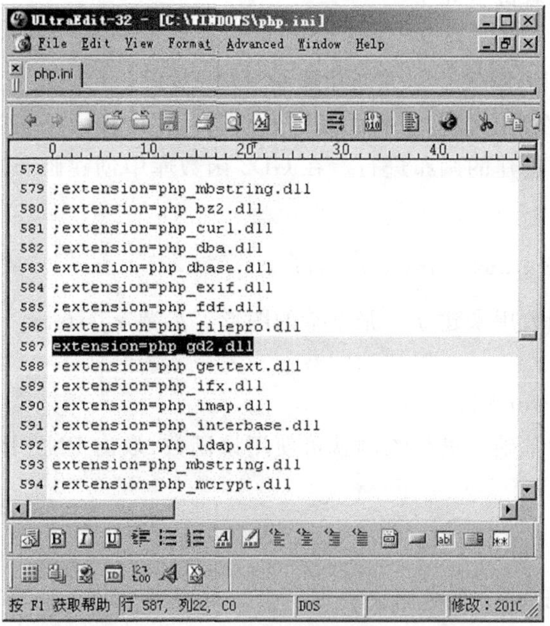

图 5-8 激活 GD2 函数库

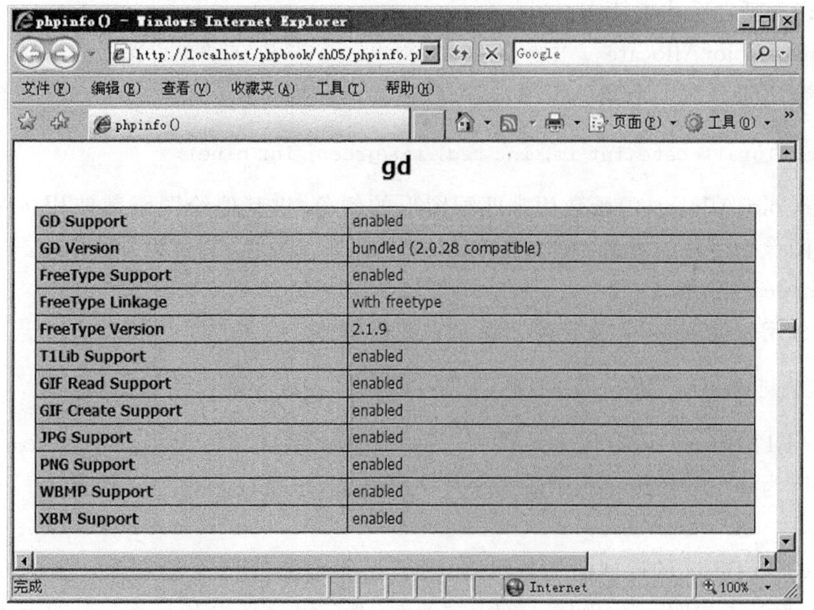

gd

GD Support	enabled
GD Version	bundled (2.0.28 compatible)
FreeType Support	enabled
FreeType Linkage	with freetype
FreeType Version	2.1.9
T1Lib Support	enabled
GIF Read Support	enabled
GIF Create Support	enabled
JPG Support	enabled
PNG Support	enabled
WBMP Support	enabled
XBM Support	enabled

图 5-9 GD2 函数库的安装信息

（4）释放资源。

PHP 中有一组图像函数，可以动态生成各种格式的图像数据流并输出到服务器。为了这组函数能够工作，系统中必须有 GD 函数库的支持。更多图像处理函数请参考 PHP 帮助手册与 GD 库帮助手册。

常用的图像函数有以下几个。

1) imageCreate

GD2 函数库在图形图像绘制方面功能非常强大，开发人员既可以在已有图片的基础上进行绘制，也可以在没有任何素材的基础上绘制。在这种情况下首先要创建画布，之后所有操作都将依据所创建的画布进行。在 GD2 函数库中创建画布通过 imagecreate() 函数实现。语法如下：

```
imagecreate(int x_size, int y_size);
```

imagecreate()函数用来建立一张全空的图形。参数 x_size、y_size 为图形的尺寸，单位为像素（pixel）。

2) imageCreateFromPNG

若在已有图片的基础上进行绘制就可使用该函数，取出 PNG 图形，作为图像处理的背景。语法如下：

```
imagecreatefrompng(string filename);
```

imagecreatefrompng()函数用来取出一张 PNG 格式图形，通当取出当背景或者基本的画布样本使用。参数 filename 可以是本地文件路径，也可以是网络 URL 地址。ImageCreateFromPNG 返回值为 PNG 的文件代码，可供其他的函数使用。本函数在 PHP 3.0.13 版之后才支持。

3) imageColorAllocate

该函数用于分配一个调色板项，匹配颜色。语法如下：

```
imagecolorallocate(int im, int red, int green, int blue);
```

imageColorAllocate()函数用来匹配图形的颜色，供其他绘图函数使用。参数 im 表示图形的图像描述符。参数 red、green、blue 是色彩三原色，其值为 0～255。

4) imageTTFBBox

该函数用于计算 TTF 文字所占区域。语法如下：

```
imageTTFBBox(int size, int angle, string fontfile, string text);
```

imageTTFBBox()函数用来计算并返回 TTF 文字区域框大小。参数 size 为字型的尺寸；angle 为字型的角度；fontfile 为字体文件名称，也可以是远程文件；text 是字符串内容了。

imageTTFBBox 的返回值为数组，包括了八个元素，前二个分别为左下的 x、y 坐标，第三、四个为右下角的 x、y 坐标，第五、六及七、八二组分别为右上及左上的 x、y 坐标。

5) imagesx

该函数用于取得图片的宽度。语法如下：

```
imagesx(int im);
```

imagesx()函数用来取得图片的宽度数值。

6) imagesy

该函数用于取得图片的高度。语法如下：

```
imagesy(int im);
```

imagesy()函数用来取得图片的高度数值。

7) imagettftext

imagettftext()函数的应用可以将 TTF 格式的文字放入图片中，在实际的代码编程处理图片中是非常有用的一个函数。语法如下：

```
imagettftext(int im, int size, int angle, int x, int y, int col, string fontfile,
string text);
```

imagettftext()函数将 ttf(TrueType fonts)字体文字写入图片。参数 size 为字形的尺寸；angle 为字型的角度，顺时针计算，0 度为水平，也就是三点钟的方向(由左到右)，90 度则为由下到上的文字；x 和 y 二参数为文字的坐标值(原点为左上角)。

参数 col 为字的颜色；fontfile 为字体文件名称，也可以是远程文件；text 是字符串内容了。imagettftext()返回一个含有 8 个元素的数组表示了文本外框的 4 个角，顺序为左下角、右下角、右上角、左上角。这些点是相对于文本的而和角度无关，因此"左上角"指的是以水平方向看文字时的左上角。

8) imagePNG

该函数用于建立 PNG 图形。语法如下：

```
imagepng(int im, string [filename]);
```

imagePNG()函数用来建立一张 PNG 格式图形。参数 im 为使用 imageCreate() 所建立的图像描述符。参数 filename 可省略，若省略，则会将图片直接送到浏览器端，记得在送出图片之前要先使用 header 方法送出页面的 MIME 类型："Content-type：image/png"，以顺利传输图片。本函数在 PHP 3.0.13 版之后才支持。

9) imageDestroy

该函数用于结束图形。语法如下：

```
imagedestroy(int im);
```

imageDestroy()函数将图像描述符解构，释于内存空间。参数 im 为 imageCreate() 所建立的图像描述符。

5.3.2 设计过程

1. 生成图像

脚本 5-4 完成了如何生成随机字符串，这里将实现如何把生成的随机字符串以图片的形式显示。

(1) 在文本编辑器中创建一个新的 PHP 文档(参见脚本 5-7)。

脚本 5-7　利用图像处理函数实现将文字显示在图片上。

```
1  <?php
2   $length=5;
3   $string='';
4   $arr=array(a,b,c,d,e,f,g,h,i,j,k,l,m,n,o,p,q,r,s,t,u,v,w,x,y,z,A,B,C,D,
    E,F,G,H,I, J,K,L,M,N,O,P,Q,R,S,T,U,V,W,X,Y,Z,1,2,3,4,5,6,7,8,9,0);
5
6   $arrlength=count($arr);
7   for($i=0;$i<$length;$i++)
8       $string .=$arr[rand(0,$arrlength-1)];
9
10  $font='Arial';
11  $size=12;
12  $im=imageCreateFromPNG('button.png');
13  $tsize=imagettfbbox($size, 0, $font, $string);
14
15  $dx=abs($tsize[2]-$tsize[0]);
16  $dy=abs($tsize[5]-$tsize[3]);
17  $x=(imagesx($im)-$dx)/2;
18  $y=(imagesy($im)-$dy)/2+$dy;
19
20  $black=imageColorAllocate($im, 0, 0, 0);
21  ImageTTFText($im, $size, 0, $x, $y, $black, $font, $string);
22
23  header('Content-type: image/png');
24  imagePNG($im);
25  imagedestroy($im);
26  ?>
```

(2) 首先生成随机字符串，此处 2～8 行代码即脚本 5-4 的部分代码。

(3) 初始化字体文件为“Arial”，字体大小为 12 号字。

```
$font='Arial';
$size=12;
```

(4) 使用背景图片 button. png，这里需要事先制作一张合适大小的 PNG 格式的背景图纹图片。

```
$im=imageCreateFromPNG('button.png');
```

(5) 计算要显示的随机字符串所占区域。

```
$tsize=imagettfbbox($size, 0, $font, $string);
```

（6）要是文字居中显示，需要计算文字显示位置。abs()函数为取绝对值的函数。

```
$dx=abs($tsize[2]-$tsize[0]);
$dy=abs($tsize[5]-$tsize[3]);
$x=(imagesx($im)-$dx)/2;
$y=(imagesy($im)-$dy)/2+$dy;
```

（7）使用黑色作图。

```
$black=imageColorAllocate($im, 0, 0, 0);
```

（8）将文字写到图片上。

```
imageTTFText($im, $size, 0, $x, $y, $black, $font, $string);
```

（9）将图像直接输出到浏览器，需要告诉浏览器输出的是一个图像，而不是文本或HTML。通过调用header()函数制定图像的MIME类型。关于header()函数的使用，会在后续章节详细介绍。

```
header('Content-type: image/png');
```

（10）生成图片。

```
imagePNG($im);
```

（11）释放内存。

```
imagedestroy($im);
```

（12）完成脚本，将文件另存为randimage.php，存放在Web目录中，并在Web浏览器中测试它（参见图5-10）。

图5-10　随机字符显示为图片

该页面每刷新一次，就会产生一个新的随机字符，图片上的文字就会变化一次。

2. 使用生成的图像

脚本5-7结合其他应用需求，能够完成表单注册或登录的验证码等功能。这段代码只可单独使用，不可直接嵌入到其他代码中。若要在其他页面中显示这张图片，可以在调用imagePNG()函数时，就将生成的图片输出为文件，再使用图片文件。或者可以使用脚本5-8的用法。

下例脚本5-8，使用PHP生成的图片。

(1) 在文本编辑器中创建一个新的 HTML 文档(参见脚本 5-8)。

脚本 5-8 在网页中显示 PHP 生成的图片。

```
<!DOCTYPE html PUBLIC "-//W3C//DTD XHTML 1.0 Transitional//EN"
"http://www.w3.org/TR/xhtml1/DTD/xhtml1-transitional.dtd">
<html xmlns="http://www.w3.org/1999/xhtml">
<head>
<meta http-equiv="Content-Type" content="text/html; charset=gb2312" />
  <title>显示验证码图片</title>
 </head>
 <body>

 <form action="" method="get">
 请输入验证码:<input name="confirm" type="text" />
 <img src="randimage.php" />
 </form>
 </body>
 </html>
```

(2) 创建表单,添加文本框控件。

(3) 在需要显示 PHP 图片时,使用 img 标签添加图片文件。

```
<img src="randimage.php" />
```

特别注意的是,这里添加的图片路径就是脚本 5-7 的 PHP 文件路径,这里的 image . php 是一张图。

(4) 完成页面,因为没有 PHP 代码,所以可保存为 HTML 文件,将文件另存为 showimage. html,存放在 Web 目录中,并在 Web 浏览器中测试它(参见图 5-11)。

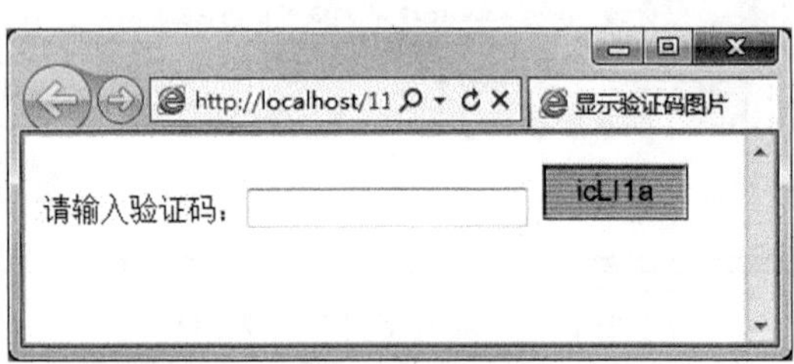

图 5-11 在网页中显示 PHP 生成的图片

本章小结

本章的重点是如何定义并使用用户自定义函数,主要包括函数定义的一般形式、函数的参数和返回值,并讨论了变量作用域在函数定义中的作用。本章的另一个重点是对 PHP 中的常用函数、时期和时间、字符串、图像及发送邮件函数做了详细讲解,这些要点在 PHP 开发中有着极其重要的地位，是深入学习 PHP 和熟练开发的基础。

重 点 回 顾

1. 如何自定义各种函数，包括传递参数、设定默认参数及返回值。
2. 各种应用函数。

本 章 实 训

【实训 1】

新建 date. php，参考“PHP 中文帮助”，修改时区，使用时间日期函数库，输出当前日期、星期和时间。网页输出格式如图 5-12 所示。

图 5-12　date. php 的运行效果

【实训 2】

修改第 4 章项目训练 checkfile. php，重命名为 checkfunc. php，将检查文件后缀名的代码修改为函数，并分别检查 myfile1. doc、myfile2. jpg 和 myfile3. exe 三个文件的格式是否符合要求。网页运行效果如图 5-13 所示。

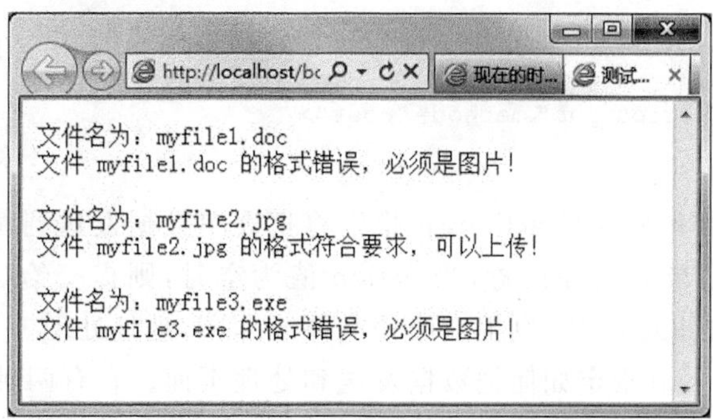

图 5-13　checkfunc. php 的运行效果

第 6 章　表单——处理用户输入

6.1　HTML 表单

HTML 是一种简单的标记语言，为使用者提供了极大的灵活性，这一点使它很容易学习和编写，也同样是由于这一点，太多的网页设计人员对 HTML 的设计与编码的滥用或不规范，导致一个页面在 IE、Firefox、Mozilla 几个不同浏览器中显示的效果千差万别。

如今的 Web 设计已经启用新的标准，旨在使网页的 HTML 只包含内容和信息，以标准 HTML 和 CSS 存储信息的方式，也就是现在流行的 DIV＋CSS 设计标准。

有一些人建议使用 XML 来取代 HTML 语言。虽然 XML 有许多强大的功能，不过因为入门的门槛较高，让人望而生畏，而且目前有太多的 HTML 型网站，因此目前沿用的标准是 HTML 与 XML 的兼容规格，叫做 XHTML，作为从 HTML 到 XML 的过渡。创建和处理表单是 PHP 开发者的一个重要能力指标。

6.1.1　创建 HTML 表单

利用 PHP 管理 HTML 表单是一个包含两个步骤的过程：首先，使用选择的任何文本编辑器或所见即所得编辑器创建 HTML 表单自身；然后，创建相应的 PHP 脚本，用于接收和处理表单数据。

HTML 表单是使用 form 标签和多种输出控件类型创建的。form 标签形式如下：

```
<form action="script.php" method="post">
</form>
```

form 标签最重要的属性是 action，它指定将把表单数据发送到哪个页面。action 标签指的是接收处理结果的文件位置，当 action 值为空时，则提交给当前文件本身；如果 action 的值为其他文件或 URL，则提交给该文件或 URL 地址处理。

第二个属性 method 指定如何把数据发送到处理页面。它有两种值：get 和 post，如果没有设置 method 属性或该属性为空值，浏览器默认 method 的值为 post 方法。

值得一提的是，如果在 HTML 中缺少表单结束标记</form>，那么整个表单是不会触发任何提交动作的。在实际开发时，可能会发现单击按钮没有任何反应，其实细心检查一下表单的代码就可以了，有时即使少写了一个 HTML 字符，浏览器也不会正常工作的。

1. get 和 post 的区别

表单的 method 属性指定如何把数据发送到处理页面。两个选项 get 和 post 指示要使用的 HTTP(Hypertext Transfer Protocol,超文本传输协议)方法。如果要在浏览器中发送表单或数据给服务器端,使用 get 或 post 方法都能实现。

get 方法是在访问 URL 时,使用浏览器地址栏来传递值。get 方法把提交的数据通过一系列追加到 URL 后面的名-值(name-value)对发送到接收页面。可以在很多网站上看到这类 URL 串,例如:

```
www.sina.com.cn/script.php?name=Homer&gender=M
```

使用 get 方法的好处是:可以将得到的页面添加到收藏夹,因为它是一个 URL。因此,可以在 Web 浏览器中单击“后退”按钮返回到一个 get 页面,或者重新加载它,而不会有任何问题。而对于 post,则不能执行这两种操作。

get 方法方便直观,缺点是访问该网站的用户也可以修改 URL 串后发送给服务器,如果程序处理得不够好,很容易出错,而且 get 传递的字符串长度不能超过 250 个字符,如果超长,浏览器会自动截断,导致数据缺失。另外,get 方法不支持 ASCII 字符之外的任何字符,比如包含有汉字或其他非 ASCII 字符时,需要使用额外的编码操作。

post 方法发送变量数据时,对于用户来说是不透明的,按 HTTP 协议来说,数据附加于 header 的头信息中,用户不能随意修改,这对于 Web 应用程序而言,安全性要好得多,而且使用 post 可以发送大容量的数据给 Web 服务器。

因为 post 是随 HTTP 的 header 信息一起发送的,当触发 post 表单提交后,如果在 Web 浏览器中单击“后退”按钮,浏览器不会自动重发 POST 数据。如果用户此时单击“刷新”按钮,将会有“数据已经过期,是否重新提交表单”的提示,这一点不如 get 使用方便。使用 get 传值时,即便用户使用“后退”或“刷新”按钮,浏览器的 URL 地址也是仍然存在的。

因此,在开发中需要根据实际应用灵活选择 get 和 post 来提交表单数据。在本书中一般使用 post,如果出现例外情况,会另外指出。在 http://www.w3.org/2001/tag/doc/whenToUsGet.html 上可以找到一份稍具技术性的讨论,其中指出了在什么时候应该使用哪种方法。

2. 表单元素

在 form 的打开标签和封闭标签内可以放置不同的输入,它们可以是文本框、单选按钮、选项菜单、复选框等。表单所使用的控件标签元素有十几个,PHP 开发中常用及较重要的标签如表 6-1 所示。

表 6-1 常用表单控件

表单元素	说明
input type="text"	单行文本框
input type="radio"	单选按钮,用于设置一组选择项,用户只能选择一个
input type="checkbox"	复选框,允许用户选择多个选择项

续表

表 单 元 素	说　明
input type="file"	文件浏览框,当文件上传时,可用来打开一个模式窗口以选择文件
input type="password"	密码文本框,用户在该文本框输入字符时将被替换显示为 * 号
input type="hidden"	隐藏标签,用于在表单中以隐含方式提交变量值
input type="submit"	表单提交按钮
input type="reset"	清除与重置表单内容,用于清除表单中所有文本框的内容,而且使选择菜单项恢复到初始值
select	下拉列表框,可单选和多选。默认为单选,如果增加多项选择功能,增加<select name="select" size="自定义列数" multiple="multiple">即可
option	列表下拉菜单,和 select 配合使用,显示供选择的值
textarea	多行文本框,在使用文本框时需要关闭标签之间的文本内容,形成如下格式:<textarea>你的文字</textarea>

其中,password 密码文本框用于隐藏密码,用户输入的文本将以 * 显示在文本框中,但是密码并没有加密,只是被 * 替换显示,这点请注意。

hidden 标签被称为隐藏或隐含的标签,它不会在用户浏览的页面界面上出现,当用户填写资料表单和跨页之间传值时,可以使用该标签传递一些隐含的值。

表单的属性用于表单中约束表单元素的行为或显示,其含义与约束如表 6-2 所示。

表 6-2　常用属性及含义

属性名称	说　明
name	控件的名称,PHP 根据该名称,在超级全局数组中建立以 name 为名称的键名
value	控件的默认值,注意,该值不能应用到 type=password 密码文本框以及 type=file 文件文本框中
size	文本框的宽度,在 select 下拉菜单中,表示可以看到的选项行数
multiple	此属性用于下拉列表菜单 select 中,指定该选项用户可以使用 Ctrl 和 Shift 键进行多选
rows	多行文本框显示时可以容纳的字符行数宽度
cols	多行文本框显示时可以容纳的字符列数高度

除了以上一些必要的属性元素外,还有一些标准属性,如 class、style、id 等,可以参阅 HTML 的相关资料。不过,在这些属性中,最重要的就是应该注意为表单输入提供的名称(name 属性),因为当表单遇到 PHP 代码时,这些名称将会是至关重要的。

3. 创建表单

(1) 在文本编辑器中创建一个新的 PHP 文档(参见脚本 6-1)。

脚本 6-1　这个简单的 HTML 表单将用于本章中的多个示例。

```
<!DOCTYPE html PUBLIC "-//W3C//DTD XHTML 1.0 Transitional//EN"
```

```
"http://www.w3.org/TR/xhtml1/DTD/xhtml1-transitional.dtd">
<html xmlns="http://www.w3.org/1999/xhtml">
<head>
<meta http-equiv="Content-Type" content="text/html; charset=gb2312" />
  <title>简易的表单</title>
 </head>
 <body><!--  Script 6-1-form.html-->
 <form action="handle_form.php" method="post">
     <fieldset><legend>请输入您的信息:</legend>
     <p><b>姓名:</b>
     <input type="text" name="name" size="20" maxlength="40" /></p>
     <p><b>Email:</b>
     <input type="text" name="email" size="40" maxlength="60" /></p>
     <p><b>性别</b>
     <input type="radio" name="gender" value="男" />男
     <input type="radio" name="gender" value="女" />女</p>
     <p><b>年龄</b>
     <select name="age">
         <option value="0-29">30 岁以内</option>
         <option value="30-60">30 岁至 60 岁</option>
         <option value="60+">60 岁以上</option>
     </select></p>
     <p><b>个人简介</b>
     <textarea name="comments" rows="3" cols="40"></textarea></p>
     </fieldset>
     <div align="center">
     <input type="submit" name="submit" value="提交" />
     </div>
 </form>
 </body>
 </html>
```

(2) 插入初始 form 标签。

```
<form action="handle_form.php" method="post">
```

因为 action 属性指定将把表单数据发送到哪个脚本，应该给它提供一个合适的名称(handle_form，以对应于这个脚本：form. html)以及. php 扩展名，因为 PHP 页面将处理这个表单的数据。

(3) 开始创建 HTML 表单。

```
<fieldset><legend>请输入您的信息:</legend>
```

fieldset 和 legend 这两个 HTML 标签，用它们创建的 HTML 表单的外观，它们在表单周围添加了一个方框，并在顶部设置了一个标题。尽管这与表单自身是不相关的。

(4) 添加两个单行文本框。

```
<p><b>姓名:</b>
<input type="text" name="name" size="20" maxlength="40" /></p>
<p><b>Email:</b>
<input type="text" name="email" size="40" maxlength="60" /></p>
```

它们只是简单的文本输入框,允许用户输入他们的名称和电子邮件地址。每个输入框标签末尾额外的空格和斜杠是有效的 XHTML。例如,利用标准的 HTML,作为替代,这些标签可以用 maxlength="40">或 maxlength="60">结尾。

(5) 添加一对单选按钮。

```
<p><b>性别</b>
<input type="radio" name="gender" value="男" />男
<input type="radio" name="gender" value="女" />女</p>
```

这两个单选按钮具有相同的名称,这意味着只能选中其中的一个。不过,它们具有不同的值。

(6) 添加一个下拉菜单。

```
<p><b>年龄</b>
<select name="age">
    <option value="0-29">30 岁以内</option>
    <option value="30-60">30 岁至 60 岁</option>
    <option value="60+">60 岁以上</option>
</select></p>
```

select 标签开始创建下拉菜单,然后每个 option 标签将创建选项列表中的另一行选项。

(7) 添加一个多行文本框,用于输入个人详细信息。

```
<p><b>个人简介</b>
    <textarea name="comments" rows="3" cols="40"></textarea></p>
```

textarea 不同于 text 输入框;它会展示为一个方框,而不是一个单行文本框。它允许输入更多的信息,并且可用于获取用户注释。

(8) 完成表单。

```
    </fieldset>
    <div align="center">
    <input type="submit" name="submit" value="提交" />
    </div>
</form>
```

第一个标签将会关闭在第(3)步打开的 fieldset;然后会创建一个 submit 按钮,并使用 div 标签将其居中;最后,关闭表单。

(9) 完成 HTML 页面。

```
</body>
</html>
```

(10) 将文件另存为 form. html,上传到 Web 服务器,并在 Web 浏览器中查看它(参见图 6-1)。

图 6-1 这个表单获取用户的一些基本信息

因为这个页面只包含 HTML,所以使用了. html 扩展名,但是,也可以使用. php,而不会引起任何错误,因为 PHP 标签外面的代码将被视作 HTML。

6.1.2 处理 HTML 表单

既然已经有一个 HTML 表单(参见脚本 6-1),下面将编写一个基本的 PHP 框架脚本来处理它。这个处理表单的脚本,将对其接收到的数据执行某些操作。在本章中,脚本将反复把数据发送回 Web 浏览器,但是,在后面的示例中,还可以将这些数据存储在 MySQL 数据库中等。

PHP 的最佳特性之一就是能够与 HTML 表单极好地进行交互,它能够非常方便地处理表单数据。PHP 脚本访问表单时不需要一个解析例程(CGI 脚本则需要),而是把信息存储在特殊的超全局变量中。PHP 会自动填充两个超全局变量,即 $_GET 和 $_POST,它们分别保存着来自 get 或 post 方法的数据。这种特性让创建表单并接收数据变得特别简单。

例如,假设有一个表单,其中有一个输入控件,定义如下:

```
<input type="text" name="weight" size="20" />
```

接收表单数据的 PHP 页面将把用户输入这个表单元素中的内容赋予一个特殊的超全局变量中,若是通过 post 发送的表单项会被保存在 $_POST['weight']里;若是通过

get 发送的表单项会被保存在 $_GET['weight']里。使拼写和大小写完全匹配非常重要，因为 PHP 对变量名区分大小写。然后可以像任何其他变量一样使用 $_POST['weight']或 $_GET['weight']这种格式的超全局变量：打印它、在数学计算中使用它、连接它等。

1. 轻松获取表单数据

(1) 在文本编辑器中创建一个新的 PHP 文档，从 HTML 开始(参见脚本 6-2)。

脚本 6-2 这个脚本接收并打印出输入到 HTML 表单(参见脚本 6-1)中的信息。

```
<!DOCTYPE html PUBLIC "-//W3C//DTD XHTML 1.0 Transitional//EN"
"http://www.w3.org/TR/xhtml1/DTD/xhtml1-transitional.dtd">
<html xmlns="http://www.w3.org/1999/xhtml">
<head>
<meta http-equiv="Content-Type" content="text/html; charset=gb2312" />
  <title>表单反馈信息</title>
 </head>
 <body>

 <?php  #Script 6-2-handle_form.php
 $name=$_POST['name'];
 $email=$_POST['email'];
 $gender=$_POST['gender'];
 $age=$_POST['age'];
 $comments=$_POST['comments'];

 echo "<p>谢谢您 <b>$name</b>，您的信息如下:<br />";
 echo "Email:<b>$email</b><br />";
 echo "性别:<b>$gender</b><br />";
 echo "年龄层:<b>$age</b><br />";
 echo "详细介绍:<b>$comments</b><br /></p>";
 echo "<p>我们将回复您至<i>$email</i>.</p>\n";

 ?>
 </body>
 </html>
```

(2) 添加 PHP 开始标签，并创建表单数据变量的简写版本。

```
<?php  #Script 6-2-handle_form.php
$name=$_POST['name'];
$email=$_POST['email'];
$gender=$_POST['gender'];
$age=$_POST['age'];
$comments=$_POST['comments'];
```

依据以前概括的规则，对于输入到名称表单输入框(其 name 值为 name)中的数据，通过 post 方法传递,可以通过变量 $_POST['name']来访问它;对于输入到电子邮件表单输入框(其 name 值为 email)中的数据,可以通过 $_ POST ['email']来访问它。这同样适用于输入的其他数据。此外,这里的变量的拼写和大小写必须与 HTML 表单中相应的 name 值完全匹配。

(3) 打印出接收到的名称、电子邮件和其他值。

```
echo "<p>谢谢您 <b>$name</b>, 您的信息如下:<br />";
echo "Email:<b>$email</b><br />";
echo "性别:<b>$gender</b><br />";
echo "年龄层:<b>$age</b><br />";
echo "详细介绍:<b>$comments</b><br /></p>";
echo "<p>我们将回复您至<i>$email</i>.</p>\n";
```

将使用 echo()语句、双引号,以及很少一点 HTML 格式化效果简单地打印出提交的值。

(4) 完成脚本,完成 HTML 页面。

```
?>
</body>
</html>
```

(5) 将文件另存为 handle_form. php,上传到 Web 服务器上与 form. html 相同的目录中,并在 Web 浏览器中测试这两个文档(参见图 6-2 和图 6-3)。

图 6-2 要测试 handle_form. php,必须先填写表单

如果在提交表单之后看到一个空白页面,首先可检查 HTML 源文件来寻找 HTML 错误,然后确认 PHP 配置中的 display_errors 是打开的。

如果 PHP 脚本在应该打印变量的地方显示空白,则意味着变量没有赋值。可能的原因是:无法在表单中输入值;变量名拼写错误或弄错了它的大小写。

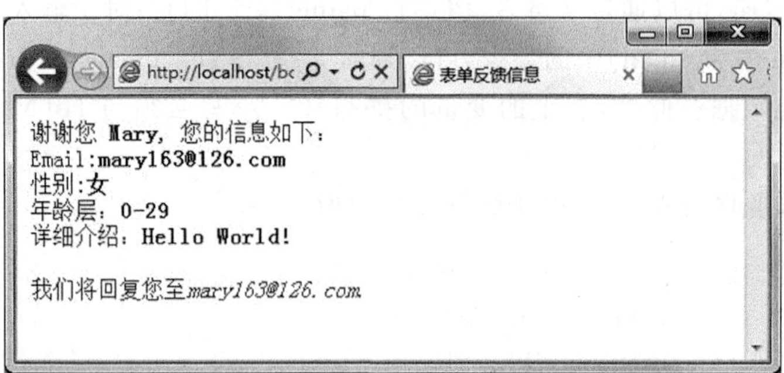

图 6-3　脚本应该显示像这样的结果

如果看到任何 Undefined variable: variablename(未定义的变量: 变量名)错误,这是因于引用的变量没有赋值,并且 PHP 设置了最高级的错误报告。

另外,与这些数据相关的还有另一个超全局变量 $_REQUEST,它包含来自 GET 和 POST 的全部数据(还包含 cookie 数据)。如果不知道哪个方法在提供数据,那么使用这个变量将是非常方便的。在默认情况下,在 $_REQUEST 中 POST 数据会覆盖 GET 数据。改变初始配置中的 variables_order 可以改变覆盖次序。

在一般应用中,最好明确是要获得 GET 还是 POST 数据,这样可以得到更强健的代码,避免错误变量值带来意外的结果。

当处理源于表单的字符串时,使用 trim()函数也是一个好主意,它会从值的两端删除多余的空白。例如,$name=trim($name)。

2. 获取表单数据的多维数组

在脚本 6-1 中使用的表单控件包括单行文本框、单选按钮、下拉菜单及多行文本框,这些控件都具有唯一的值。在表 6-1 所介绍的常用表单控件中,除了复选框之外,其他控件都只具有一个值。下面就来详细介绍如何获取表单中复选框中选中的多个值。

(1) 在文本编辑器中修改脚本 6-1(参见脚本 6-3)。

脚本 6-3　在简单的 HTML 表单中添加复选框。

```
<!DOCTYPE html PUBLIC "-//W3C//DTD XHTML 1.0 Transitional//EN"
"http://www.w3.org/TR/xhtml1/DTD/xhtml1-transitional.dtd">
<html xmlns="http://www.w3.org/1999/xhtml">
<head>
<meta http-equiv="Content-Type" content="text/html; charset=gb2312" />
  <title>简易的表单</title>
 </head>
 <body><!--  Script 6-3-about.html-->

 <form action="handle_about.php" method="post">
      <fieldset><legend>请输入您的信息:</legend>
      <p><b>姓名:</b>
```

```
    <input type="text" name="name" size="20" maxlength="40" /></p>
    <p><b>Email:</b>
    <input type="text" name="email" size="40" maxlength="60" /></p>
    <p><b>性别</b>
    <input type="radio" name="gender" value="男" />男
    <input type="radio" name="gender" value="女" />女</p>
    <p><b>年龄</b>
    <select name="age">
        <option value="0-29">30 岁以内</option>
        <option value="30-60">30 岁至 60 岁</option>
        <option value="60+">60 岁以上</option>
    </select></p>
    <p><b>爱好:</b>
    <input type="checkbox" name="interests[]" value="音乐" />音乐
    <input type="checkbox" name="interests[]" value="电影" />电影
    <input type="checkbox" name="interests[]" value="看书" />看书
    <input type="checkbox" name="interests[]" value="运动" />运动
    <input type="checkbox" name="interests[]" value="其他" />其他</p>
    <p><b>个人简介</b>
    <textarea name="comments" rows="3" cols="40"></textarea></p>
    </fieldset>
    <div align="center">
    <input type="submit" name="submit" value="提交" />
    </div>
</form>
</body>
</html>
```

(2) 在表单原有基础上,创建一系列复选框,使用户可以选择他们的兴趣。

```
<p><b>爱好:</b>
<input type="checkbox" name="interests[]" value="音乐" />音乐
<input type="checkbox" name="interests[]" value="电影" />电影
<input type="checkbox" name="interests[]" value="看书" />看书
<input type="checkbox" name="interests[]" value="运动" />运动
<input type="checkbox" name="interests[]" value="其他" />其他</p>
```

表单的"爱好"部分可供用户选择多个选项。在这种情况下,可以为多个不同的输入使用两个命名模式,为它们提供与其值匹配的名称(音乐、电影等),或者使用一个数组。在这里使用 interests[]作为名称,在 PHP 处理表单复选框时,它将在 $_POST['interests']中创建一个数组,用于存储用户选中的所有复选框。

(3) 将文件另存为 about. html。

现在将创建 handle_about. php,来使用表单提交的 $_POST['interests']多维数组。

(4) 在文本编辑器中修改脚本 6-2(参见脚本 6-4)。

脚本 6-4 这个脚本将打印出 $_POST['interests']的值,它是多维 $_POST 数组的一部分。

```
<!DOCTYPE html PUBLIC "-//W3C//DTD XHTML 1.0 Transitional//EN"
"http://www.w3.org/TR/xhtml1/DTD/xhtml1-transitional.dtd">
<html xmlns="http://www.w3.org/1999/xhtml">
<head>
<meta http-equiv="Content-Type" content="text/html; charset=gb2312" />
  <title>表单反馈信息</title>
 </head>
 <body>

 <?php  #Script 6-4-handle_about.php
 $name=$_POST['name'];
 $email=$_POST['email'];
 $gender=$_POST['gender'];
 $age=$_POST['age'];
 $interests=$_POST['interests'];
 $comments=$_POST['comments'];

 echo "<p>谢谢您 <b>$name</b>, 您的信息如下:<br />";
 echo "Email:<b>$email</b><br />";
 echo "性别:<b>$gender</b><br />";
 echo "年龄层:<b>$age</b><br />";
 echo "您的爱好包括:<ul>";
     foreach($interests as $value)
         echo "<li>" . $value . "</li>";
 echo "</ul>";
 echo "详细介绍:<b>$comments</b><br /></p>";
 echo "<p>我们将回复您至<i>$email</i>.</p>\n";

 ?>
 </body>
 </html>
```

(5) 创建表单数据变量的简写版本,将用户的爱好选项创建为 $interest 数组。

```
$interests=$_POST['interests'];
```

(6) 添加处理多维数组的代码,打印提交的爱好。这里把爱好显示为 HTML 列表,所以先在这里打印初始的无序列表标签(<ul>)。

```
echo "您的爱好包括:<ul>";
```

(7) 打印出所有选择的兴趣，并关闭 HTML 列表。

```
    foreach($interests as $value)
        echo "<li>" . $value . "</li>";
echo "</ul>";
```

这个循环将遵循数组遍历的 foreach 语法，来访问 $_POST['interests']的每个元素。由于表单复选框本身的性质，只有那些被选中的复选框才具有 $_POST['interests']数组中的值。在循环自身内，将会在 HTML 列表标签内打印每个值。

(8) 将文件另存为 handle_about.php，与 about.html 一起上传到 Web 服务器，并在 Web 浏览器中测试它们(参见图 6-4 和图 6-5)。

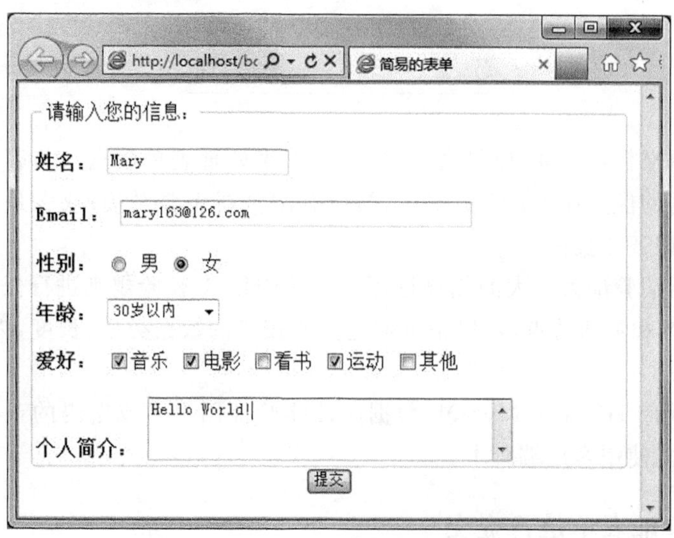

图 6-4　这个 HTML 表单添加了复选框

图 6-5　所选的爱好将作为 HTML 列表显示给用户

即使用户只选择了一个兴趣，$_POST['interests']也仍然是一个数组，因为相应输入的 HTML 名称是 interests[],方括号代表数组。

另外,也可以创建一个多维数组,它具有一个 HTML 表单的选项菜单,允许进行多重选择:

```
<select name="interests[]" multiple="multiple">
  <option value="音乐">音乐</option>
  <option value="电影">电影</option>
  <option value="看书">看书</option>
  <option value="运动">运动</option>
  <option value="其他">其他</option>
</select>
```

6.2 表单验证

使用服务器端数据验证,就是利用 PHP 脚本来处理表单数据。与客户端验证相比,使用服务器验证的优点在于:它更安全,与所有浏览器无缝对接;缺点是代价稍高,用户反馈慢、增加了服务器负荷。

使用服务器端验证另一大的优势是:可以用 PHP 对校验规则进行任意的修改,利用 PHP 的多种函数和灵活特点,可以很方便地更改校验的数据类型、长度,以及检查文本框范围内的号码等。

另外,如果用 PHP 连接 MySQL 数据库才能验证用户名或密码的正确性,在这种情况下,根本不可能使用客户端脚本。

6.2.1 验证表单是否提交

6.1 节关于使用 PHP 处理表单的示例都使用了两个单独的文件:一个用于显示表单,另一个用于接收表单。虽然这种方法没有任何错误,但是把整个过程集中到一个脚本中更有利。

为了让一个页面同时显示和处理表单,必须使用一个条件语句检查应该采取哪种动作:

```
if(/* 表单已被提交 */){
  //处理表单
} else {
  //显示表单
}
```

为了确定表单是否已提交,可检查 $_POST 变量是否已设置,当然,假定表单使用 POST 方法。例如,可以为提交按钮创建名称,因为只有按下提交按钮,整个表单才会被提交:

```
<input name="submitted" type="submit" value="提交" />
```

然后编写用于表单提交的条件测试代码：

```
if(isset($_POST['submitted'])){
  //处理表单
} else {
  //显示表单
}
```

如果按下提交按钮提交了表单，$_POST['submitted']会具有一个值，因此会处理表单。使用上面的代码，如果提交了表单，脚本将会处理它们，并会在每次加载页面时显示该表单。

6.2.2 验证表单数据

与处理 HTML 表单相关的一个关键概念是验证表单数据。从错误管理和安全性两方面考虑，作为开发者或系统管理员，永远都不应该信任输入到 HTML 表单中的数据。对于错误的数据，无论它是蓄意产生破坏，还是仅仅无意地造成错误都需要 Web 架构师针对预期的要求对其进行测试。

表单验证的第一个目标是确保在表单元素中输入或选择了某些内容。第二个目标是确保提交的数据具有正确的类型(数字、字符串等)、正确的格式(如电子邮件地址)或特定的可接受值(如 $gender 应该等于男或女)。

验证表单数据需要使用条件语句以及许多函数、运算符和表达式。常用的函数有两个：

- isset()函数，它用于测试一个变量是否具有值，包括 0、FALSE，或者一个空字符串，但不能是 NULL。代码类似：

```
if(isset($var)){
  //$var 存在且有值
}else{
  //$var 不存在或不具有值
}
```

- empty()函数，它将检查一个变量是否具有空(empty)值，包括空字符串、0、NULL 或 FALSE。

```
if(empty($var)){
  //$var 为空
}else{
  //$var 不为空
}
```

使用 isset()函数的一个问题是：空字符串测试为 TRUE，这意味着它不是验证 HTML 表单中的文本输入和文本框的有效方式。要检查用户输入到文本元素(如名称、电子邮件和注释)中的内容，可以使用 empty()函数。

下面来演示如何让同一个页面显示和处理表单，以及如何验证表单元素的值，让我们创建一个简单的注册页面。

(1) 在文本编辑器中创建一个新的 PHP 文档，从 HTML 开始(参见脚本 6-5)。

脚本 6-5　这个脚本将会显示一个简单的表单并处理表单数据，检查必填选项是否为空。

```
<!DOCTYPE html PUBLIC "-//W3C//DTD XHTML 1.0 Transitional//EN"
"http://www.w3.org/TR/xhtml1/DTD/xhtml1-transitional.dtd">
<html xmlns="http://www.w3.org/1999/xhtml">
<head>
<meta http-equiv="Content-Type" content="text/html; charset=gb2312" />
<title>注册表单</title>
</head>
<body>
<p align="center">用户注册<br /> * 号标志必填</p>
<form name="form1" method="post" action="">
  <table width="500">
    <tr>
      <td>用户名 * </td>
      <td><input name="name" type="text" /></td>
    </tr>
    <tr>
      <td>密码 * </td>
      <td><input name="pass1" type="password" /></td>
    </tr>
    <tr>
      <td>确认密码 * </td>
      <td><input name="pass2" type="password" /></td>
    </tr>
    <tr>
      <td>Email 地址 * </td>
      <td><input name="email" type="text" /></td>
    </tr>
    <tr>
      <td>性别</td>
      <td><input type="radio" name="gender" value="1" />男
    <input type="radio" name="gender" value="2" />女
    <input name="gender" type="radio" value="3" checked="checked" />保密</td>
    </tr>
    <tr>
      <td>出生日期</td>
      <td><input name="birthday" type="text" />//格式 1900-01-01</td>
```

```
    </tr>
    <tr>
      <td>爱好</td>
      <td><input name="interests[]" type="checkbox" value="电影" checked=
"checked" />电影
          <input name="interests[]" type="checkbox" value="音乐" />音乐
          <input name="interests[]" type="checkbox" value="运动" />运动
          <input name="interests[]" type="checkbox" value="看书" />看书
          <input name="interests[]" type="checkbox" value="其他" />其他</td>
    </tr>
    <tr>
      <td>主页</td>
      <td><input name="web" type="text" value="http://" /></td>
    </tr>
    <tr>
      <td>个人简介</td>
      <td><textarea name="more" cols="30" rows="5"></textarea>
      </td>
    </tr>
    <tr align="center" valign="middle">
      <td colspan="2"><input type="submit" name="Submit" value="提交" />
    <input type="reset" name="reset" value="重置" /></td>
    </tr>
  </table>
</form>

<?php #Script 6-5-regist.php
    if($_POST['Submit']){
        if(empty($_POST['name'])){
            echo "用户名不能为空。";
            exit;
        }
        if(empty($_POST['pass1'])){
            echo "密码不能为空。";
            exit;
        }
        if(empty($_POST['pass2'])){
            echo "确认密码不能为空。";
            exit;
        }
        if(empty($_POST['email'])){
            echo "Email 不能为空。";
            exit;
        }
```

```
        if($_POST['pass1']!==$_POST['pass2']){
            echo "密码与确认密码不同,请重新输入。";
            exit;
        }
?>
<p align="center">您的输入为:</p>
<table width="500">
    <tr>
      <td>用户名</td><td><?php echo $_POST['name'];?></td>
    </tr>
    <tr>
      <td>密码</td><td><?php echo $_POST['pass1'];?></td>
    </tr>
    <tr>
      <td>Email 地址</td><td><?php echo $_POST['email'];?></td>
    </tr>
    <tr>
      <td>性别</td>
      <td>
      <?php
         switch($_POST['gender']){
             case 1:
                 echo "男";
                 break;
             case 2:
                 echo "女";
                 break;
             case 3:
                 echo "保密";
                 break;
         }
    ?>
    </td>
   </tr>
   <tr>
     <td>出生日期</td><td><?php echo $_POST['birthday'];?></td>
   </tr>
   <tr>
     <td>爱好</td>
     <td>
   <?php
       foreach($interests as $value){
           echo $value;
           echo "  ";
```

```
124         }
125     ?>
126     </td>
127     </tr>
128     <tr>
129       <td>主页</td>
130       <td><a href=<?php echo $_POST['web'];?>><?php echo $_POST['web'];? >
          </a></td>
131     </tr>
132     <tr>
133       <td>个人简介</td><td><?php echo $_POST['more'] ?></td>
134     </tr>
135   </table>
136
137   <?php
138    }
139   ?>
140   </body>
141   </html>
```

对于这个示例，为了阅读方便，省略了部分用于排版和美化的 HTML 和 CSS 代码。

(2) 显示 HTML 表单(代码部分为从第 10 行至第 60 行)，此表单涉及了大部分的表单控件。

```
<p align="center">用户注册<br /> * 号标志必填</p>
<form name="form1" method="post" action="">
……部分省略
</form>
```

表单自身相当容易理解，其中只包含两个新技巧：第一，action 属性为空，使得表单提交到这个页面，而不是提交到另一个页面；第二，有一个称为 Submit 的提交按钮，其值为 1。这也可以作为一个标志变量，通过检查其存在与否来确定是否处理表单(见第(3)步中或第 63 行上的主条件)。由于只使用 isset 检测它是否具有值，所以可以赋予它任何值。

(3) 编写处理表单的条件语句。

```
if(isset($_POST['Submit'])){
```

如前所述，通过检查是否设置了某个表单元素(如 $_POST['Submit'])，即可测试是否提交了表单。该变量将被关联到表单中提交按钮。

(4) 验证表单。

```
if(empty($_POST['name'])){
    echo "用户名不能为空。";
    exit;
```

```
}
if(empty($_POST['pass1'])){
    echo "密码不能为空。";
    exit;
}
if(empty($_POST['pass2'])){
    echo "确认密码不能为空。";
    exit;
}
if(empty($_POST['email'])){
    echo "Email不能为空。";
    exit;
}
if($_POST['pass1']!==$_POST['pass2']){
    echo "密码与确认密码不同,请重新输入。";
    exit;
}
```

这里的验证非常简单：它只会检查4个提交的变量是否为空，以及两次密码的值是否相等。若有任意一项为空，将提示错误信息，并要求用户重填。每个if语句中都有一句"exit"，PHP中的exit代码将结束当前PHP代码块的执行。

(5) 如果验证通过了所有的测试，将会以表格格式显示用户输入的信息(代码部分为从第85行至第135行)。

```
<p align="center">您的输入为:</p>
<table width="500">
<tr>
……部分省略
</tr>
</table>
```

其中使用文本输入框提交的表单数据，例如，用户名、密码、Email、生日、主页及个人简介，这些数据的输出可以直接使用echo()方法，输出对应的$_POST变量。性别的输出使用了switch结构，因为给用户看到的内容是中文的，而实际存储到数据库的值应该越简洁越好。

```
<?php
        switch($_POST['gender']){
            case 1:
                echo "男";
                break;
            case 2:
                echo "女";
                break;
            case 3:
```

```
                echo "保密";
                break;
        }
    ?>
```

复选框爱好的输出，使用数组的 foreach 循环，并将每个输出之间用两个空格字符隔开：

```
<?php
    foreach($interests as $value){
        echo $value;
        echo "  ";
    }
?>
```

个人主页的输出，不但显示主页内容，还为其制作了超链接。

```
<a href=<?php echo $_POST['web'];?>><?php echo $_POST['web'];?></a>
```

(6) 完成条件语句并关闭 PHP 标签。

```
<?php
}
?>
```

这里完成了验证条件语句(第(3)步)，如果 4 个提交的值只要有一个为空，就会打印一个错误。最后的结束花括号会关闭 isset($_POST['Submit'])条件语句。最后，会关闭 PHP 部分，因此无须使用 echo()即可创建表单。

(7) 完成页面。

```
</body>
</html>
```

(8) 将文件另存为 regist.php，存放在 Web 目录中，并在 Web 浏览器中测试它(参见图 6-6、图 6-7 和图 6-8)。

一个经过深思熟虑的良好表单可以让用户在填写表单时知道哪些字段是必须填写的，并且在适当的地方指出了那个字段的格式(如日期或电话号码)。

验证文本输入的另一种方式是：使用 strlen()函数来查看是否输入了 0 个以上的字符。

```
if(strlen($var)>0){
    //$var 不为空
}else{
    //$var 为空
}
```

图 6-6　HTML 表单，在 Web 浏览器中第一次查看它时的样子

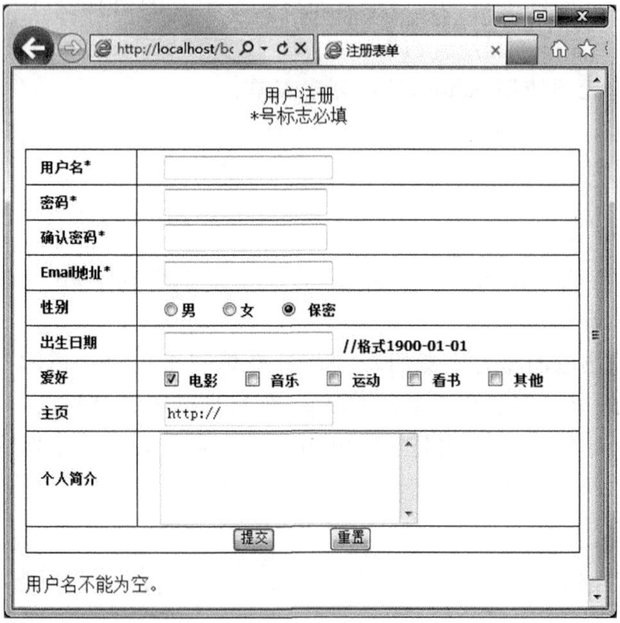

图 6-7　如果必填项为空，就会显示一条出错消息

图 6-8 该页面执行结果，重新显示表单内容

6.2.3 避免表单多次提交

出于一些原因，我们需要避免表单被多次重复提交，否则就会得到重复的记录。这可能是由于粗心的用户在提交表单之后又单击了“刷新”按钮，使数据再次提交，如图 6-9 所示。更坏的情况是有人故意通过反复提交同一表单来攻击站点。这样不仅会造成数据混乱问题，还会吞食宝贵的站点资源。

可以从客户端和服务器端同时着手，设法避免同一表单的重复提交。

图 6-9 刷新会引起重复提交表单

1. 使用客户端脚本

提到客户端脚本，经常使用的是 JavaScript

进行常规输入验证。在下面的例子中,我们使用它处理表单的重复提交问题,请看下面的代码:

```
<form method="post" name="register" action="test.php" enctype="multipart/form-data">
  <input name="text" type="text" id="text" />
  <input name="submit" value="提交" type="button" onClick="document.register
  .submit.value='正在提交,请等待...'; document.register.submit.disabled=
  true; document.register.submit();" />
</form>
```

当用户单击"提交"按钮后,该按钮将变为灰色不可用状态,如图 6-10 所示。

图 6-10 利用客户端脚本防止重复提交表单

上面的例子中使用 OnClick 事件检测用户的提交状态,如果单击了"提交"按钮,该按钮立即置为失效状态,用户不能单击按钮再次提交。

还有一个方法,也是利用 JavaScript 的功能,但是使用的是 OnSubmit()方法,如果已经提交过一次表单,将立即弹出对话框,代码如下:

```
<script language="javascript">
var submitcount=0;
function submitOnce(form){
  if(submitcount==0){
      submitcount++;
      return true;
  } else{
    alert("正在操作,请不要重复提交,谢谢!");
    return false;
  }
}
</script>
```

```
<form name="the_form" method="post" action="" onSubmit="return submitOnce(this)">
<input name="text" type="text" id="text" />
<input name="cont" value="提交" type="submit" />
</form>
```

在上例中，如果用户已经单击“提交”按钮，则该脚本会自动记录当前的状态，并将 submitcount 变量自加 1；当用户试图再次提交时，脚本判断 submitcount 变量值非零，提示用户已经提交，从而避免重复提交表单。

2. 使用 header 函数转向

除了上面的方法之外，还有一个更简单的方法，那就是当用户提交表单，服务器端处理后立即转向其他的页面。

PHP 的内置函数 header()函数可用于将浏览器从当前页面重定向到另一个页面。

要用 header()重定向 Web 浏览器，可使用代码：

```
header('location:submits_success.php');
```

由于这应该是在当前页面上发生的最后一件事，因为浏览器很快会离开它，这一行之后通常紧接着 exit()函数，以阻止当前脚本的执行。

这样，即使用户使用刷新键，也不会导致表单的重复提交，因为已经转向新的页面，而这个页面脚本已经不理会任何提交的数据了。

header()函数的应用更常用于 PHP 与数据库的交互。

关于 header()函数要记住的绝对关键点是：必须把任何内容发送给 Web 浏览器之前调用它。这包括 HTML 代码，甚至是空白行。如果代码在调用 header()之前具有任何的 echo()或 print()语句，把空白行保持在 PHP 标签外面，或者包含做任何事情的文件，则会看到出错信息，如图 6-11 所示。

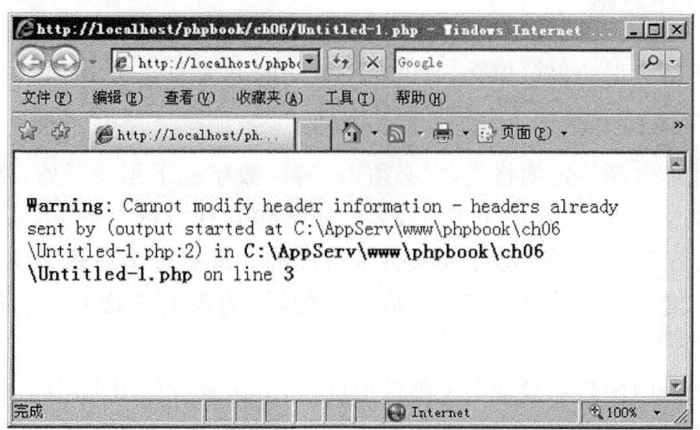

图 6-11　使用 header()函数时，经常会看到 headers already sent 错误

另一个避免出现这个错误的方法，可以通过一些输出缓冲函数来解决这个问题。代价是把所有向浏览器的输出都缓存在服务器，直到下命令发送它们。可以在代码中使用 ob_start()及 ob_end_flush()函数来实现这样的功能，或者通过修改 php.ini 中的 output _buffering 配置选项来实现，也可以通过修改服务器配置文件来实现。

6.3 项目训练——用户注册功能设计

6.3.1 项目说明

用户表单是允许用户自行填写的交互控件，因此安全性尤为重要，作为系统管理员或Web设计师，需要对用户提交的信息反复检查，检查有效性、正确性、合法性等。

在检查数据正确性时，分解为两个步骤将会带来很大便利：一是将输入数据标准化，二是检查标准化之后的数据。输入数据的“标准化”就是将得到的数据调整为统一或是标准格式。各种信息本来都会有一些不同的表达方式，但对于特定的应用程序来说，它们都需要被转化为某种标准格式。之后，就可以对标准格式的数据应用有效性规则，从而确定输入的数据是可用的。

将数据检验分为两个步骤可以使过程更加简单和灵活。标准化过程只关心格式问题，程序可以让用户以更自由的方式提供信息，从而具有更高的用户友好度。当输入信息被标准化之后，检查过程就简单多了，因为信息格式是已知的。

这里我们讨论如何使程序运行更安全，这是开发者的职责，应该切实把握，避免错误发生。因此，需要开发一些技术去避免因用户不规范输入而造成麻烦。

一个非常重要的技术是如何从用户的输入中有效验证数据，从而保护网站程序与数据。除了在 php.ini 文件中把 register_globals 设置为 Off 外，还要把错误级别修改为 E_ALL | E_STRICT，这样就可以阻止从外部请求的数据中生成全局变量，后面的设置是把错误级别设置为打开初始化变量的警告错误。

6.3.2 设计思路

对于不同类型数据的表单提交，可以使用不同的方法来处理。

1. 验证电子邮件地址

电子邮件地址遵循特定的格式，它必须由字符、数字或下划线开始，之后可以有任意数量的上述字符及句点，接着是“@”和域名。域名包含任意数量的“单词”及分隔它们的句点，而这些“单词”是由字符、数字和破折号组成的。最后一个后缀必须是2～6个字符长。有些程序只允许2或3个字符，这是不对的，因为没有考虑到最新的顶级域名，如.museum。

可以使用 ereg()函数来验证电子邮件地址，这个函数专门用于匹配字符串内的模式，而所谓的模式就是正则表达式。正则表达式是一种极其强大的工具，在今天大多数的编程语言中都可以使用它，这是一种精心设计的匹配模式系统。关于正则表达式的具体用法可参考相关帮助。

以下是验证电子邮件地址的代码范例：

```
ereg("^([a-zA-Z0-9_-])+@([a-zA-Z0-9_-])+(\.[a-zA-Z0-9_-]{2,6})+",
```

```
$address);
```

当然，这段代码只是检验输入的电子邮件地址是否属于有效范围，而且只允许使用最常见的形式。现实中存在着一些其他形式，需要对代码进行少许修改才能适应。特别是主机名应该可以用包围在方括号里的 IP 地址表示；用户名也应该可以用双引号包围的字符串表示，其中允许包含空格。但在当今的互联网上，这种情况是很少见的。

2. 验证日期

PHP 具有非常出色的日期工具，极大地简化了日期标准化和检验工作。特别是 strtotime()函数能够把绝大多数表示日期的字符串转化为 UNIX 时间戳，如果转化失败，它会返回 False。这个工具拥有非常强大的功能，几乎不需要我们再做其他工作。在转化为时间戳之后，我们就可以根据需要使用 date()将它格式化为任何式样。

以下为实现日期标准化和检验的代码范例：

```
$birthday='1988-11-11';
$output=strtotime($birthday);
if($output===false){
    echo "日期格式不正确";
}else{
    echo date('Y年m月d日',$output);
}
```

需要提醒的是，strtotime()函数的某些功能在一开始可能会让人感到迷惑。例如它允许任何一个月的日期都可以到 31 日，但如果相应的月份不应该有 31 天，它会自动变化到有效的日期，因此 11/31/2005 会转化为 12/1/2005。它还允许第 0 天(实际上返回的日期是上一个月的最后一天)，而 0 月表示十二月，0 年表示 2000 年。

3. 验证 URL

如果表单里请求用户输入其主站地址，那么就需要对这个 URL 进行检验来判断它是否像个有效地址。对 URL 的检验也可以使用正则表达式，可以使用 eregi()函数。ereg()与 eregi()之间唯一的区别是，ereg()对模式区分字母大小写，而 eregi()则不区分大小写。以下展示了 URL 的标准化与检验的代码范例：

```
eregi("^((http|https|ftp)://)?([[:alnum:]\-\.])+(\.)([[:alnum:]]){2,6}([[:
alnum:]/+=%&_\.~?\-]*)$",$website);
```

为了验证 URL，首先检查可选的 http://、https://或 ftp://，然后希望看到字母、数字或下划线，后面接着一个英文句点，再接着 2～6 个字母的字符串(com、edu 等)。最后允许可能出现的许多其他字符，它们将构成特定的文件名以及要发送给它的参数等。

4. 魔术引用 magic_quotes_gpc

PHP 中构建了一个方便的特性，称为 Magic Quotes(魔术引用)。在 PHP 中，有两类主要的 Magic Quotes：magic_quotes_gpc，它适用于表单、URL 和 cookie 数据(gpc 代表 get、post、cookie)；magic_quotes_runtime，它适用于从外部文件和数据库检索的数据。

PHP 提供 magic_quotes_gpc 魔法引用功能来保护网站系统免受攻击，它会自动从用户的输入串中过滤特殊字符(′、″、\、\0 (NULL))，并减慢输入的过程。在处理数据库或 HTML 时，这有助于防止出现问题。但是，如果往表单中输入一些文本，其中包含一个单引号(′)，如图 6-12 所示，在重新打印这段文本时，得到的页面看起来会很奇怪，如图 6-13 所示。

图 6-12　输入到表单值中的引号可能会在你的表单应用程序中引起混乱

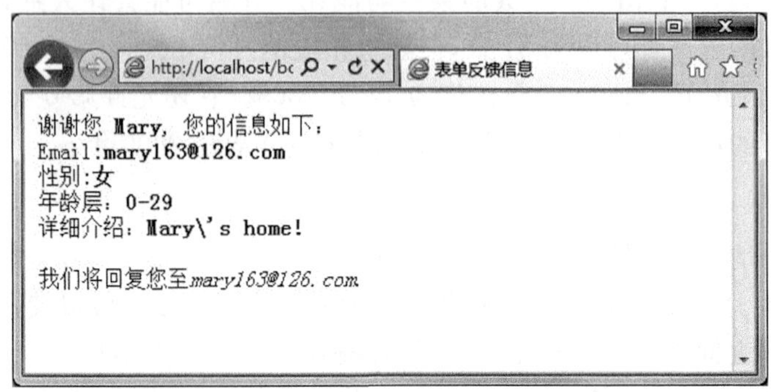

图 6-13　输入到表单中的撇号会被 PHP 自动进行转义，从而生成不合适的结果

如果在服务器上启用了 Magic Quotes，则可以使用 stripslashes()函数撤销它的作用。

```
$var=stripslashes($var);
```

这个函数将删除在 $ var 中发现的任何反斜杠。在表单示例中，这个函数起到把已转义的提交字符串转变回其原来的未转义值的作用。

PHP 提供这个参数的初衷是好的，但是该功能从出现以来一直备受争议。实践经验表明，如果采用 magic_quotes_gpc，与不使用该函数相比，需要两倍多的内存来处理每条输入的元素，因此，如果非必要，可以在 php.ini 文件把该参数设置为关闭，不使用该功能，转用其他的方法来处理。

可以使用与 stripslashes()函数对立的函数 addslasher()，来模拟禁用 Magic Quotes 时它所做的工作。

另外，当处理源于表单的字符串时，使用 trim()函数也是一个好主意，它会从值的两端删除多余的空白。

```
$name=trim($name);
```

5. 处理 HTML 输入

用户有时可能在发送给浏览器的文本中嵌入 HTML 元素，需要提防这一点，如果在 Web 页面中显示该文本，它可能包括恶意脚本，该脚本会关闭 Web 页面，或者导航到另一个页面。

因此，用户可以轻松地添加 HTML 或 JavaScript 代码到表单数据中，比如表单中的多行文本域。

许多动态驱动的 Web 应用程序会获取用户提交的信息，将其存储在数据库中，然后把该信息重新显示在另一个页面上。例如，在发布新闻、博文或注册表单时，如果用户在他们的输入框中输入 HTML 代码，这段代码可能抛弃站点的布局和美感。更糟糕的是，不良代码可能创建弹出式窗口或者重定向到其他站点，如图 6-14 所示，不怀好意的用户可能输入非法代码，这是一种常见的攻击方法。

图 6-14 恶意用户将 JavaScript 代码输入到文本输入框中

PHP 包含几个函数，用于处理在字符串内发现的 HTML 及其他代码。

(1) 把特定字符转化为 HTML 实体。

```
$htmlready=htmlspecialchars($string, $quote_style);
```

一些常用字符在 HTML 中有特殊含义，它们被转化为相应的 HTML 实体，从而避免作为 HTML 代码被解释。被转化的字符包括和号(&)、双引号(")或单引号(')(取决

于 $ quote_style 的设置)、小于号(<)和大于号(>)。

(2) 把全部字符转化为相应的 HTML 实体。

```
$htmlready=htmlentities($string);
```

任何包含 HTML 实体的字符都被转化为对应的实体。

(3) 删除字符串里的 HTML 标记。

```
$clean=strip_tags($string, $allow);
```

字符串里全部 HTML 标记或 PHP 标记都被删除,但可选参数 $ allow 里指定的标记除外。

(4) 把新行符转化为 HTML 分隔符。

```
$htmlready=nl2br($string);
```

得到的字符串在所有的新行之前都包含"
"。

6.3.3 设计过程

(1) 在文本编辑器中修改脚本 6-5(参见脚本 6-6)。

脚本 6-6 在脚本 6-5 的基础上,检查 Email、日期、URL 的有效性,并处理 HTML 输入。

```
<!DOCTYPE html PUBLIC "-//W3C//DTD XHTML 1.0 Transitional//EN"
"http://www.w3.org/TR/xhtml1/DTD/xhtml1-transitional.dtd">
<html xmlns="http://www.w3.org/1999/xhtml">
<head>
<meta http-equiv="Content-Type" content="text/html; charset=gb2312" />
<title>注册表单</title>
</head>
<body>
<p align="center">用户注册<br /> * 号标志必填</p>
<form name="form1" method="post" action="">
……
</form>

<?php #Script 6-7-handle_regist.php
    if($_POST['Submit']){
        if(empty($_POST['name'])){
            echo "用户名不能为空。";
            exit;
        }
        if(empty($_POST['pass1'])){
            echo "密码不能为空。";
            exit;
```

```
        }
        if(empty($_POST['pass2'])){
            echo "确认密码不能为空。";
            exit;
        }
        if(empty($_POST['email'])){
            echo "Email 不能为空。";
            exit;
        }
        if($_POST['pass1']!==$_POST['pass2']){
            echo "密码与确认密码不同,请重新输入。";
            exit;
        }
        if(!ereg("^([a-zA-Z0-9_-])+@([a-zA-Z0-9_-])+(\.[a-zA-Z0-9_-]{2,6})+",$_POST['email'])){
            echo "Email 格式不正确。";
            exit;
        }
        $output=strtotime($_POST['birthday']);
        if($output===false){
            echo "日期格式不正确";
            exit;
        }
        if(!eregi("^((http|https|ftp)://)?([[:alnum:]\-\.])+(\.)([[:alnum:]]){2,6}([[:alnum:]/+=%&_\.~?\-]*)$",$_POST['web'])){
            echo "主页格式不正确。";
            exit;
        }
?>
<p align="center">您的输入为:</p>
<table width="500">
   <tr>
     <td>用户名</td><td><?php echo $_POST['name'];?></td>
   </tr>
   <tr>
     <td>密码</td><td><?php echo $_POST['pass1'];?></td>
   </tr>
   <tr>
     <td>Email 地址</td><td><?php echo $_POST['email'];?></td>
   </tr>
   <tr>
     <td>性别</td>
     <td>
     <?php
```

```
            switch($_POST['gender']){
                case 1:
                    echo "男";
                    break;
                case 2:
                    echo "女";
                    break;
                case 3:
                    echo "保密";
                    break;
            }
        ?>
        </td>
    </tr>
    <tr>
        <td>出生日期</td>
        <td>
         <?php
            echo date('Y年m月d日',$output);
          ?>
     </td>
    </tr>
    <tr>
        <td>爱好</td>
        <td>
        <?php
          foreach($interests as $value){
              echo $value;
              echo "  ";
          }
    ?>
        </td>
    </tr>
    <tr>
        <td>主页</td>
        <td><a href=<?php echo $_POST['web'];?>><?php echo $_POST['web'];?></a>
        </td>
    </tr>
    <tr>
        <td>个人简介</td>
        <td>
        <?php
            $more=stripslashes($_POST['more']);
            $more=htmlspecialchars($more);
```

```
            $more=str_replace(" "," ",$more);
            echo nl2br($more);
    ?></td>
    </tr>
  </table>
<?php
}
?>
</body>
</html>
```

(2) 在五个 if 语句后添加验证电子邮件地址。

```
if(!ereg("^([a-zA-Z0-9_-])+@([a-zA-Z0-9_-])+(\.[a-zA-Z0-9_-]{2,6})+",$_
POST['email'])){
    echo "Email 格式不正确。";
    exit;
}
```

(3) 添加验证日期格式。

```
$output=strtotime($_POST['birthday']);
if($output===false){
    echo "日期格式不正确";
    exit;
}
```

(4) 添加验证主页 URL。

```
if(!eregi("^((http|https|ftp)://)?([[:alnum:]\-\.])+(\.)([[:alnum:]]){2,6}
([[:alnum:]/+=%&_\.~?\-]*)$",$_POST['web'])){
        echo "主页格式不正确。";
        exit;
    }
```

(5) 出生日期显示的部分,使用 date()函数,格式化显示日期。

```
echo date('Y 年 m 月 d 日',$output);
```

(6) 个人简介的多行文本框显示,需要经过一系列的 HTML 输入处理。

```
$more=stripslashes($_POST['more']);
$more=htmlspecialchars($more);
$more=str_replace(" "," ",$more);
echo nl2br($more);
```

首先使用 stripslashes()函数删除魔术引用产生的反斜杠,然后使用 htmlspecialchars()函数对各种特殊字符转变成 HTML 实体格式,因此任何双引号都会被转变为""","＜"和"＞"则分别变成"<"和">"。

然后使用 str_replace()转换空格字符，使用 nl2br()函数把回车符转变成一个 HTML 的“
”标签。

(7) 其他部分代码不变，将该页另存为 handle_regist.php，并在 Web 浏览器中测试它们(参见图 6-15 和图 6-16)。

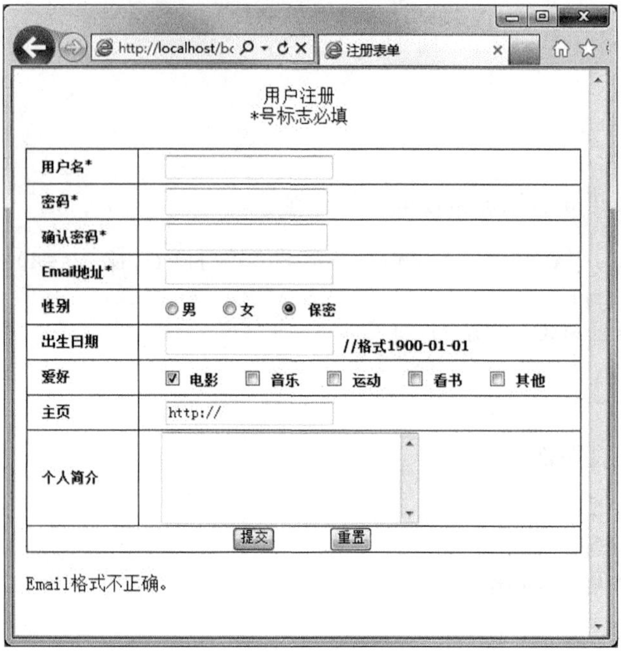

图 6-15 如果有数据与正则表达式不匹配，则会显示错误信息

图 6-16 多行输入框中的特殊字符及输入格式都被正常显示

htmlspecialchars()和 htmlentities()函数都可以带一个可选参数，指示应该如何处理引号。查阅 PHP 帮助手册，可了解特定细节。strip_tags()函数甚至会清除无效的

HTML 标签，这些标签可能会引发问题。nl2br()函数是一个与安全无关但相当有用的函数。

同时，依据经验，仅当使用任何其他函数或技术都不能完成手头的任务时，才应该使用正则表达式，尽管这个示例演示了如何编写和执行自己的正则表达式，但是实际需要时，搜索因特网可以找到众多已经可用的示例。

本章小结

本章讨论了在 PHP 环境中表单的基本构成、原理，并且对用户表单提交的处理方法，数据验证等做了详细讲述。

重点回顾

1. 如何创建表单及表单控件元素。
2. 使用超全局变量 $ _POST 和 $ _GET 获取表单输入。
3. 开发安全有效的代码，验证表单数据。

本章实训

【实训 1】

新建 login_get. html 和 handle_get. php 两个页面，在 login_get. html 中添加注册表单，效果如图 6-17 所示，将该表单的数据使用 get 方法提交给 handle_get. php 页面。

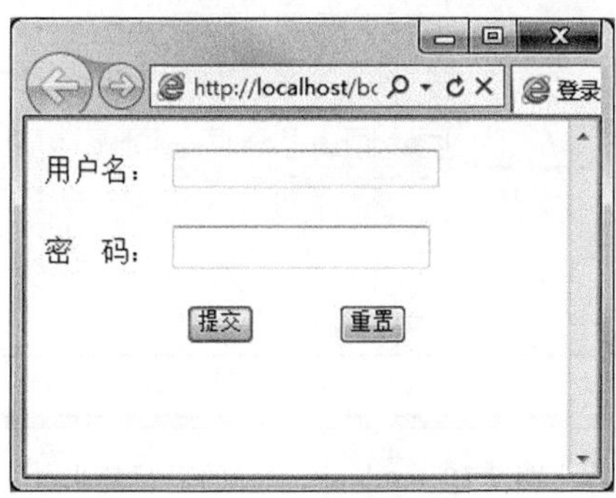

图 6-17　login_get. html 的运行效果

【实训 2】

新建 login_post. php 页面，添加注册表单，效果同实训 1，将该表单的数据使用 post 方法提交，在 login_post. php 这个页面中分别完成显示表单和处理表单，要求未提交表单时显示表单，提交表单后不再显示表单，只显示提交的内容。

【实训 3】

将第 3 章实训 2 的 99. php 另存为 nn. php，实现 NN 乘法表，将算法写成函数，并通过文本框输入的变量传递参数，验证是否输入为数字（提示：使用 intval 函数），验证正确后将结果输出为表格格式。网页运行效果如图 6-18 所示。

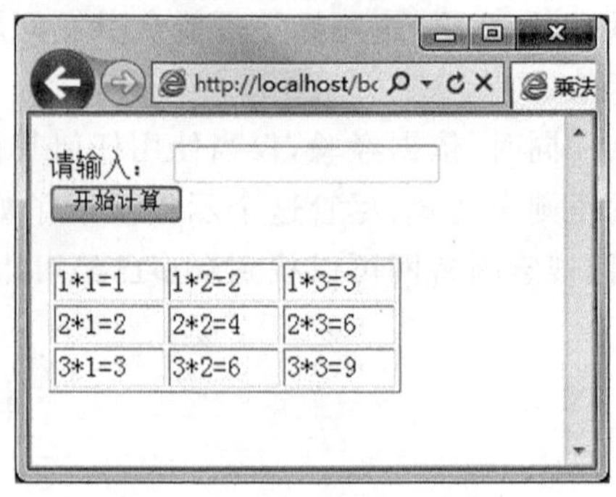

图 6-18 nn. php 的运行效果

【实训 4】

新建 submit. php，完成表单综合开发，具体要求：

（1）表单界面设计结合本章的脚本 6-5 及第 3 章的脚本 3-2，将生日设计为下拉菜单，如图 6-19 所示。

图 6-19 submit. php 的运行效果

（2）将显示表单与处理表单的代码写在同一个 php 文件中，验证表单是否提交。

（3）验证必填项目是否为空，验证两次密码是否相同。

（4）验证 email 和 URL 的有效性。

（5）有效处理 HTML 输入。

第 7 章　创建动态 Web 站点

在掌握 PHP 的基本知识之后，就可以开始构建真正的动态 Web 站点。与最初的静态 Web 站点相比，动态 Web 站点更容易维护，能更快地对用户做出响应，并且内容能够改变以响应不同的情况。本章讨论使用 PHP 来进行文件处理。在 Web 应用程序中，将数据存储在服务器上特别有用，因为这样可以使数据持久保存。博客、客户名册、反馈页面都需要使用服务器上的文件。本章将介绍三个新应用，它们都常用于创建更复杂的 Web 应用程序。

7.1　包含多个文件

到此为止，本书中的每个脚本都由单个文件组成，它包含所有需要的 HTML 和 PHP 代码。但是，在开发更复杂的 Web 站点时，将看到这种方法有很多局限性。PHP 可以很容易地利用外部文件，从而能够把脚本分成各个不同的部分。我们可以频繁地使用外部文件，从 PHP 中提取 HTML，或者分离出常用的过程。

7.1.1　包含外部文件函数

在没有介绍包含外部文件功能之前，当创建了一个真正有用的函数，只能选择将这个函数粘贴到需要使用它的每个文档中。如果发现一个漏洞(bug)或者想要添加一项功能，也必须找到包含的每个页面并且修改它，一次又一次地重复。若使用外部包含函数，则不必这么烦琐。可以把新创建的函数添加到一个单独的文档中，例如 myinclude. php，然后，在运行的时候，将其读入到需要它的任何页面。

PHP 有 4 个用于外部文件的函数：include()、include_once()、require()和 require_once()。这些函数能够把其他文件，通常是其他 PHP 脚本包含到 PHP 文档中。这些包含的文件中的 PHP 代码就好像是主文档的一部分一样来执行，这对于在多个页面中包含代码库是很有用的。

这 4 个函数的用法相同，PHP 脚本中将包括如下代码行：

```
include_once('filename.php');
require('/path/to/filename.html');
```

使用其中任何一个函数的最终结果都是，获取包含文件(included file)的所有内容，并在那一刻从父脚本(调用该函数的脚本)中删除该文件。包含文件的一个重要属性是，PHP将把包含代码视作HTML(即直接把它发送到浏览器)，除非它包含PHP标签内的代码。

从功能上讲，包含文件使用什么扩展名无关紧要，它可以是.php或.html。不过，通过给文件提供一个象征性的名称有助于传达其目的(例如，HTML的包含文件可能使用.inc，或.html)。

7.1.2 绝对路径与相对路径

在引用任何外部项目(它可以是PHP中的包含文件、HTML中的CSS文档或者图像)时，可以选择使用绝对路径或相对路径。绝对路径从计算机的根目录开始指出文件的位置。不管引用(父)文件的位置是什么，这种路径总是正确的。例如，PHP脚本可以使用如下代码包含文件：

```
include('C:/php/includes/file.php');
include('/usr/xyz/includes/file.php');
```

假定file.php存在于指定的位置，这种包含方式将会有效(除非有任何许可或权限问题)。上述两个分别是Windows系统下和类UNIX系统下的绝对路径，绝对路径总是以像C:/或/这样的内容开头。

相对路径使用引用(父)文件作为起点。要移到上一级文件夹，可以一起使用两个句点。要移到一个文件夹中，可使用其名称后面接着一个斜杠。假定当前脚本位于www/ex1文件夹中，如果想在www/ex2中包含一些内容，代码如下：

```
include('../ex2/file.php');
```

相对路径将保持准确，即使移到另一个服务器上，只要文件保持它们的当前关系即可。

7.1.3 include()和require()的区别

include()和require()函数在正确工作时完全一样，但是在它们失败时会表现得有所不同。如果include()函数不工作(由于某种原因而不能包含文件)，就会向Web浏览器打印一个警告，如图7-1所示，但是脚本会继续运行。如果require()失败，就会打印一个错误，并且脚本会中止运行，如图7-2所示。

这两个函数还有一个*_once()版本，它们保证处理的文件只会被包含一次，而不管脚本可能(假定不经意地)试图包含它多少次。

```
require_once('filename.php');
include_once('filename.php');
```

7.1.4 站点文件结构

在Web应用程序中使用多个文件时，总体站点结构将变得更重要。在对站点进行布

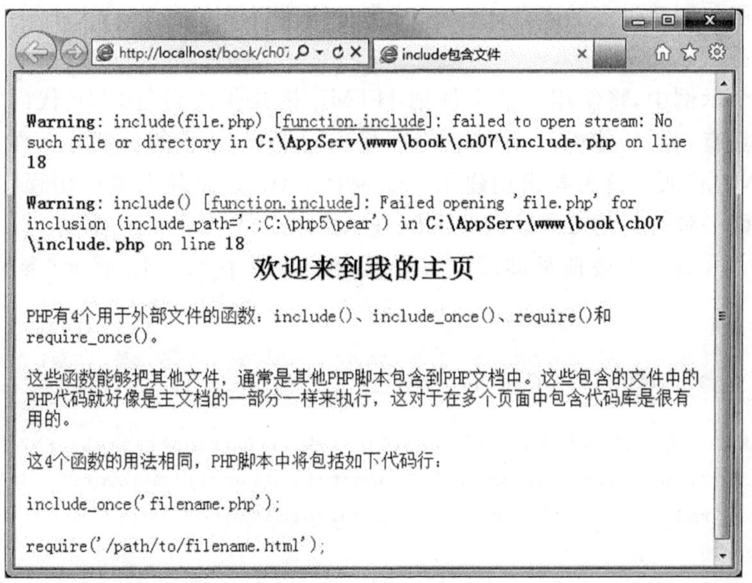

图 7-1 include()调用失败生成这 2 条警告，但是余下的页面会继续执行

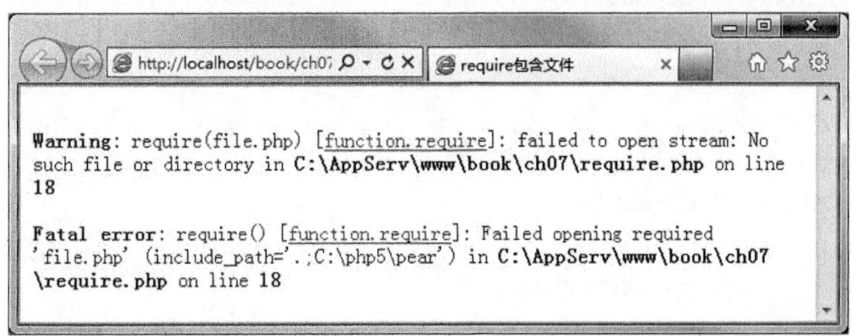

图 7-2 require()函数调用失败将会打印一个致命错误，并中止脚本的执行

局时，需要考虑 3 个事项：

- 易于维护。
- 安全性。
- 便于用户导航。

使用外部文件保存核心代码(即 PHP 代码)、CSS、JavaScript 和 HTML 设计，将极大地改进维护站点的简易性，因为共同编辑的代码都放置在一个中央位置。例如建立 includes 或 templates 目录来存储这些文件，将其与主要的脚本(直接在 Web 浏览器中访问它们)隔离开。

建议为安全性不成问题的文档(如 HTML 模板)使用.inc 或.html 文件扩展名，为那些包含更多敏感数据(如数据库访问信息)的文档使用.php 扩展名。也可以同时使用.inc 和.html 或.php，以将一个文件明显地指定为某种类型的包含文件，如 db.inc.php 或 header.inc.html。

最后，尽力将站点构造成便于用户通过单击链接以及手动输入 URL 来进行导航的形式。尽量避免创建过多的嵌套文件夹，或者使用难以输入的、包含大小写字母以及各种标点符号的目录名和文件名。

在下一个示例中，将使用包含文件把 HTML 格式化代码与 PHP 代码隔开。这样，这些页面将具有相同的外观，就好像它们都是相同 Web 站点的一部分一样，而不必每次都重写 HTML 代码。这种技术创建了一个模板系统，这是使大型应用程序具有一致性和可管理性的一种容易的方式。这些示例关注的焦点是 PHP 代码本身。

(1) 在文本编辑器或所见即所得编辑器中设计一个 HTML 页面(参见脚本 7-1 和图 7-3)。

脚本 7-1 Web 页面的 HTML 模板。

```
<!DOCTYPE html PUBLIC "-//W3C//DTD XHTML 1.0 Transitional//EN"
"http://www.w3.org/TR/xhtml1/DTD/xhtml1-transitional.dtd">
<html xmlns="http://www.w3.org/1999/xhtml">
<head>
<meta http-equiv="Content-Type" content="text/html; charset=gb2312" />
 <title>欢迎光临</title>
<link href="includes/layout.css" rel="stylesheet" type="text/css" />
</head>

<body>
<div id="wrapper">
    <div id="content">
        <div id="nav">
            <h3>请选择</h3>
            <ul>
            <li class="navtop"><a href="index.php" title="首页">首页</a>
           </li>
            <li><a href="blog.php" title="博客">博客</a></li>
            <li><a href="images.php" title="相册">相册</a></li>
            <li><a href="register.php" title="注册">注册</a></li>
            </ul>
        </div>

        <h1 id="mainhead">父标题</h1>
        <p>主要内容</p>
        <p>主要内容</p>
        <p>主要内容</p>
        <p>主要内容</p>
        <h2>子标题</h2>
        <p>主要内容</p>
        <p>主要内容</p>
        <p>主要内容</p>
```

```
            <p>主要内容</p>
        </div>

        <div id="footer"><p>&copy; Copyright 2014</p></div>
    </div>

    </body>
    </html>
```

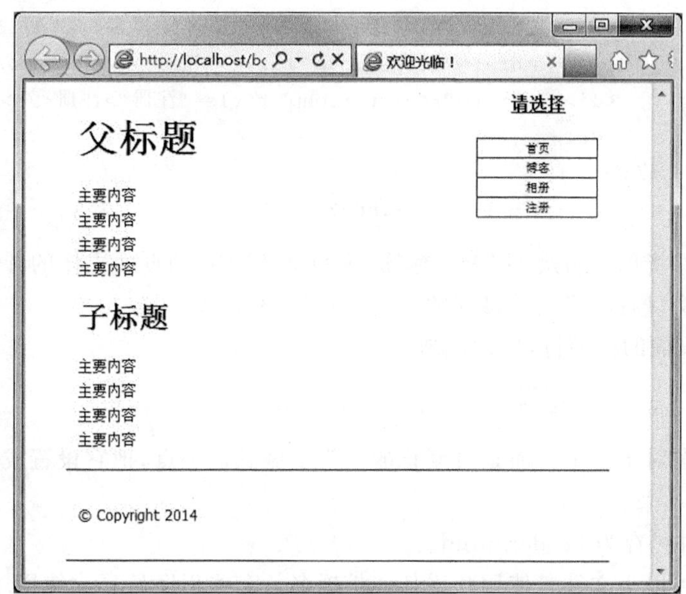

图 7-3　未使用任何 PHP 代码的 HTML 与 CSS 设计

要开始为 Web 站点创建一个模板，可以像标准 HTML 页面那样设计布局，它独立于任何 PHP 代码。

为了节省篇幅，此处不再给出本示例的 CSS 文件（它控制布局）。你可以不使用该文件，模板仍会工作，只是它看起来不那么美观。

(2) 复制从布局源代码的第一行到紧接着特定于页面的内容之前的所有内容，并将其粘贴到一个新文档中（参见脚本 7-2）。

脚本 7-2　每个 Web 页面的初始 HTML 代码将存储在头文件中。

```
<!DOCTYPE html PUBLIC "-//W3C//DTD XHTML 1.0 Transitional//EN"
"http://www.w3.org/TR/xhtml1/DTD/xhtml1-transitional.dtd">
<html xmlns="http://www.w3.org/1999/xhtml">
<head>
<meta http-equiv="Content-Type" content="text/html; charset=gb2312" />
 <title><?php echo $page_title;?></title>
<link href="includes/layout.css" rel="stylesheet" type="text/css" />
```

```
</head>

<body>
<div id="wrapper">
    <div id="content">
        <div id="nav">
            <h3>请选择</h3>
            <ul>
            <li class="navtop"><a href="index.php" title="首页">首页</a></li>
            <li><a href="blog.php" title="博客">博客</a></li>
            <li><a href="images.php" title="相册">相册</a></li>
            <li><a href="register.php" title="注册">注册</a></li>
            </ul>
        </div>
        <!--script7-2-header.html>
```

第一个文件将包含初始 HTML 标签，从 DOCTYPE 到页面主体的开始处，它还具有用于在浏览器窗口右侧建立链接列的代码，如图 7-3 所示。

(3) 更改页面的标题行，以便读取。

```
<title><?php echo $page_title; ?></title>
```

页面的标题对于各个页面是可变化的。为了做到这一点，把它设置成一个变量，通过 PHP 将其打印出来。

(4) 将文件另存为 header. html。

包含文件可以为文件名使用几乎任何扩展名。有些程序员喜欢使用. inc 指示一个文件将被用作包含文件。在这种情况下，也可以使用. inc. html，这指示它既是一个包含文件，又是一个 HTML 文件，将其与全部由 PHP 代码组成的包含文件区分开。

(5) 复制原始模板中从特定于页面的内容末尾到页面末尾的所有内容，并将其粘贴到一个新文件中(参见脚本 7-3)。

脚本 7-3 用于每个 Web 页面的最终 HTML 代码将存储在这个页脚文件中。

```
    <!--Script 7-3 -footer.html -->
   <div id="footer"><p>&copy; Copyright 2014</p></div>
</div>

</body>
</html>
```

页脚文件包含用于页面主体的余下格式化代码，包括页面的版权信息、日期等页脚信息，之后关闭 HTML 文档。

(6) 将文件另存为 footer. html。

(7) 在文本编辑器中创建一个新的 PHP 文档(参见脚本 7-4)。

脚本 7-4　这个脚本使用存储在外部文件中的模板生成一个完整的 Web 页面。

```
<?php #Script 7-4 - index.php
   $page_title='欢迎光临!';
   include('./includes/header.html');
?>
         <h1 id="mainhead">父标题</h1>
         <p>主要内容</p>
         <p>主要内容</p>
         <p>主要内容</p>
         <p>主要内容</p>
         <h2>子标题</h2>
         <p>主要内容</p>
         <p>主要内容</p>
         <p>主要内容</p>
         <p>主要内容</p>
<?php
   include('./includes/footer.html');
?>
```

因为这个脚本将为其大部分 HTML 格式化代码使用包含文件，所以可以使用 PHP 标签(而不是 HTML 标签)来开始和结束文件。

(8) 设置 $ page_title 变量，并且包含 HTML 头文件。

```
$page_title='Welcome to this Site!';
include('./includes/header.html');
```

$ page_title 将允许我们为使用这个模板系统的每个页面设置一个新的标题。因为在包含头文件之前建立了这个变量，所以头文件将能够访问它。记住：include()这一行具有把包含文件的内容放入该页面中这个位置的作用。

(9) 关闭 PHP 标签，并从模板上复制特定于页面的内容。

```
?>
    <h1 id="mainhead">父标题</h1>
    <p>主要内容</p>
    <p>主要内容</p>
    <p>主要内容</p>
    <p>主要内容</p>
    <h2>子标题</h2>
    <p>主要内容</p>
    <p>主要内容</p>
    <p>主要内容</p>
    <p>主要内容</p>
```

可以使用 echo()把这段信息发送给浏览器，但是因为这里没有动态内容，暂时退出

PHP 标签将会使操作更容易、更高效。

(10) 创建最终的 PHP 部分,并包含页脚文件。

```
<?php
    include('./includes/footer.html');
?>
```

(11) 将文件另存为 index.php,并上传到 Web 服务器。

(12) 在与 index.php 相同的文件夹中创建一个 includes 目录。然后把 header.html、footer.html 和 layout.css 这几个文件放到这个目录中。

(13) 通过 Web 浏览器进入 index.php 页面,来测试模板系统(参见图 7-4)。

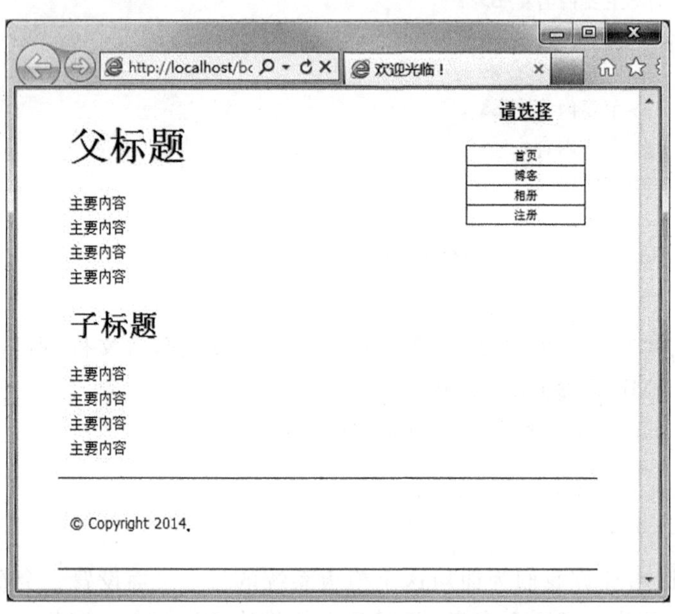

图 7-4 现在使用 PHP 中的外部文件创建了相同的布局

index.php 页面是这个模板系统的最终结果,我们不必直接访问任何包含文件,因为 index.php 将负责纳入它们的内容。

在 php.ini 文件中,可以调整 include_path 设置,它指示是否允许 PHP 检索包含文件。

一种最佳实践是,当引用与父(包含)文件相同目录内的文件时,可使用./filename 语法。存储在父文件之上目录中的文件将使用路径../filename 来包含,存储在父文件之下目录中的文件将使用./directory/filename 来包含。

可以使用相对路径或绝对路径包含文件

```
include('/path/to/filename');
```

7.2 PHP上传文件的原理与实现

7.2.1 利用PHP上传文件

文件的上传也是Web应用程序文件操作中一个很重要的组成部分。因为大部分文件存在于用户客户端的机器上，如果要想让其他用户访问则必须要把它上传到服务器。如图片网站上传图片、软件下载站需要上传软件、音乐站点需要上传MP3音乐文件等。PHP也提供了对文件上传的支持。

与使用PHP处理任何HTML表单一样，上传文件有两个过程：首先，必须显示HTML表单，用正确的代码运行文件上传；然后，在提交表单时，PHP脚本必须把上传的文件复制到正确的路径。

为了让这个过程顺利进行，必须做好以下的准备工作：

- 必须运行具有正确设置的PHP。
- 必须存在具有正确权限的临时存储目录。
- 必须存在具有正确权限的最终存储目录。

这些条件都满足后，方可确保文件上传功能正常工作。

1. 允许文件上传

正确设置PHP才能处理文件上传，在php.ini文件中有多个设置，它们规定了PHP如何处理上传，包括可以上传多大的文件，以及应该把上传的文件临时存储在什么位置。一般来说，不需额外设置即可实现上传，但是如果需要上传非常大的文件(超过2MB)，就必须要修改php.ini。

在php.ini文件的File Uploads区域中，如图7-5所示，具有四个能够控制PHP如何处理文件上传的指令。这些指令和默认值及其相关描述如表7-1所示。

```
;;;;;;;;;;;;;;;;
; File Uploads ;
;;;;;;;;;;;;;;;;

; Whether to allow HTTP file uploads.
file_uploads = On

; Temporary directory for HTTP uploaded files (will use system default if not
; specified).
;upload_tmp_dir =

; Maximum allowed size for uploaded files.
upload_max_filesize = 2M
```

图7-5 php.ini设置会影响是否能够管理PHP中的文件上传

根据需求设置php.ini文件后，需要重新启动Web服务器使之生效。同时考虑到大文件上传容易造成网络超时的情况，还可能需要在php.ini文件中更改max_execution_time的值，或者在脚本中使用set_time_limit($TimeLimit)来加大超时限制时间。

表 7-1 php.ini 中关于文件上传的设置指令

指令	描述	默认值
file_uploads	控制是否允许 HTTP 方式的文件上传。允许值为 On 或 Off	ON(启用)
upload_tmp_dir	指定上传的文件在被处理之前的临时保存目录。如果没有设置该选项，将使用系统默认值	NULL
upload_max_filesize	控制允许上传的文件最大大小。如果文件大小大于该值，PHP 将创建一个文件大小为 0 的占位符文件	2M
post_max_size	控制 PHP 可以接受的，通过 POST 方法上传数据的最大值。该值必须大于 upload_max_filesize 设置值，因为它是所有 POST 数据的大小，包括了任何上传的文件	8M

2. 保证文件夹权限的安全

文件上传需要两个文件夹：临时目录和最终目的文件夹。PHP 将把上传的文件先存储到临时目录 upload_tmp_dir 中，直到 PHP 脚本把它移动到最终目的地址为止。因此，对于这两个文件夹，Web 用户必须具有写至该文件夹的权限。

如果服务器是 Windows 的系统，那么默认的系统临时文件夹为 C:\WINDOWS\TEMP\，如果服务器是类 UNIX 系统，那么默认的系统临时文件夹为/tmp。不管是 Windows 还是 UNIX，系统临时文件夹的权限都已开放，对于 Web 用户来说是具有可写权限的。

上传的最终目的文件夹是由用户定义的，我们可以在这个文件夹建立在站点目录中，例如，uploads 文件夹，并为该文件夹设定允许每个人可读可写的权限。

需要注意的是，在 uploads 文件夹上设置的权限——每个人可读可写，是相当不安全的。确切地讲，任何人现在都可以移动、复制或写文件到 uploads 文件夹中(假定他们知道它存在)。恶意用户可以写一个 PHP 脚本到 uploads 目录中，然后在 Web 浏览器中运行这个脚本，从事破坏活动。

所以，出于安全考虑，首要选择是把上传的文件存储在 Web 目录之外，这样做将拒绝用户直接访问文件，并避免把具有宽松权限的文件夹放在公开可访问的位置。但是这样做也可能会引起上传文件无法访问的问题。

如果必须保持 uploads 文件夹公开可访问，就需要调整权限。出于安全考虑，理想情况下只希望允许 Web 服务器用户读、写和浏览这个目录。如果使用的 Web 服务器是 Apache，还可以使用一个.htaccess 文件来限制对 uploads 文件夹的访问。例如，可以声明该文件夹中只有图片文件是公开可查看的，这意味着即使把 PHP 脚本放在那里，它也不能执行。可以在线查找关于如何使用.htaccess 文件的信息。

当然，提高安全性通常会降低方便性。对于本章的示例，实际上没有关注安全性，而只考虑了能够轻松演示文件上传过程的方便性。而对于开发者来说，需要知道潜在的风险，并最大限度地减少风险。

7.2.2 $_FILES 数组结构

PHP 是通过 Web 表单中的 FILE 组件来实现文件上传的。PHP 的文件上传主要是利用 form 表单提交一个 FILE 对象给服务器。其中 FILE 对象必须包含 Multipart/form-data 的 entype 属性。

在 PHP 脚本中，需要处理的数据保存在超级全局数组 $ _FILES 中，数组将具有如表 7-2 所示的内容。

表 7-2　$ _FILE 数组元素

索　引	含　义
name	文件的原始名称(与它在用户计算机上的名称一样)
type	文件的 MIME 类型，就像浏览器所提供的那样
size	上传文件的大小，以字节为单位
tmp_name	在服务器上存储上传文件是它的临时路径，包含临时文件夹与文件名
error	在上传过程中任何问题相关的错误代码

文件上传过程中，PHP 将随文件信息数组一起返回一个对应的错误代码。如果上传失败，可以通过检查错误代码的值来推断错误发生的原因。该代码可以在文件上传时生成的文件数组中的 error 字段中被找到，例如，$ _FILES['userfile']['error']。错误代码为 0～4、6 和 7，注意没有代码 5。它的详细情况如表 7-3 所示。

表 7-3　$ _FILE['error']错误代码含义

错误代码	含　义
0	没有错误发生，文件上传成功
1	上传的文件超过了 php. ini 中 upload_max_filesize 选项限制的值
2	上传文件的大小超过了 HTML 表单中 MAX_FILE_SIZE 选项指定的值
3	文件只有部分被上传
4	没有文件被上传
6	找不到临时文件夹
7	文件写入失败

如果已经知道上传文件的位置及其名称，现在，就可以将其复制到其他有用的地方。在脚本执行结束前，这个临时文件将被删除。因此，如果要保留上传文件，必须将其重命名或移动。一旦 PHP 脚本接受了文件，move_uploaded_file()函数就可以把它从临时目录传输到最终目的位置。

```
move_uploaded_file("临时目录","目的位置");
```

如果移动成功，那么就会把该文件的临时版本移动到其新目的地。

7.2.3　上传综合范例

在这个范例中，将让用户选择他们本地计算机上的一个文件，将其上传存储在站点目录的 uploads 文件中，同时脚本将检查文件大小及类型是否符合要求，要求文件大小不超过 512kb 且必须是图片。

既然服务器已经设置成适当地允许文件上传，就可以创建执行实际文件处理的 PHP 脚本。脚本分为两个部分：HTML 表单和 PHP 代码。

1. 文件上传的 HTML 表单

(1) 在文本编辑器中创建一个新的 HTML 文档(参见脚本 7-5)。

脚本 7-5 创建上传表单。

```
<!DOCTYPE html PUBLIC "-//W3C//DTD XHTML 1.0 Transitional//EN"
"http://www.w3.org/TR/xhtml1/DTD/xhtml1-transitional.dtd">
<html xmlns="http://www.w3.org/1999/xhtml">
<head>
<meta http-equiv="Content-Type" content="text/html; charset=gb2312" />
 <title>上传图片</title>
</head>
<body>

<form enctype="multipart/form-data" action="upload_image.php"  method="post">
<input type="hidden" name="MAX_FILE_SIZE" value="524288" />
<fieldset><legend>请选择一张 JPEG、PNG 或 GIF 格式的图片上传:</legend>
<p><b>头像:</b><input type="file" name="upload" /></p>
</fieldset>
<div align="center"><input type="submit" name="submit" value="上传" />
</div>
 </form>
 </body>
 </html>
```

(2) 这个表单非常简单，但是它包含上传文件所需的 3 个部分：

- 开头表单标签的 enctype 部分指示表单应该能够处理多种类型的数据，包括文件。注意，表单必须使用 post 方法提交。
- MAX_FILE_SIZE 隐藏字段用于限制所选的文件可以为多大(以字节为单位)，并且必须在文件输入框之前。
- file 输入类型将在表单中创建文件浏览按钮。

(3) 创建提交按钮，并结束表单，完成页面。将文件另存为 upload_form. html，并在 Wcb 浏览器中测试它们(参见图 7-6)。

特别注意，遗漏了 enctype 表单属性是文件上传失败的常见理由。MAX_FILE_SIZE 是浏览器中对于文件大小的一种限制，尽管并非所有的浏览器都会遵守这个限制。PHP 配置文件有它自己的限制。

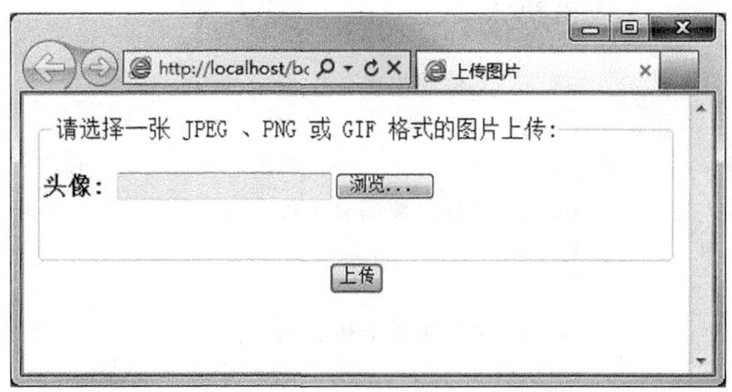

图 7-6　上传文件的 HTML 表单

2. 编写处理文件的 PHP

编写获取上传文件的 PHP 代码是相当直观和简单的。

(1) 在文本编辑器中创建一个新的 PHP 文档，从 HTML 开始(参见脚本 7-6)。

脚本 7-6　允许用户上传一个图像到服务器，并正确显示它。

```
<!DOCTYPE html PUBLIC "-//W3C//DTD XHTML 1.0 Transitional//EN"
"http://www.w3.org/TR/xhtml1/DTD/xhtml1-transitional.dtd">
<html xmlns="http://www.w3.org/1999/xhtml">
<head>
<meta http-equiv="Content-Type" content="text/html; charset=gb2312" />
 <title>上传图片</title>
</head>
<body>

<?php #Script 7-6 -upload_image.php
if(isset($_FILES['upload'])){
  if($_FILES['upload']['error']==2){
      echo '<p><font color="red">请上传一个小于 512K 的图片。</font></p>';
  }else{
    $allowed=array('image/jpg','image/jpeg','image/png','image/pjpeg','image/gif','image/x-png');
    if(in_array($_FILES['upload']['type'], $allowed)){
        if(move_uploaded_file($_FILES['upload']['tmp_name'], "uploads/ {$_FILES['upload']['name']}")){
            echo '<p>文件已被上传。</p>';
            echo "<img src=\"uploads/{$_FILES['upload']['name']}\" />";
        } else {
            echo '<p><font color="red">文件上传有误：</b>';
            switch($_FILES['upload']['error']){
                case 1:
                    echo '文件超出 php.ini 中 upload_max_filesize 指定大小。';
```

```
          break;
        case 2:
          echo '文件超出表单中设定的 MAX_FILE_SIZE 的指定大小。';
          break;
        case 3:
          echo '文件仅被部分上传。';
          break;
        case 4:
          echo '文件未被上传。';
          break;
        case 6:
          echo '没有可用的临时文件夹。';
          break;
        default:
          echo '系统错误。';
          break;
      }
      echo '</b></font></p>';
    }
  } else {
    echo '<p><font color="red">请选择图片格式文件上传。</font></p>';
    unlink($_FILES['upload']['tmp_name']);
  }
 }
}
?>

</body>
</html>
```

(2) 检查表单提交后，是否正确选择一个文件。

```
if(isset($_FILES['upload'])){
```

因为这个表单没有其他的字段要验证，这是所需的唯一一个条件语句。

(3) 验证是否超出浏览器的 MAX_FILE_SIZE 大小。

```
if($_FILES['upload']['error']==2){
```

请特别注意这一个条件语句，当设定浏览器的 MAX_FILE_SIZE 小于 php.ini 中 upload_max_filesize 的值，并且上传文件大于 MAX_FILE_SIZE 的值，但小于 PHP 配置文件 php.ini 中 upload_max_filesize 指定大小的值时，也会创建 $_FILE 数组，但不会进行上传，$_FILE 数组的['name']元素将存放上传文件名称，$_FILE 数组的['error']元素的值将会为 2，提示错误，而其他元素都为空。所以必须先做这个判断，然后再判断文件名等。但若是 MAX_FILE_SIZE 大于 php.ini 中 upload_max_filesize 的值，则无须执行这一条件判断。

(4) 检查上传的文件是正确的类型。

```
$allowed= array('image/jpg','image/jpeg','image/png', 'image/pjpeg', 'image/
gif', 'image/x-png');
if(in_array($_FILES['upload']['type'], $allowed)){
```

文件的类型是 MIME 类型，指示它是哪一类文件，浏览器将依赖于所需文件的属性来确定和提供这种信息。一般来说，大多数浏览器支持的图像通常具有 image/jpg、image/jpeg、image/png、image/pjpeg、image/gif 及 image/x-png 类型。为了验证文件类型，首先创建一个允许类型的数组。如果上传文件的类型在这个数组中，文件就是有效的，并且应该进行处理。

(5) 把文件复制到服务器上的新位置。

```
if(move_uploaded_file($_FILES['upload']['tmp_name'], "uploads /{$_FILES
['upload']['name']}")){
```

使用 move_uploaded_file()函数把临时文件移动到它的目的位置，即 uploads 文件夹中，该文件将保留其原始名称。若成功移动，该函数将会返回 True，所以应该总是使用一个条件语句来确认，而不是仅仅假设已移动。

(6) 显示成功信息，并显示刚上传的图片。

```
echo '<p>文件已被上传。</p>';
echo "<img src=\"uploads/{$_FILES['upload']['name']}\" />";
```

因为已知上传文件的最终位置，所以可以直接使用 HTML 的<img>标签来显示图片并指定图片的 URL。

(7) 如果文件不能被移动，则报告错误。

```
switch($_FILES['upload']['error']){
    case 1:
        echo '这个文件超出 php.ini 中设定的 upload_max_filesize 指定大小。';
        break;
    case 2:
        echo '这个文件超出表单中设定的 MAX_FILE_SIZE 的指定大小。';
        break;
    case 3:
        echo '文件仅被部分上传。';
        break;
    case 4:
        echo '文件未被上传。';
        break;
    case 6:
        echo '没有可用的临时文件夹。';
        break;
    default:
```

```
            echo '系统错误。';
            break;
    }
```

有多种可能的原因使得不能移动一个文件。这里的 switch 条件语句根据错误编号打印出问题。由于 $_FILES['upload']['error']变量可能并非总是具有一个值，所以增加了一种默认情况。

(8) 完成条件语句和 PHP 部分。

```
            } else {
                echo '<p><font color="red">请选择图片格式文件上传。</font></p>';
                unlink($_FILES['upload']['tmp_name']);
            }
        }
    }
    ?>
```

这个 else 语句结束类型 in_array()条件语句。如果文件不具有正确的类型，则打印一条出错信息。此外，还会使用 unlink()函数从服务器中删除上传在临时目录中的文件。

(9) 完成 HTML 页面，将文件另存为 upload_image.php，上传到 Web 服务器上与 upload_form.html 相同的目录中，并在 Web 浏览器中测试这两个文档(参见图 7-7、图 7-8 和图 7-9)。

图 7-7　上传文件超出 MAX_FILE_SIZE 的大小，提示错误

图 7-8　上传了无效的文件类型，提示错误

另外，可以利用 is_uploaded_file()函数来验证上传文件是否存在，还可以利用 mime_content_type()函数来检测文件的 MIME 类型。如果新上传的文件与原有的文件具有相同的名称，那么 move_uploaded_file()函数将覆盖原有的文件，而不会发出警告。

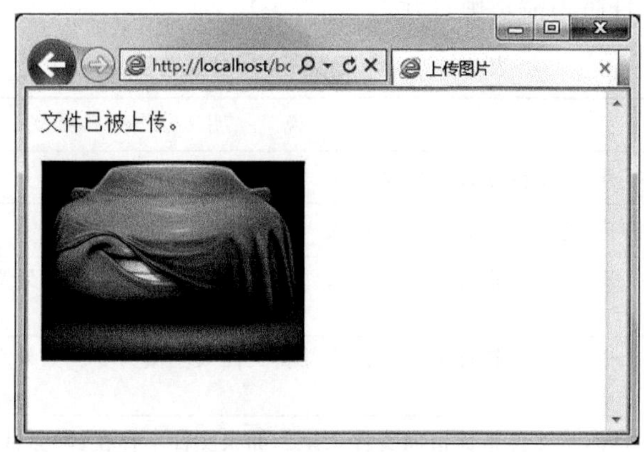

图 7-9　上传成功将显示该图片

7.3　项目训练——简易计数器设计

7.3.1　项目说明

网站计数器是 Web 应用程序的一项基本功能，用于统计使用网站或者应用程序的人数，可反映出网站或者应用程序的受欢迎程度，对于网站可信度的研究有一定的影响。本节将为网站创建一个访问者计数器。

网页看上去组织得很好并显示了图像和文本，但具体的底层结构实际上是由大量文件组成的，这些文件存储在有清晰结构的目录中。网站文件结构通常由在一个启用了服务器的计算机上运行并具有特定格式的文件组成。

可以使用 PHP 来查看当前计算机的内部结构。PHP 不仅可以有效地查看和浏览给定服务器的文件结构，在管理文件结构方面也不逊色。由于 PHP 能完成文件的创建、导航、删除和修改，所以它是动态维护 Web 目录的一个强大工具。PHP 在打开、关闭、读、写和处理文本文件方面能力很强，包括 HTML、JavaScript 和 XML 文件。

7.3.2　设计原理

1. 打开文件

使用一个文件时(不论是. txt 文件、. xml 文件，还是其他文件)，首先必须先打开它以便读取或写入，或者这两种任务都执行。PHP 提供了 fopen()函数来做到这一点。

fopen()函数语法如下：

```
fopen(filename,mode);
```

参数 filename 是必需的，指定了要打开的文件或 URL。

参数 mode 是必需，指定要求到该文件/流的访问类型。表 7-4 显示了打开一个文件的多种其他方法。如果没有向 fopen()函数提供 mode 参数来指定如何打开文件，PHP

会发出一个警告，文件将不能正确打开。

表 7-4 fopen 函数 mode 参数选项

mode	说　明
"r"	只读方式打开，将文件指针指向文件头
"r+"	读写方式打开，将文件指针指向文件头
"w"	写入方式打开，将文件指针指向文件头并将文件大小截为零。如果文件不存在，则尝试创建之
"w+"	读写方式打开，将文件指针指向文件头并将文件大小截为零。如果文件不存在，则尝试创建之
"a"	写入方式打开，将文件指针指向文件末尾。如果文件不存在，则尝试创建之
"a+"	读写方式打开，将文件指针指向文件末尾。如果文件不存在，则尝试创建之
"x"	创建并以写入方式打开，将文件指针指向文件头。如果文件已存在，则 fopen()调用失败并返回 FALSE，并生成一条 E_WARNING 级别的错误信息。如果文件不存在，则尝试创建之
"x+"	创建并以读写方式打开，将文件指针指向文件头。如果文件已存在，则 fopen()调用失败并返回 FALSE，并生成一条 E_WARNING 级别的错误信息。如果文件不存在，则尝试创建之

fopen()函数返回一个文件源，我们稍后可以使用它来操作打开的文件。

例如要打开一个文件以供读取：

```
$fp=fopen("test.txt", "r");
```

要打开一个文件以便写入：

```
$fp=fopen("test.txt", "w");
```

要打开一个文件以便添加内容，即在文件末尾添加数据：

```
$fp=fopen("test.txt", "a");
```

如果由于许多原因而不能打开文件，fopen()函数返回 false。因此，在使用文件之前测试函数的返回值，这是个不错的方法。我们可以使用一条 if 语句来做到这一点：

```
if($fp=fopen("test.txt", "w")){
    //处理文件
}
```

或者，如果一个基本文件无法打开，则可以使用一个逻辑操作符来结束执行：

```
($fp=fopen("test.txt", "w"))or die("对不起,无法打开文件。");
```

如果 fopen()函数返回 true，表达式的剩下部分将不会解析，并且 die()函数（该函数会向浏览器写入一条消息并结束脚本）不会执行。否则，or 操作符的右表达式将会解析，而且调用 die()函数。

很自然地，作为一个深思熟虑的开发人员，应该认识到可能会出现异常，因此必须验证异常情况以免出现意外。应当记住，要打开的文件必须有适当的权限许可，从而允许读或写，因此，如果使用的是 Linux 服务器，就应该使用 chmod 命令为文件授权，允许读文件。如果使用 Windows 服务器，则应当检查读/写权限设置。一般来说，如果不是特别关心一个特定文件的安全性，应把它设置为 777。不过，如果很关注某个给定可写文件的安全性，则应当考虑一种更高级的方法来保护这个文件(如 htaccess)。

2. 读文件

PHP 为读文件提供了很好的方法。不仅可以打开文件来读数据，还可以由 PHP 创建文件并打开这个文件。

从文本文件获取信息时，最常见的方法是使用函数 fgetc()、fgets()和 fread()。这些函数的用法很类似，不过各有优缺点，关键是要用其所长。在这里详细介绍最常见的 fread()函数，语法如下：

```
fread(file,length);
```

参数 file 是必需的，指定要读取打开文件，参数 length 也是必需的，规定要读取的最大字节数。

fread()从文件指针 file 读取最多 length 个字节。该函数在读取完最多 length 个字节数，或到达文件尾时就会停止读取文件，取决于先碰到哪种情况。

由于我们不知道访问的文件会有多大，所以可以结合使用 fread()函数和 filesize()函数(filesize()函数会返回当前文件的大小)，完整地读出当前文件的内容，从而考虑到所有可能性。例如：

```
$file=fopen("test.txt","r");
fread($file,filesize("test.txt"));
```

3. 写文件

使用文件时，还需要知道如何改变文件，也就是说，要知道如何写文件。类似于读文件，可以采用多种方法写文件。完成这个任务最常用的方法是使用 fwrite()函数，语法如下：

```
fwrite(file,string,length);
```

参数 file 是必需的，指定了要写入的打开文件。参数 string 指定了要写入文件的字符串。参数 length 是可选的，指定了要写入的最大字节数。

fwrite()把 string 的内容写入文件指针 file 处。如果指定了 length，当写入了 length 个字节或者写完了 string 以后，写入就会停止，取决于先碰到哪种情况。fwrite() 返回写入的字符数，出现错误时则返回 false。

4. 关闭文件

一旦使用完文件，最后要做的就是完成清理工作。所谓清理，是指必须关闭当前的文件指针。文件的关闭操作可以释放与文件相关的资源，而且避免之后代码中因为重复利用文件句柄变量而可能导致的冲突。

PHP 中关闭文件与打开文件同样简单，只需调用 fclose()方法，它会关闭文件指针链接。fclose()函数语法如下：

```
fclose(file);
```

参数 file 指定了要关闭的文件，file 参数是一个文件指针。fclose()函数关闭该指针指向的文件。如果成功则返回 true，否则返回 false。文件指针必须有效，并且是通过 fopen()成功打开的。

例如：

```
$file=fopen("test.txt","r");
//执行的一些代码...
fclose($file);
```

7.3.3 设计过程

下面来为网站创建一个访问者计数器，首先需要创建一个文件用于保存当前的访问量，这个文件可以是一个文本文件，例如，times.txt。

(1) 在文本编辑器中创建一个新的 PHP 文档，从 HTML 开始(参见脚本 7-7)。

脚本 7-7 访问文件，并将计数器加 1。

```
<!DOCTYPE html PUBLIC "-//W3C//DTD XHTML 1.0 Transitional//EN"
"http://www.w3.org/TR/xhtml1/DTD/xhtml1-transitional.dtd">
<html xmlns="http://www.w3.org/1999/xhtml">
<head>
<meta http-equiv="Content-Type" content="text/html; charset=gb2312" />
 <title>简易计数器</title>
</head>
<body>

<?php  #Script 7-8-counter.php
$fp=fopen("times.txt", "r");
$str=fread($fp, filesize("times.txt"));
$str++;
fclose($fp);
$fp=fopen("times.txt", "w");
fwrite($fp, $str);
fclose($fp);
?>

您是本站的第 <?php echo $str?>个访问者。
</body>
```

```
</html>
```

(2) 以读形式打开记录以往访问人数的文件 times.txt。

```
$fp=fopen("times.txt", "r");
```

(3) 从文件中读入数值。

```
$str=fread($fp, filesize("times.txt"));
```

由于我们不知道计数器会有多大,所以需结合使用 fread()函数和 filesize()函数(filesize()函数会返回当前文件的大小)完整地读出当前计数器,从而考虑到所有可能性。使用 fread()函数读入了计数器的当前值,现在将变量 $curvalue 赋为计数器的当前值。

(4) 计数器加 1。

```
$str++;
```

(5) 关闭文件。

```
fclose($fp);
```

(6) 重新以写的方式打开记录访问人数的文件 times.txt。

```
$fp=fopen("times.txt", "w");
```

(7) 把最新的访问人数写入文件。

```
fwrite($fp, $str);
```

(8) 再次关闭文件。

```
fclose($fp);
```

通过关闭文件指针链接作为读写操作的最终工作。如果做到了这一点,就能正确地输出当前计数。

(9) 完成 PHP 代码块,输出计数器数值。

您是本站的第 <? php echo $str? > 个访问者。

(10) 完成 HTML 页面,将文件另存为 counter.php,上传到 Web 服务器,并在 Web 浏览器中测试这个文档,如图 7-10 所示。

图 7-10 从文件中读取计数器

上述代码完成一个简易的计数器，每次刷新该页面，计数器会自动加一。

在文件操作过程中，需要注意的是，如果一个文件无法打开以便写入或读取，我们应该结束脚本执行。如果脚本绝对依靠我们想要使用的文件，应该使用 die()函数，向浏览器显示一条含有信息的错误消息。在重要程度较低的情况下，仍然需要考虑到失效，可能会考虑将其写入到一个日志文件中。

本章小结

在本章中，学习了如何使用 include()等函数(include_once()、require()和 require_once())来把文件包含到文档中，并且执行包含文件中的任何 PHP 代码。学习了如何读取文件、写入到文件，并完成了一个图像上传的范例。

重点回顾

1. 四个包含函数的用法。
2. PHP 上传文件方法。
3. 文件读写函数的应用。

本章实训

【实训 1】

修改第 6 章实训 3 的 nn. php，将写成函数的算法另外保持至外部包含文件，通过包含函数将代码包含进来，页面功能依然是使用文本框输入的变量传递参数，验证是否输入为数字(提示：使用 intval 函数)，验证正确后将结果输出为表格格式。

【实训 2】

新建 counterimg. php 页面，结合脚本 5-8 和脚本 7-8，实现计数器，并将数字替换为图片显示。

【实训 3】

修改第 6 章实训 4 submit. php，添加上传头像的功能，要求单击“注册”按钮后，显示用户的输入，并显示头像图片。网页效果如图 7-11 所示。

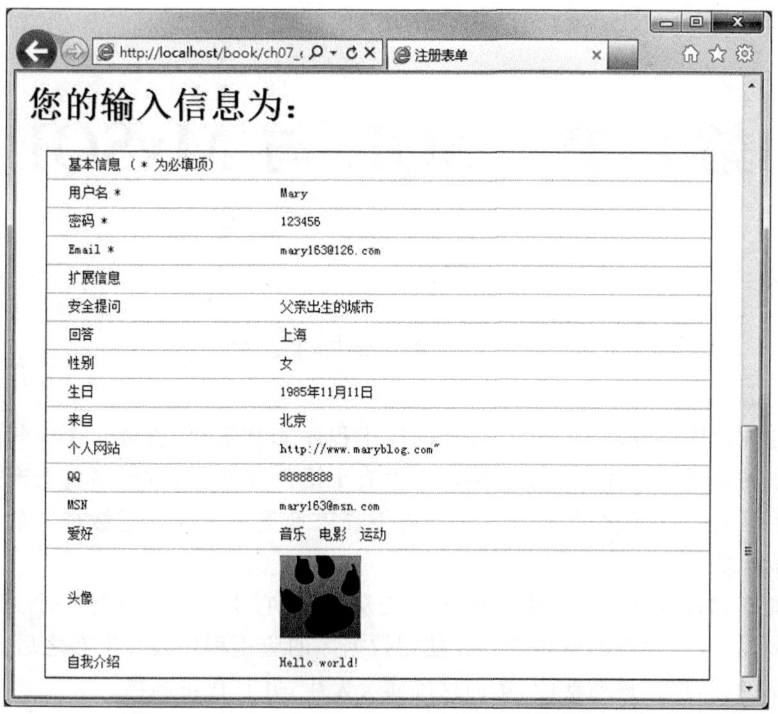

图 7-11 submit.php 的运行效果

第 8 章　SQL 与 MySQL

8.1　数据库设计

良好的数据库设计对于一个高性能的应用程序非常重要，就像一个空气动力装置对于一辆赛车的重要性一样。如果一辆汽车没有平滑的曲线，在行驶时将会产生阻力从而变慢。关系没有经过优化，数据库无法尽可能高效地运行。应该把数据库的关系和性能看作是规范化的一部分。

一个规划和设计良好的数据库的优点是众多的，它也证实了这样一个道理：前期做的工作越多，后面所要做的就越少。在使用数据库的应用程序公开发布之后，还要对数据库进行重新设计，这是最糟糕的，然而这确实会发生，并且代价高昂。

8.1.1　收集并分析数据需求

需求收集和分析是数据库设计的第一阶段，这一阶段收集到的基础数据和一组数据流图是下一步设计概念结构的基础。概念结构是整个组织中所有用户关心的信息结构，对整个数据库设计具有深刻影响。而要设计好概念结构，就必须在需求分析阶段用系统的观点来考虑问题、收集和分析数据及其处理方法或流程。

需求分析阶段的任务是通过详细调查现实世界要处理的对象（组织、部门、企业等），充分了解原系统的工作概况，明确用户的各种需求，然后在此基础上确定新系统的功能。新系统必须考虑今后可能的扩充和改变，不能今按照当前的应用需求来设计数据库。

调查的重点是“数据”和“处理”，通过调查要从中获得每个用户对数据库的如下要求：

(1) 信息要求。指用户需要从数据库中获得信息的内容与性质。由信息要求可以得出数据要求，即在数据库中需存储哪些数据。

(2) 处理要求。指用户要完成什么处理功能，对处理的响应时间有何要求，处理的方式是批处理还是连机处理。

(3) 安全性和完整性的要求。

为了很好地完成调查的任务，设计人员必须不断地与用户交流，与用户达成共识，以便逐步确定用户的实际需求，然后分析和表达这些需求。需求分析是整个设计活动的基础，也是最困难、最花时间的一步。

在实际开展需求分析工作时有两点需要特别注意：

第一，在需求分析阶段一个重要而困难的任务是收集将来应用所涉及的数据。若设计人员仅仅按当前应用来设计数据库,新数据的加入不仅会影响数据库的概念结构,而且将影响逻辑结构和物理结构,因此设计人员应充分考虑到可能的扩充和改变,使设计易于更改。

第二,必须强调用户的参与,这是数据库应用系统设计的特点。数据库应用系统和广泛的用户有密切的联系,其设计和建立又可能对更多人的工作环境产生重要影响。因此,设计人员应该和用户充分合作进行设计,并对设计工作的最后结果承担共同的责任。

8.1.2　逻辑地划分数据

设计包括通过可用的软件工具来利用在分析过程中所发现的知识,并判断分析结果所适用的场合。分析阶段决定应该创建的事物。设计阶段通过确定创建表的方法将分析结果进一步加以利用。这一阶段包括表、表的字段和数据类型。更为重要的是,设计阶段包括将所有要素联系在一起的方法。

分析是对表、表中的信息以及表与表之间的基本关系作出定义。将设计阶段的所有要素以最基本的形式联系在一起就是对参照完整性的精确定义。由于参照完整性(Referential integrity)是对表与表之间关系的加强,因此它是一种设计过程。表与表之间关系的最初建立是分析过程,而不是设计过程。

换言之,分析定义要做什么;设计则组织如何做。设计阶段引入数据库建模细化过程的概念,例如,规范化和非规范化。根据应用程序的构造,设计阶段将开始为前端用户进行"零碎"地定义,例如报表和图形用户界面(GUI)的屏幕。

以图形化方式构建表、添加字段、定义数据结构以及应用参照完整性。通过规范化和非规范化的过程可以达到细化的目的。

在开始使用 SQL 和 MySQL 之前,必须确定应用程序的需要,指定数据库设计。对于本章中的示例,将创建一个数据库,命名为 mydatabase,用于存储一些用户注册信息。该数据库将包含单独一张表 users,它包含用于存储用户 ID、姓名、电子邮件地址、密码和注册日期的列。表 8-1 显示了当前布局,并且为列标题使用 MySQL 的命名规则,即使用字母数字以及下划线,不含空格。

表 8-1　users 表将具有 5 列,用于存储各种记录,如这里的示例数据

列　名	示　例	列　名	示　例
user_id	050	email	mary@126.com
name	Mary	registration_date	2014-10-10 09:00:00
password	123456		

8.1.3　选择正确的数据类型

一旦确定了数据库所需的所有表和列,就应该确定每个字段的 MySQL 数据类型。

1. MySQL 数据类型

在创建数据库时,MySQL 要求定义每个字段将包含哪一类信息。主要有 3 类信息,对于几乎所有的数据库应用程序皆是如此。

- 文本。
- 数字。
- 日期和时间。

这些类型中的每一种都有许多可以使用的变体，其中有一些是MySQL特有的。正确选择列类型不仅指示可以存储什么信息，还会影响数据库的总体性能。表8-2列出了MySQL的大多数可用类型、它们占据多大的空间以及每种类型的简要描述。

表8-2 可用于定义列的常见MySQL数据类型

类 型	大 小	描 述
CHAR[Length]	Length字节	定长字段，长度为0～255个字符
VARCHAR[Length]	String长度+1字节	变长字段，长度为0～255个字符
TINYTEXT	String长度+1字节	字符串，最大长度为255个字符
TEXT	String长度+2字节	字符串，最大长度为65 535个字符
MEDIUMTEXT	String长度+3字节	字符串，最大长度为16 777 215个字符
LONGTEXT	String长度+4字节	字符串，最大长度为4 294 967 295个字符
TINYINT[Length]	1字节	范围：−128～127，或者0～255(无符号)
SMALLINT[Length]	2字节	范围：−32 768～32 767，或者0～65 535(无符号)
MEDIUMINT[Length]	3字节	范围：−8 388 608～8 388 607，或者0～16 777 215(无符号)
INT[Length]	4字节	范围：−2 147 483 648～2 147 483 647，或者0～4 294 967 295(无符号)
BIGINT[Length]	8字节	范围：−9 223 372 036 854 775 808～9 223 372 036 854 775 807，或者0～18 446 744 073 709 551 615(无符号)
FLOAT	4字节	具有浮动小数点的较小的数
DOUBLE [Length, Decimals]	8字节	具有浮动小数点的较大的数
DECIMAL [Length, Decimals]	Length+1字节或Length+2字节	存储为字符串的DOUBLE，允许固定的小数点
DATE	3字节	采用YYYY-MM-DD格式
TIME	3字节	采用HH:MM:SS格式
DATETIME	8字节	采用YYYY-MM-DD HH:MM:SS格式
TIMESTAMP	4字节	采用YYYYMMDDHHMMSS格式；可接受的范围终止于2037年
ENUM	1或2字节	enumeration(枚举)的简写，这意味着每一列都可以具有多个可能的值之一
SET	1、2、3、4或8字节	与ENUM一样，只不过每一列都可以具有多个可能的值

许多类型可以带有可选的 Length 属性，以限制它们的大小，其中方括号[]指示要放置在圆括号中的可选参数。应该记住，如果把一个长度为 5 个字符的字符串插入到一个 CHAR(2)字段中，就会截去最后 3 个字符。对设置了其长度的任何字段(CHAR、VARCHAR、INT 等)都是如此。因此，长度应该总是对应于可以存储的可能最大的值(对于数字)，或者可能最长的字符串(对于文本)。

需要特别说明的是 CHAR 与 VARCHAR：这两种类型都存储字符串，并且可以设置固定的最大长度。它们之间的一个主要区别是，存储为 CHAR 的任何内容将总是被存储为具有列长度的字符串，若不够指定的长度，则使用空格填充它。相反，VARCHAR 字符串只与存储的字符串本身一样长。

这意味着：

- VARCHAR 列倾向于占用较少的磁盘空间。
- 除非正在使用 InnoDB 表类型，否则 CHAR 列的访问速度比 VARCHAR 列要快一些。

当然，在大多数情况下无法感知这两种类型之间的速度和磁盘空间差别，并且随着 InnoDB 表类型变成一种规范，任何速度差别都会消失。

这两种类型之间还有第三种细微的差别，在检索数据时，MySQL 会删除 CHAR 列中多余的空格，而对于 VARCHAR 列，这种操作则发生在插入数据时。

如果字符串字段总是具有设置的长度(例如，状态简写)，则使用 CHAR；否则，使用 VARCHAR。不过，在某些情况下，MySQL 把某一列定义为一种类型(如 CHAR)，即使把它创建成另一种类型(VARCHAR)也是如此。这很正常，并且是 MySQL 提高性能的一种方式。

多种不同的日期类型具有各种独特的行为，MySQL 手册中有关于它们的文档。我们将不加修改地使用 DATE 和 TIME 字段，因此，不必过于关心它们的错综复杂的情况。

还有两种特殊类型——ENUM 和 SET——允许为字段定义一系列可接受的值。ENUM 列只能从数千个可能的值中取一个值，而 SET 允许从最多 64 个可能的值中取多个值。它们在 MySQL 中都是可用的，但是并非每一种数据库应用程序都支持它们。

另外，还有一个 BLOB 类型，它是 TEXT 的一个变体，允许在表中存储二进制文件(如图像)。这种类型还用于某些加密数据。

2. 选择列类型

(1) 确定某一列应该是文本、数字，还是日期类型(参见表 8-3)。

这一步通常比较容易和明显。若在文本字段中发现诸如邮政编码和货币金额之类的数字，其中包括了它们相应的标点符号(美元符号、逗号和连字符)，但是把它们存储为数字并在别的地方处理格式化效果，则将得到更好的结果。

(2) 为每一列选择最合适的子类型(参见表 8-4)。

在这个示例中，将把 user_id 设置为 INT，从而允许多达接近 430 万个值(如无符号数或非负数)。registration_date 将是 DATETIME，存储用户注册那一天的日期和特定的时刻。当在多种日期类型之间做出抉择时，要考虑是只想访问日期或时间，还是两者可能都想访问。

表 8-3　具有泛型数据类型的 users 表

列　　名	类　　型
user_id	数字
name	文本
password	文本
email	文本
registration_date	日期/时间

表 8-4　具有更具体数据类型的 users 表

列　　名	类　　型
user_id	INT
name	VARCHAR
password	CHAR
email	VARCHAR
registration_date	DATETIME

其他字段主要是 VARCHAR,因为它们的长度因记录而异。唯一的例外是密码,它是定长的 CHAR,这是因为将密码通过加密后再保存至数据库。

(3) 设置文本和数字列的最大长度(参见表 8-5)。

表 8-5　设置了长度属性的 users 表

列　　名	类　　型	列　　名	类　　型
user_id	INT	email	VARCHAR(50)
name	VARCHAR(20)	registration_date	DATETIME
password	CHAR(40)		

应该基于可能最大的输入,把任意字段的大小都限制为尽可能小的值。例如,如果最大的数(比如 user_id)可能是几百,则把该列设置成 3 位的 SMALLINT(允许最多 999 个值)。

3. 完成列的定义

在设计数据库时,需要考虑创建索引、添加键以及使用 AUTO_INCREMENT 属性。

(1) 确定主键。

主键可随意选择但特别重要。一般来说,它就是一个数,可用来引用特定记录。例如,电话号码没有固定值,但它是联系的独特方式。

在 users 表中,user_id 将作为主键:它是用于引用一行数据的任意数字。

(2) 确定哪些列不能有 NULL 值。

在这个示例中,每个字段都是必需的,即不能是 NULL。与之相对,如果要存储地址,则可能有 address_line1 和 address_line2 两列,其中后者是可选的。

(3) 如果一个数字类型永远不会存储负数,则可将其设置成 UNSIGNED 无符号数。

user_id(表示一个数字)是 UNSIGNED,它总为正。

(4) 为任何列创建默认值。

此处所有列在逻辑上都没有隐含一个默认值。

(5) 确认最终的列定义(参见表 8-6)。

在创建表之前,应该复查将要存储的数据的类型和范围,确保让数据库有效地涵盖各个方面的情况。

表 8-6 users 表的最终描述,其中 user_id 将被标记为自动递增的主键

列 名	类 型	列 名	类 型
user_id	INT UNSIGNED NOT NULL	email	VARCHAR(50) NOT NULL
name	VARCHAR(20) NOT NULL	registration_date	DATETIME NOT NULL
password	CHAR(40) NOT NULL		

在 users 表中,user_id 将被指定为 PRIMARY KEY(主键),它既是列的描述,又指示 MySQL 对其加索引。因为 user_id 是一个数字(主键几乎总是数字),所以还对该列添加了 AUTO_INCREMENT 描述,它告诉 MySQL 使用下一个最大的数字作为每一条添加记录的 user_id 值。

8.2 操作 MySQL

MySQL 是世界上最流行的开源数据库应用程序(依据 MySQL 的 Web 站点 www.MySQL.com),并且通常与 PHP 一起使用。MySQL 软件带有数据库服务器、不同的客户应用程序以及多种实用程序。

8.2.1 使用命令行管理 MySQL

为了创建表、添加记录以及从数据库请求信息,需要某种客户应用程序与数据库服务器通信。尽管有许多客户应用程序可用,这里先介绍如何使用 MySQL 客户端。尽管这种应用程序没有漂亮的图形界面,但它是一种可靠的标准工具,易于使用,并且在许多不同的操作系统上具有一致的工作方式。

可以从命令行界面访问 MySQL 客户端,在类 UNIX 中,命令行界面是终端应用程序;在 Windows 中,则是 DOS 提示符。它可以预先带有几个参数,包括用户名、密码和主机名(计算机名或 URL)。可以按如下方式建立这些参数:

```
mysql -u username -p -h hostname
```

-p 选项将导致客户端提示输入密码。同时,也可以在这一行指定密码,直接在-p 提示符后面输入它,但是它将是可见的,这不安全。-h hostname 参数是可选的,建议不要使用它,除非不能以别的方式连接到 MySQL 服务器。

在 MySQL 客户端内,需要用分号来终止每一条语句,也就是 SQL 命令。这些分号指示 MySQL 查询已完成。分号不是 SQL 自身的一部分。这意味着在 MySQL 客户端内,可以把同一条 SQL 语句分布在多行上,以使它更易于阅读。

在操作 MySQL 客户端执行这些步骤之前:

- 必须运行 MySQL 服务器。
- 必须有用户名和密码,它们具有适当的访问权限。

(1) 从命令行界面访问 MySQL。

在类 UNIX 系统上，要从命令行界面访问 MySQL 客户端，这需要启动终端。如果正在使用 Windows 系统，则可以选择“开始”→“程序”→MySQL→MySQL Server X. X→MySQL Command Line Client 命令。MySQL Windows 安装程序会在“开始”菜单中创建一个链接，使得可以轻松进入 MySQL 客户端。

(2) 使用合适的命令调用 MySQL 客户端。

```
/path/to/mysql/bin/mysql -u username -p
```

这一步中的/path/to/mysql 部分主要是由正在运行的操作系统以及 MySQL 的安装位置指定的。因此，它可能是：

```
/usr/local/mysql/bin/mysql -u username -p(在类 UNIX 上)
```

或

```
C:\mysql\bin\mysql -u username -p(在 Windows 上)
```

基本的前提条件是，正在运行 MySQL 客户端，以 username 连接，并请求被提示输入密码。如果具有相应访问信息，可以使用 root 用户，但是有权创建表和数据库的任何用户都是可行的。

(3) 登录 MySQL 客户端。

在提示符后面输入密码，并按下回车键。

在这里使用的密码应该对应于在上一步指定的用户。如果使用 Windows 上的 MySQL Command Line Client 链接，则用户是 root，因此，应该使用它的密码，这个密码可能是在安装和配置期间建立的。

如果使用正确的用户名/密码组合，即某个具有有效访问权限的人，则应该看到如图 8-1 所示的问候。

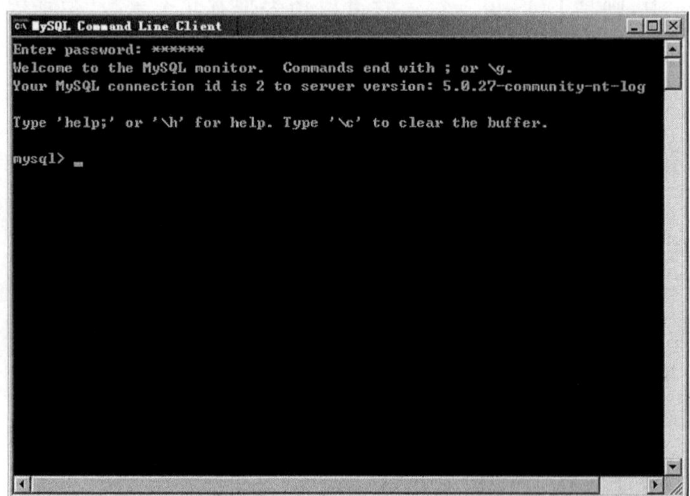

图 8-1　如果能够成功地登录，则会看到如图中所示的欢迎消息

(4) 选择想使用的数据库,如图 8-2 所示。

```
use test;
```

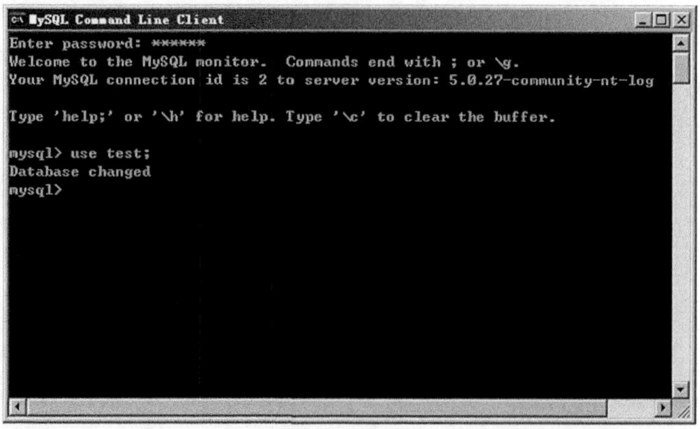

```
MySQL Command Line Client
Enter password: ******
Welcome to the MySQL monitor.  Commands end with ; or \g.
Your MySQL connection id is 2 to server version: 5.0.27-community-nt-log

Type 'help;' or '\h' for help. Type '\c' to clear the buffer.

mysql> use test;
Database changed
mysql>
```

图 8-2 USE 命令用于选择要使用的数据库

use 命令告诉 MySQL 从现在起用户想处理哪个数据库,从而避免以后反复输入数据库名称。test 数据库是 MySQL 会默认安装的数据库之一。假定它存在于服务器上,所有用户都应该能够访问它。

(5) 退出 MySQL。

输入 exit 或 quit,终止会话并离开 MySQL 客户端。如果使用 MySQL Command Line Client,会自动关闭 DOS 提示符窗口。

大多数系统上的 MySQL 允许使用向上和向下的箭头键来滚动以前输入的命令。在处理数据库时,这可以节省许多时间。

如果正在执行一条较长的语句并且犯了一个错误,可以输入 c 并按下回车键来取消当前的操作。如果 MySQL 认为遗漏了一个右单引号或双引号(如'>和">提示符所提示的那样),则需要首先输入合适的引号。

8.2.2 用 phpMyAdmin 管理 MySQL

phpMyAdmin 是一种用 PHP 编写的流行的开源工具,它为 MySQL 提供了一个基于 Web 的界面。可以从 www.phpmyadmin.net 得到 phpMyAdmin,该软件非常普及,许多 Web 托管公司将之作为其用户连接 MySQL 数据库的默认方式。

phpMyAdmin 是众多 MySQL 图形化管理工具中应用最广泛的一种,它是基于 PHP 语言编写的,该工具是 B/S 结构的,基于 Web 跨平台的管理程序,并且支持简体中文。安装后在浏览器地址栏输入"http://localhost/phpMyAdmin/"即可进入 MySQL 的管理界面。

phpMyAdmin 为 Web 开发人员提供了类似于 Access、SQL Server 的图形化数据库操作界面,通过该管理工具可以进行绝大部分的 MySQL 操作,包括对数据库及数据表的建立和维护。

无论是 Windows 操作系统还是 Linux 操作系统下，phpMyAdmin 图形化管理工具的使用方法都是相同的。

1. 登录

打开 Web 浏览器，在地址栏输入 http://localhost/phpMyAdmin/，此时会弹出登录对话框，提示输入登录 MySQL 的用户名和密码，如图 8-3 所示。

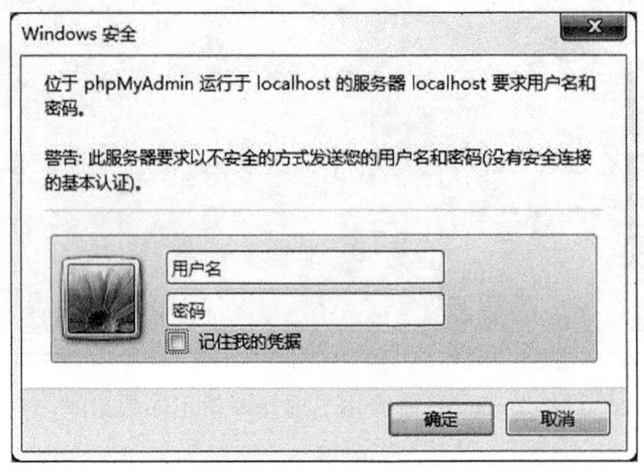

图 8-3 用户登录对话框

在登录 phpMyAdmin 工具时，输入正确的用户名和密码。在安装 MySQL 时，设置了 MySQL 数据库的用户名为 root 及其密码。输入后即可进入 phpMyAdmin 的主界面，如图 8-4 所示。

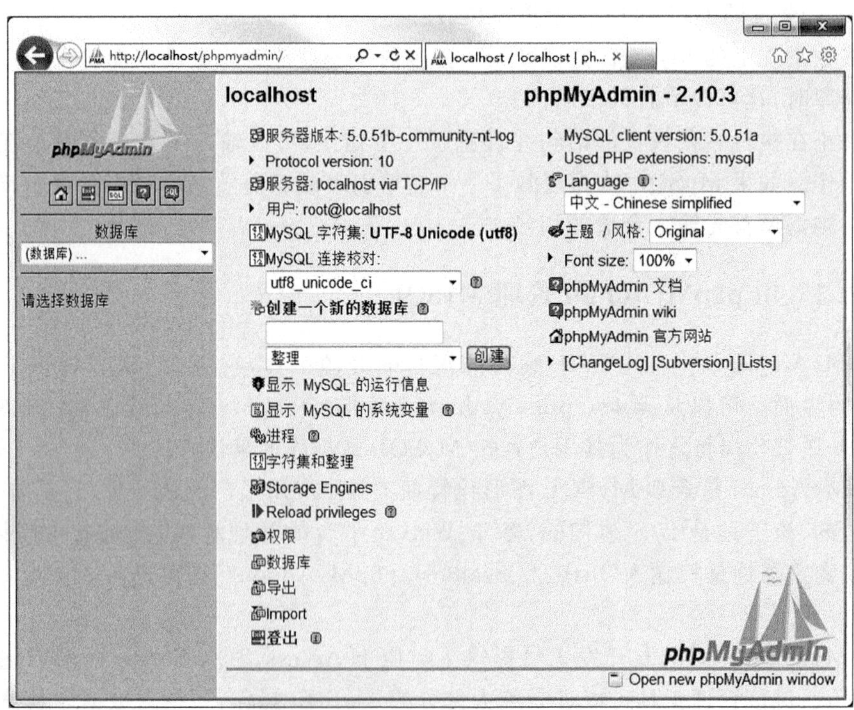

图 8-4 phpMyAdmin 的管理界面

phpMyAdmin 的管理界面分为三大块，左侧为数据库选择区域，中间为数据库创建区域，右侧为 phpMyAdmin 的配置区域。我们的主要工作都集中在左、中两块区域。

2. 库级操作

一切准备就绪，接下来就可以进行 MySQL 管理操作了，首先介绍如何建立和删除数据库。

1）创建数据库

在 phpMyAdmin 的主界面中有两个文本框和“创建”按钮，首先在文本框中输入数据库的名称，然后选择编码，最后单击“创建”按钮，这样新的数据库就可以被创建成。例如：创建一个名称为 db_test 的数据库，首先在文本框中输入 db_test，之后在下拉列表框中找到要使用的字符集编码，在 Windows 下一般选择 gb2312_Chinese_ci，如图 8-5 所示。

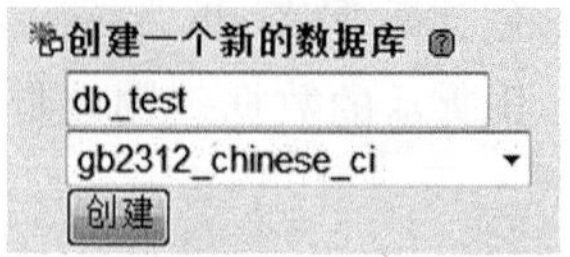

图 8-5　创建一个新的数据库

最后单击“创建”按钮，这样名为 db_test 的数据库就被创建成功，结果如图 8-6 所示。

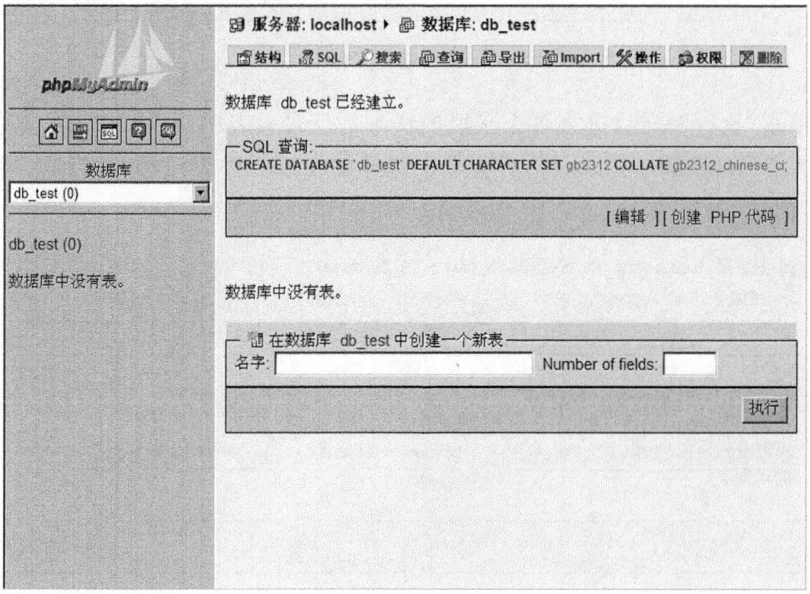

图 8-6　数据库的建立

该数据库名称出现在左侧导航栏的数据库下拉菜单中，单击选择这个数据库，在右侧界面中可以对该数据库进行操作，如结构、SQL、导出、搜索、查询、删除，单击相应的按钮即可进入相应的操作界面。

在右侧界面还可以执行创建数据表的操作，只要在创建数据表的提示信息下面的两个文本框中分别输入要创建的数据表的名称和字段总数，然后单击“执行”按钮即可进入到创建数据表的页面。

2）删除数据库

要删除某个数据库，首先在左侧的下拉菜单中选择该数据库，然后单击右侧界面中的

“删除”按钮即可。系统会弹出对话框要求确认删除操作，如图 8-7 所示。

图 8-7 数据库的建立

3. 表级操作

针对表级操作是在选定了数据库的情况下进行的，即表级操作的前提是必须选择了一个数据库，在该数据库中进行表的建立和维护。

1）创建表

创建数据库 db_test 后，在右侧页面中会出现如图 8-6 所示的数据表创建提示页面。首先在表单中输入数据表的名称和字段数，如图 8-8 所示。

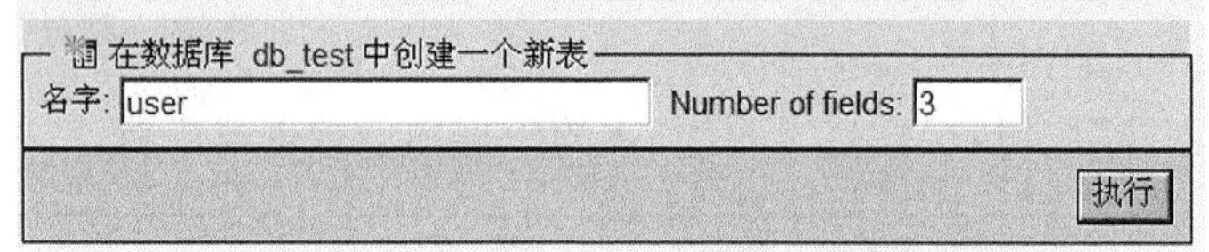

图 8-8 创建表信息

然后单击“执行”按钮，进入各个字段的详细信息录入表单，包括字段名、数据类型、长度/值、属性、默认值、额外和索引的类型等。这样就完成了对表结构的详细设置，如图 8-9 所示。

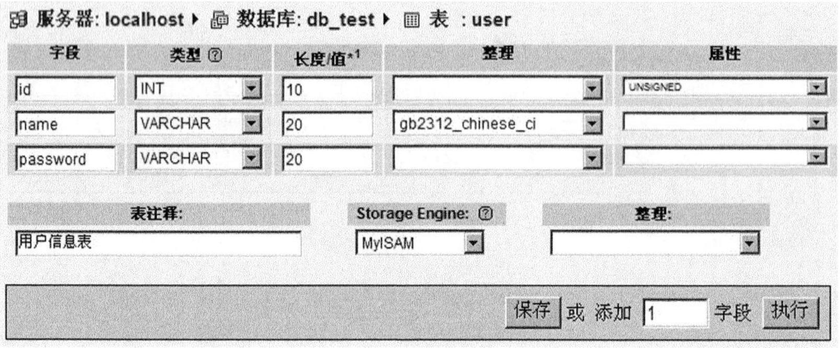

图 8-9 输入字段信息

当所有的信息都输入以后，就可以单击“保存”按钮，这时将执行 CREATE TABLE 语句，成功则会生成如图 8-10 所示的界面。

一个新的数据表被创建后，进入到数据表页面中，在这里可以通过改变表的结构来修改表，可以执行添加新的列、删除列、索引列、修改列的数据类型或者字段的长度/值等操作。

2）删除表

执行删除表的操作很简单，只要单击页面上方的“删除”按钮，就可以轻松地删除一个数据表，即执行一次 DROP TABLE 命令，如图 8-11 所示。

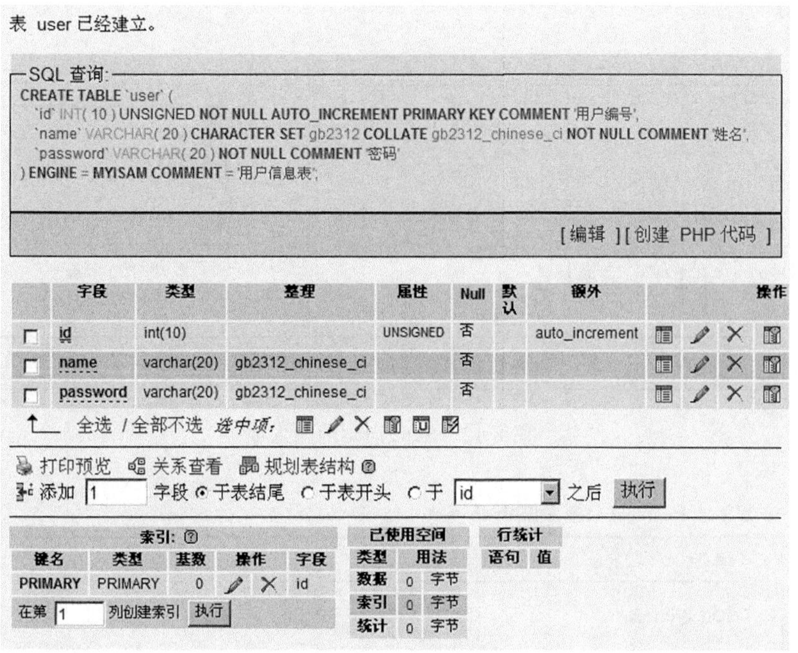

图 8-10 成功创建表

图 8-11 提示删除

4. 增删改数据

数据库和数据表的创建只能算是达到某个目的的手段，而数据才是使用这些手段要实现的目的。没有了数据的数据表和数据库可以说是没有任何意义的。如果缺少了这些手段，数据也就不存在了。

所以，在对数据进行操作之前，首先要选择一个数据表，即单击左侧的数据表，在右侧的页面中就会出现该数据表的信息。插入数据有两种方法，下面分别介绍。

1) 通过 SQL 语句来操作数据

单击界面中的 SQL 按钮，就可以打开 SQL 语句编辑区。在编辑区输入完整的 SQL 语句，来实现数据的查询、添加、修改和删除操作。为了编写方便，还可以利用其右侧的属性列表来选择要操作的列，只要选中要添加的列，然后单击“＜＜”按钮即可，如图 8-12 所示。

在语句编写完成后，单击“执行”按钮提交，如果提交的 SQL 语句有错误，系统会给出一个警告，提示用户修改它，如图 8-13 所示。

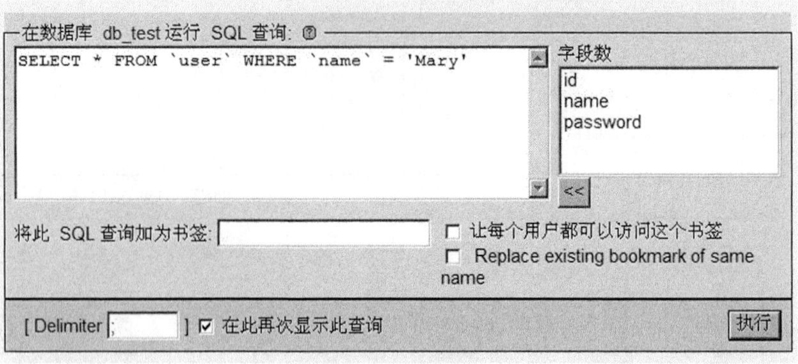

图 8-12　SQL 语句的输入框

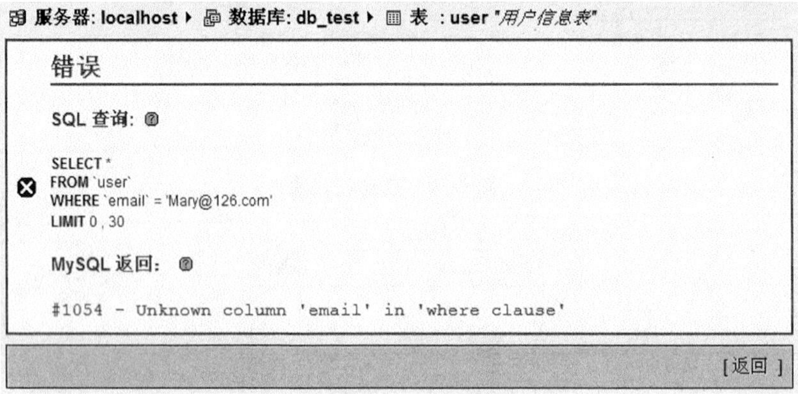

图 8-13　SQL 错误

2）通过单击“插入”按钮添加数据

可以单击页面上方的“插入”按钮，进入数据添加页面，在该页面中只需在对应的文本框中输入数据，然后单击“执行”按钮即可，如图 8-14 所示。

5. 查询数据

1）SQL 查询

对于数据的查询，可以使用上面介绍的 SQL 语句实现，编写完整的 SQL 语句，例如查询整个表的信息，代码如下。

```
select * from user;
```

这是对整个表的简单查询，还可以进行一些复杂的条件查询，使用 WHERE 子句提交 LIKE、ORDER BY、GROUP BY 等条件查询语句。例如，查询 user 表中用户名中有“Mary”字符串的用户。代码如下。

```
SELECT * FROM 'user' WHERE 'name'='Mary'
```

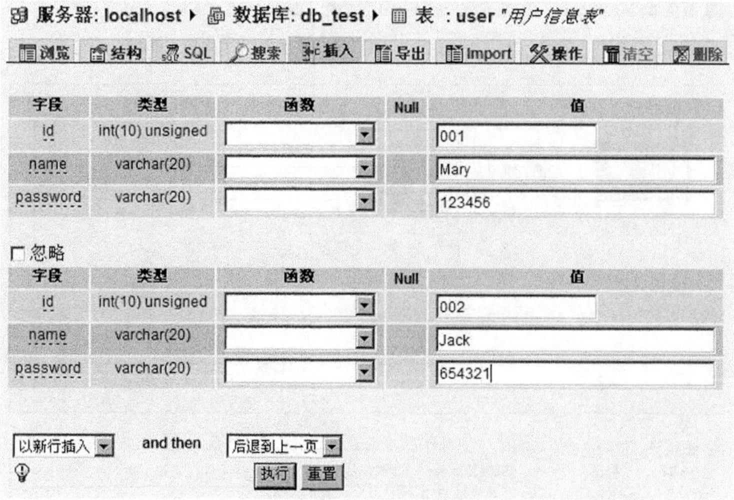

图 8-14 输入数据表记录

2）通过“浏览”和“搜索”按钮查询

可以单击“浏览”按钮进入数据表详细信息页面，如图 8-15 所示，能够看到表的详细信息。

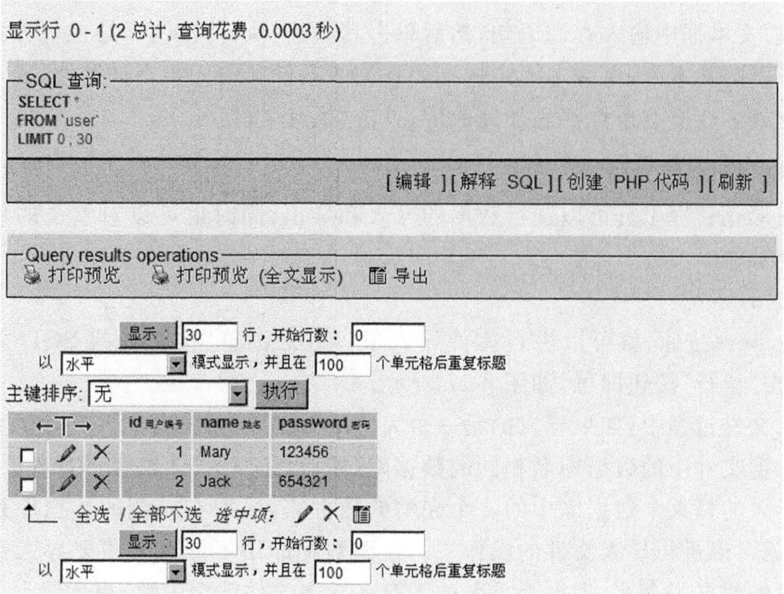

图 8-15 数据表信息

通过单击页面中的“搜索”按钮，可以进入到条件查询页面，在这个页面中，可以在选择字段的列表框中选择一个或多个列，如果要选择多个列，先按下 Ctrl 键并单击要选择的列即可，如图 8-16 所示。

这里给出两种查询方式。第一种方式可以选择构建 WHERE 子句，直接在“where

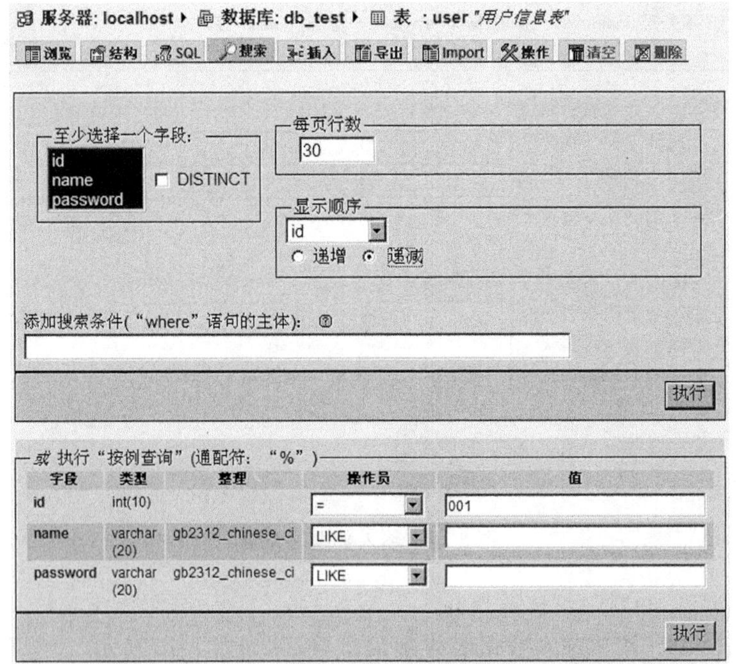

图 8-16　搜索查询

语句的主体"文本框中输入查询语句,然后单击其后的"执行"按钮。第二种方式可以使用"按例查询"下的文本框,在文本框中选择要查询的条件和输入要查询的值,或选择查询结果的排序方式。在所有条件都添加完成后,单击"执行"按钮。

6. 数据的导入与导出

使用图形化管理工具可以进行数据的导入和导出,同时也可以对整个的数据表或数据库执行此操作。

1) 数据的导入

单击 import 按钮,就可以进行文件导入了,单击"浏览"按钮查找 SQL 文件所在位置,然后单击"执行"按钮即可,如图 8-17 所示。

在导入文件过程中,如果导入的是一个完整的数据库文件,首先要在数据库中创建一个名称与数据文件中的数据库名相同的数据库,然后再进行导入文件的操作。

如果导入的是某个数据库中的一个完整的数据表,只需在左侧的数据库列表中选择该数据库,就可以进行导入文件的操作了。在该数据库中不能有与将要导入数据库中的数据表重名的数据表存在,如果有重名的表存在导入文件就会失败,提示错误信息——该数据表已经存在。

如果导入的数据文件只是一些数据,不包含建立数据表的部分,就需要在数据库中建立一个对应的数据表,包括字段、属性、类型和默认值这些都必须是对应的,否则导入文件的操作不会成功。

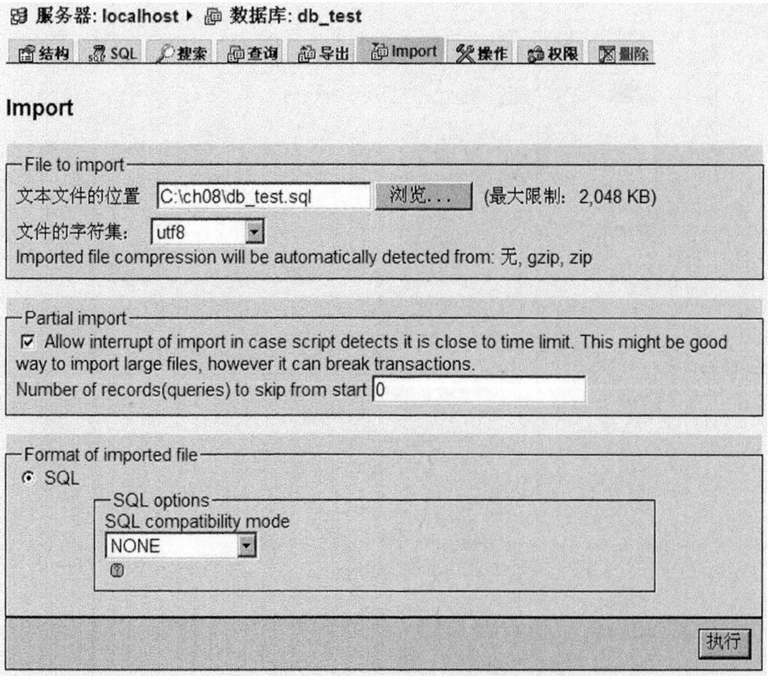

图 8-17　从 SQL 文件中提取数据导入

2）数据的导出

可以通过单击右侧页面中的“导出”按钮，进入到如图 8-18 所示的页面来完成操作。导出文件支持多种格式，包括 SQL、LaTeX、XML 等。可以选择直接在该页输出数据，那就不用选中“另存为文件”复选框，直接单击“执行”按钮即可；如果要将文件另存到某个文件夹中，就要选中“另存为文件”复选框，然后单击“执行”按钮，选择要保存在什么位置中并给文件命名。

还可以使用“压缩”复选框中的压缩类型来压缩导出的文件，便于处理较大的表。

具体导出文件的格式如下：

```
--phpMyAdmin SQL Dump
--version 2.9.2
--http://www.phpmyadmin.net
--
--主机：localhost
--生成日期：2014 年 08 月 07 日 07:09
--服务器版本：5.0.27
--PHP 版本：5.2.1
--
--数据库：'db_test'
--
-----------------------------------------------------------
--
```

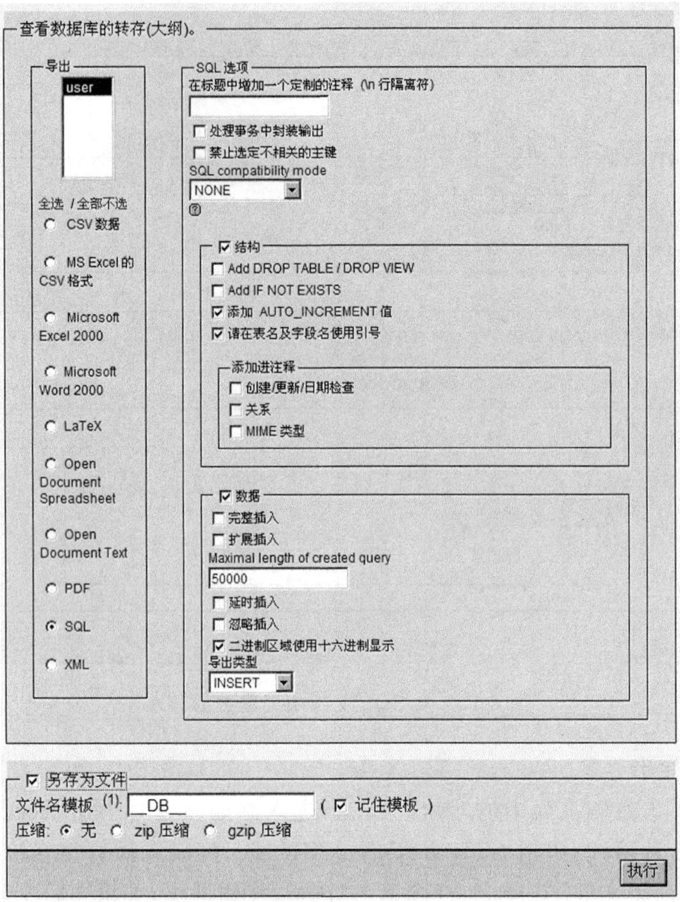

图 8-18 导出界面

```
--表的结构 'user'
--
CREATE TABLE 'user'(
  'id' int(10)unsigned NOT NULL auto_increment COMMENT '用户编号',
  'name' varchar(20)NOT NULL COMMENT '姓名',
  'password' varchar(20)NOT NULL COMMENT '密码',
  PRIMARY KEY('id')
)ENGINE=MyISAM  DEFAULT CHARSET=gb2312 COMMENT='用户信息表' AUTO_INCREMENT=3;
--
--导出表中的数据 'user'
--
INSERT INTO 'user' VALUES(1, 'Mary', '123456');
INSERT INTO 'user' VALUES(2, 'Jack', '654321');
```

在该文件中,以"--"开头的行为注释的内容。在脚本中包含以下内容:phpMyAdmin的信息、服务器和导出时间的信息、数据库的信息、创建表的信息及添加到表中的数据的信息。

8.3 SQL 基础

SQL 语言是 MySQL 服务器能“听懂”的语言，要与 MySQL 交互，就必须首先了解 SQL。在使用诸如 MySQL 客户端这样的程序时，就要发送 SQL 语句给服务器。另外，在实现数据库系统时，也必须熟悉 SQL 语言，通过数据库接口函数，如 MySQL_query() 等，发送 SQL 语句与数据库交互。

SQL(Structured Query Language，结构化查询语言)是关系数据库通用语言，其地位犹如英语在世界语言中的地位。SQL 已经被 ANSI(美国国家标准化组织)确定为数据库系统的工业标准。

SQL 的通用性体现在：在不同的数据库管理系统上，用户可以用几乎同样的 SQL 语句执行同样的操作。例如，“select * from [数据表名]”从某个数据表中取出全部数据，在 Oracle、SQL Server、Foxpro、MySQL、DB2 等关系型数据库中都可以使用。

1. SQL 标准

在 E. F. Codd 博士于 20 世纪 70 年代早期提出关系数据库理论之后不久就创建了 SQL。1989 年，美国国家标准协会(ANSI)——负责维护该语言的组织——发布了第一个 SQL 标准，现在称之为 SQL 89。SQL 2 于 1992 年发布，并且仍然是当前的工作版本，也称为 SQL 92 或者简单地称为 SQL。1999 年，ANSI 发布了 SQL 99 标准，也称 SQL 3，但迄今主流数据库均未完全实现该标准。

2. SQL 语句

按照功能，SQL 语言可以分为 4 大类。

(1) 数据查询语言：查询数据。

(2) 数据定义语言：建立、删除和修改数据对象。

(3) 数据操纵语言：完成数据操作的命令，包括查询。

(4) 数据控制语言：控制对数据库的访问，服务器的关闭、启动等。

常用的 SQL 命令关键字如表 8-7 所示。

表 8-7 常用的 SQL 命令关键字

功能分类	SQL 关键字	功　能
数据定义语言	CREATE/ALTER/DROP TABLE	创建/修改/删除表
	CREATE/ALTER/DROP VIEW	创建/修改/删除视图
	CREATE/ALTER/DROP INDEX	创建/修改/删除索引
数据操纵语言	INSERT	向表中插入新数据行
	UPDATE	更新表中现有的数据
	DELETE	从表中删除几行数据
数据查询语言	SELECT	从一张或多张表中返回数据
数据控制语言	GRANT	为用户赋予特权
	REVOKE	收回用户特权

SQL 语言简单易学、风格统一，利用简单几个英文单词的组合就可以完成所有的功能。在 MySQL 中，可以使用客户端直接使用 SQL 语言，这些语句几乎可以不加修改地嵌入到 PHP 中。利用 PHP 的计算能力和 MySQL 的数据库操纵能力，可以快速建立数据库应用程序。

作为通用的关系数据库语言，SQL 是各个关系数据库的基础，同时，每个数据库往往都会对其有一些扩展，以支持更为强大的功能。所有的主流数据库都会使用 SQL，MySQL 也不例外。SQL 有多种版本，而且 MySQL 对 SQL 标准的实现又有不少变异，但是 SQL 仍然极其容易学习和使用。MySQL 支持的 SQL 语句如表 8-8 所示。

表 8-8　MySQL 支持的 SQL 语句

功　　能	SQL 语句
创建、丢弃和选择数据库	CREATE/DROP DATABASE、USE
创建、更改和丢弃表和索引	CREATE/ALTER/DROP TABLE CREATE/ALTER/DROP INDEX
从表中选择信息	SELECT
取数据库、表和查询的有关信息	DESCRIBE、EXPLAIN、SHOW
修改表中信息	DELETE、INSERT、UPDATE、LOAD DATA、OPTIMIZE TABLE、REPLACE
管理语句	FLUSH、GRANT、KILL、REVOKE
其他语句	CREATE/DROP FUNCTION、LOCK/UNLOCK TABLES、SET

同时，MySQL 还对标准的 SQL 语句进行了简化，即它并非支持所有的 SQL 语句所实现的功能。

8.4　MySQL 用户管理

8.4.1　MySQL 管理员 root

数据库也可以具有多个用户，就像操作系统一样。MySQL 用户不同于操作系统用户，即使他们共享公共名字。因此，MySQL 根用户是一个不同于操作系统根用户的实体，他们具有不同的权力，甚至具有不同的密码(这样做更可取，但并不必要)。

MySQL 的 root 用户作为可做任何事情的一个超级用户被创造。他是超用户账户，可以执行任何操作。初始的 root 口令是空的，因此任何人都能以 root 而没有一个口令进行连接并且被授予所有权限。在安装 MySQL 的过程中，安装程序会要求配置 root 用户的密码。

MySQL 系统内的每位用户都具有从特定主机(计算机)访问特定数据库的特定能力。MySQL 根用户具有最大的权力，并且用于创建子用户，尽管可以赋予子用户类似于根用户的权力，但这样做是不明智的。

作为 MySQL 管理员，应该知道如何设置 MySQL 用户账号，指出哪个用户可以连接服务器，从哪里连接，连接后能做什么。

8.4.2 用户管理

当一位用户试图对 MySQL 服务器做某件事情时，MySQL 首先会检查该用户是否确实有权连接到服务器(基于用户名、用户的密码和 MySQL 数据库的用户表中的信息)。其次，MySQL 将会检查该用户是否有权在特定的数据库上运行特定的 SQL 语句，例如，选择数据、插入数据或者创建新表。为了确定这一点，MySQL 使用 db、host、user、tables_priv 和 columns 这些表，它们也都来自于 MySQL 数据库。

在 MySQL 中的 MySQL 系统数据库的 user 数据表中存有用户的账号信息，在初始状态下已存在 root 用户，可能还有一些匿名用户，且所有用户都没有设置密码。该数据表的这些用户信息是通过一个 mysql_install_db 脚本安装的。

user 表保存所有可以访问 MySQL 的用户，如图 8-19 所示，它的主要列有：

- Host，允许连接到数据库服务器的主机名，“%”通配符代表所有主机。
- User，连接数据库的用户名。
- Password，连接密码，已加密。
- 其他权限列，以“Y”或“N”标识是否有效。

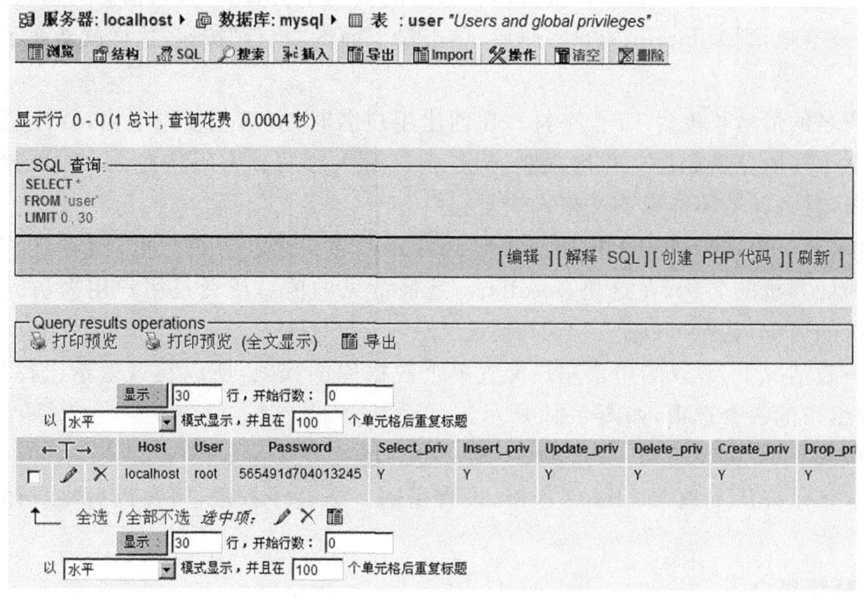

图 8-19 user 权限表

1. 添加新用户

当管理员 root 添加一个新用户时，会在 user 表中为该用户创建一条记录。如果语句指定任何全局权限(管理权限或适用于所有数据库的权限)，那么这些也记录在 user 表中。

在 phpMyAdmin 管理界面单击“权限”按钮，可以进入“用户一览”界面，其中列出了所有能登入的用户及他们拥有的权限，如图 8-20 所示。

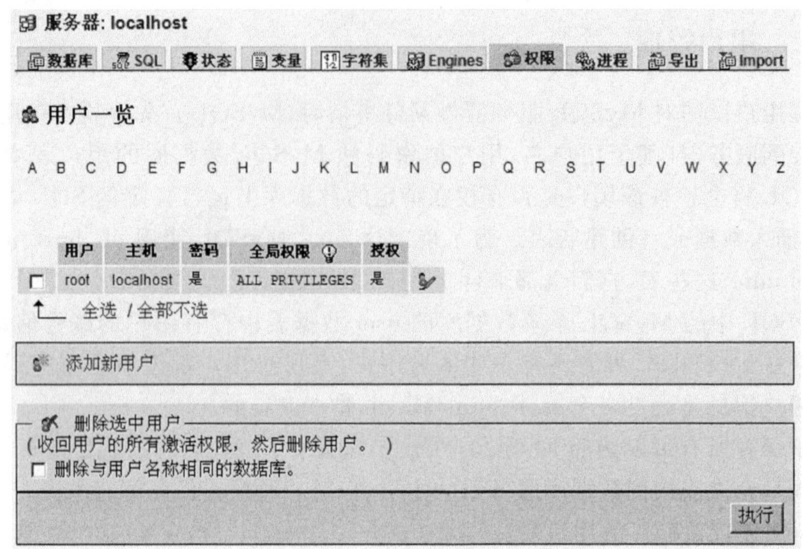

图 8-20　用户权限浏览

打开链接，单击“添加新用户”链接，在打开的页面中会看到“登入信息”，输入用户名、主机(若是本地，则为 localhost)、密码后，单击最下面的“执行”按钮，这样就新建了一个用户名。

用户名的最短长度为 16 个字符。在创建用户名时，应避免使用空格，并注意用户名是区分大小写的。密码没有长度限制，但是也区分大小写。密码将在 MySQL 数据库内进行加密，这意味着不能以明文格式恢复它们。

其中，还一个选项可用于把用户限定到特定的主机名。主机名可以是运行 MySQL 服务器的计算机的名称(在这里，localhost 是最常见的值)，或者是用户用来访问服务器的计算机的名称，甚至可以是一个 IP 地址。

在一般情况下，建议给单个用户配置单个数据库的权限，所以在这里不选择“全局权限”选项组中的各个选项，如图 8-21 所示。

这里我们成功创建了一个新的 MySQL 连接用户，如图 8-22 所示，用户名为 testuser，只允许从本地 localhost 连接，设有密码。未授予权限，将在以后将具体权限授予该账户。

2. 删除用户

要使用删除用户，必须拥有 MySQL 数据库的全局 CREATE USER 权限或 DELETE 权限。删除用户，意味着也将取消这个账户及其权限。

在 phpMyAdmin 中，删除用户的操作将不会弹出任何确认提示，同时会提供是否删除与用户名称相同的数据库的选项，如图 8-23 所示。

删除用户不能自动关闭任何打开的用户对话。而且，如果此时用户正在连接的对话，此时取消用户，则命令不会生效，直到用户对话被关闭后才生效。一旦对话被关闭，用户

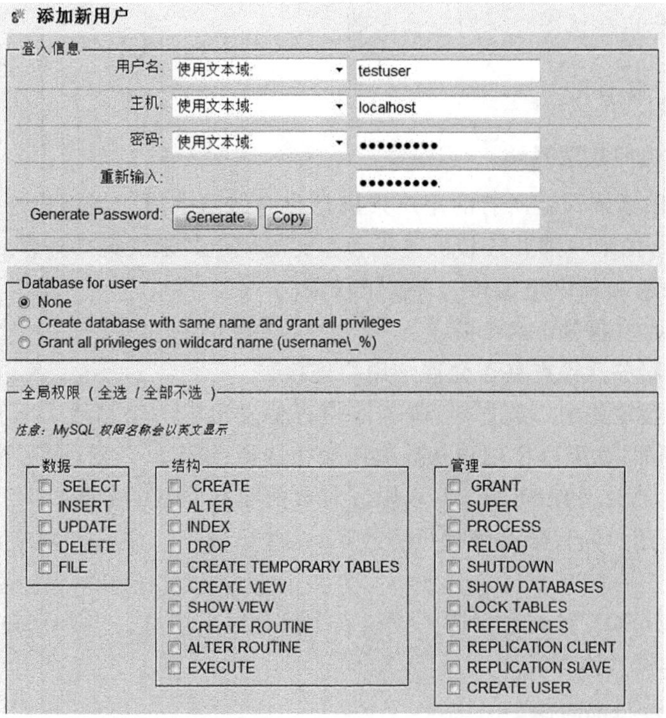

添加新用户
登入信息
用户名: 使用文本域: testuser
主机: 使用文本域: localhost
密码: 使用文本域: ●●●●●●●●●
重新输入: ●●●●●●●●●
Generate Password: Generate Copy

Database for user
None
Create database with same name and grant all privileges
Grant all privileges on wildcard name (username_%)

全局权限 (全选 / 全部不选)
注意: MySQL 权限名称会以英文显示
数据: SELECT INSERT UPDATE DELETE FILE
结构: CREATE ALTER INDEX DROP CREATE TEMPORARY TABLES CREATE VIEW SHOW VIEW CREATE ROUTINE ALTER ROUTINE EXECUTE
管理: GRANT SUPER PROCESS RELOAD SHUTDOWN SHOW DATABASES LOCK TABLES REFERENCES REPLICATION CLIENT REPLICATION SLAVE CREATE USER

图 8-21 账户 ('testuser'@'localhost')只用于从本机连接

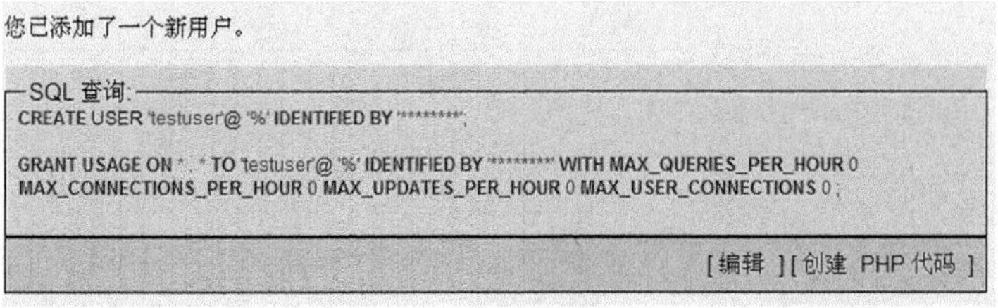

您已添加了一个新用户。
SQL 查询:
CREATE USER 'testuser'@'%' IDENTIFIED BY '*********';
GRANT USAGE ON *.* TO 'testuser'@'%' IDENTIFIED BY '*********' WITH MAX_QUERIES_PER_HOUR 0 MAX_CONNECTIONS_PER_HOUR 0 MAX_UPDATES_PER_HOUR 0 MAX_USER_CONNECTIONS 0;
[编辑] [创建 PHP 代码]

图 8-22 MySQL 提示已添加了一个新用户

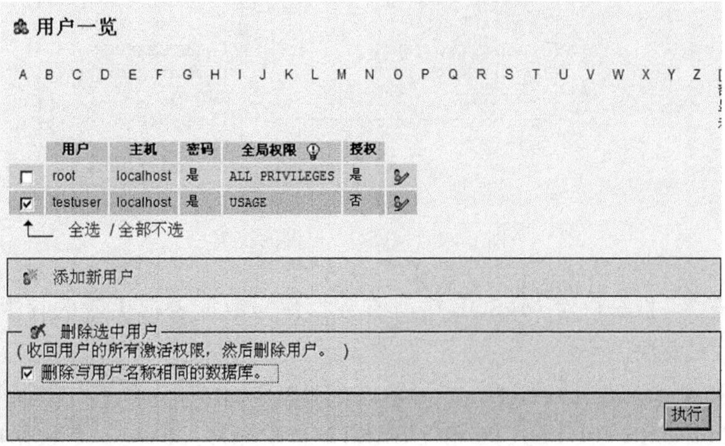

用户一览
A B C D E F G H I J K L M N O P Q R S T U V W X Y Z

	用户	主机	密码	全局权限	授权	
☐	root	localhost	是	ALL PRIVILEGES	是	
☑	testuser	localhost	是	USAGE	否	

全选 / 全部不选

添加新用户

删除选中用户
(收回用户的所有激活权限，然后删除用户。)
☑ 删除与用户名称相同的数据库。
执行

图 8-23 删除用户

也被取消，此用户再次试图登录时将会失败。

8.4.3 权限分配

1. MySQL 访问权限系统

MySQL 权限系统保证所有的用户只执行允许做的事情。当用户连接 MySQL 服务器时，用户的身份由他从那儿连接的主机和指定的用户名来决定。连接后发出请求后，系统根据用户的身份和用户想做什么来授予权限。

MySQL 存取控制包含两个阶段：

阶段 1——服务器检查是否允许该用户连接。

阶段 2——假定该用户能连接，服务器检查他发出的每个请求。看他是否有足够的权限实施它。例如，如果这个用户从数据库表中选择(SELECT)行或从数据库删除表，那么服务器会确定他对表有 SELECT 权限或对数据库有 DROP 权限。

如果连接时用户的权限被管理员更改了，这些更改不一定立即对发出的下一个语句生效。

服务器在 MySQL 系统数据库的授权表中保存权限信息。当 MySQL 服务器启动时将这些表的内容读入内存。

2. MySQL 提供的权限

MySQL 提供的权限的如图 8-24 所示。

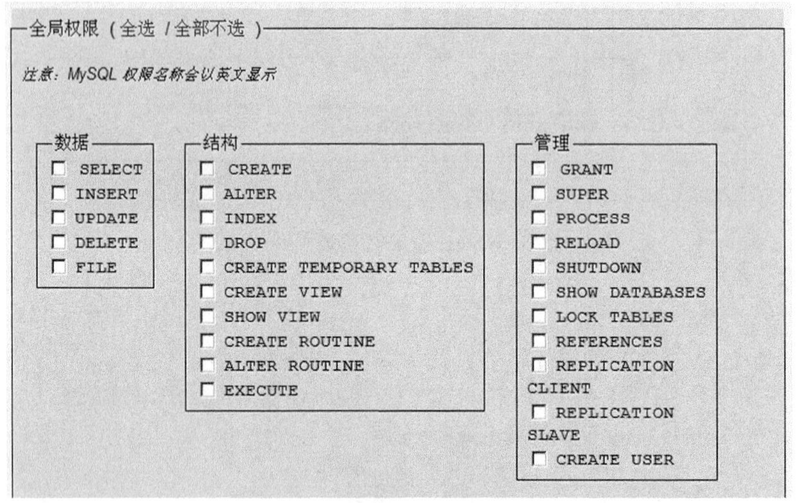

图 8-24 MySQL 提供的权限

“全局权限”是指账户对 MySQL 中所有数据库与数据表都生效的权限。MySQL 提供的权限分为三大块。

1）数据管理

SELECT、INSERT、UPDATE 和 DELETE 权限允许用户在一个数据库现有的表上实施操作。

FILE 权限给予用户用 LOAD DATA INFILE 和 SELECT ... INTO OUTFILE 语句读和写服务器上的文件，任何被授予 FILE 权限的用户都能读或写 MySQL 服务器能读或写的任何文件。FILE 权限允许用户在 MySQL 服务器具有写权限的目录下创建新文件，不能覆盖已有文件。

2）数据库与数据表的结构管理

通过 CREATE 和 DROP 权限，可以创建新数据库和表，或删除已有的数据库和表。

通过 ALTER 权限，可以使用 ALTER TABLE 来更改表的结构和重新命名表。

INDEX 权限允许用户创建或删除索引。INDEX 适用已有表。

需要 CREATE ROUTINE 权限来创建保存的程序（函数和程序），ALTER ROUTINE 权限来更改和删除保存的程序，EXECUTE 来执行保存的程序。

3）MySQL 系统管理

GRANT 权限允许用户把自己拥有的那些权限授给其他的用户。

RELOAD 命令告诉服务器将授权表重新读入内存。FLUSH-PRIVILEGES 是 RELOAD 的同义词，REFRESH 命令清空所有表并打开并关闭记录文件，其他 FLUSH-XXX 命令执行类似 REFRESH 的功能，但是范围更有限，并且在某些情况下可能更好用。

SHUTDOWN 命令关掉服务器。

PROCESSLIST 命令显示在服务器内执行的线程的信息（即其他账户相关的客户端执行的语句）。KILL 命令杀死服务器线程。

拥有 CREATE TEMPORARY TABLES 权限便可以使用 CREATE TABLE 语句中的关键字 TEMPORARY。

拥有 LOCK TABLES 权限便可以直接使用 LOCK TABLES 语句来锁定拥有 SELECT 权限的表，包括使用写锁定，可以防止他人读锁定的表。

拥有 REPLICATION CLIENT 权限便可以使用 SHOW MASTER STATUS 和 SHOW SLAVE STATUS。

REPLICATION SLAVE 权限应授予从属服务器所使用的将当前服务器连接为主服务器的账户。没有这个权限，从属服务器不能发出对主服务器上的数据库所发出的更新请求。

拥有 SHOW DATABASES 权限便允许账户使用 SHOW DATABASE 语句来查看数据库名。没有该权限的账户只能看到他们具有部分权限的数据库，如果数据库用--skip-show-database 选项启动，则根本不能使用这些语句。

总的说来，只将权限授予给需要它们的那些用户是好主意。

需要注意的是，授给 MySQL 数据库本身的权限能用来改变密码和其他访问权限信息。密码被加密存储，所以恶意的用户不能直接读取明文密码。然而，具有 user 表 Password 列写访问权限的用户可以更改账户的密码，并可以用该账户连接 MySQL 服务器。

MySQL 权限系统无法做到：

- 不能直接指定某个给定的用户应该被拒绝访问。即，你不能直接指定用户拒绝连接的权限。
- 不能指定用户有权创建或删除数据库中的表、但不能创建或删除数据库本身的权限。

3. 使用 phpMyAdmin 管理权限

添加完用户以后，管理界面的上方会提示“您已添加了一个新用户”，我们现在就给新建的用户添加权限，在下面找到“按数据库指定权限”选项区域，然后单击“在下列数据库添加权限”下拉列表，选择之前已创建的数据库 mydatabase，如图 8-25 所示。

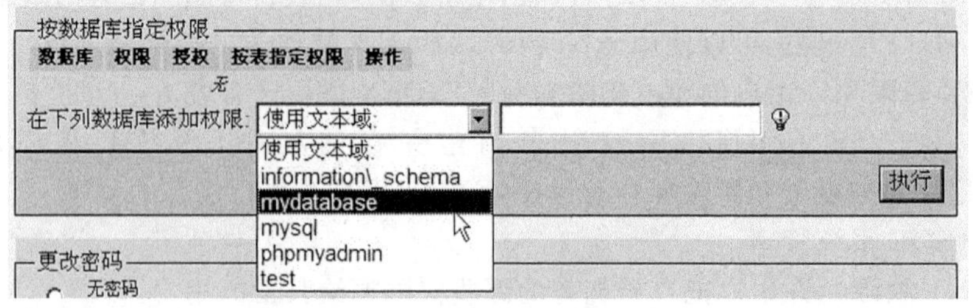

图 8-25 按数据库指定权限

浏览器会自动转入按已选择的数据配置权限的页面，如图 8-26 所示。选择“数据”选项区域中的全部复选框，然后选择“结构”选项区域中的前七个复选框，其他一律不选，然后单击“执行”按钮，这样就配置好了这个用户完全管理这个数据库的权限了。

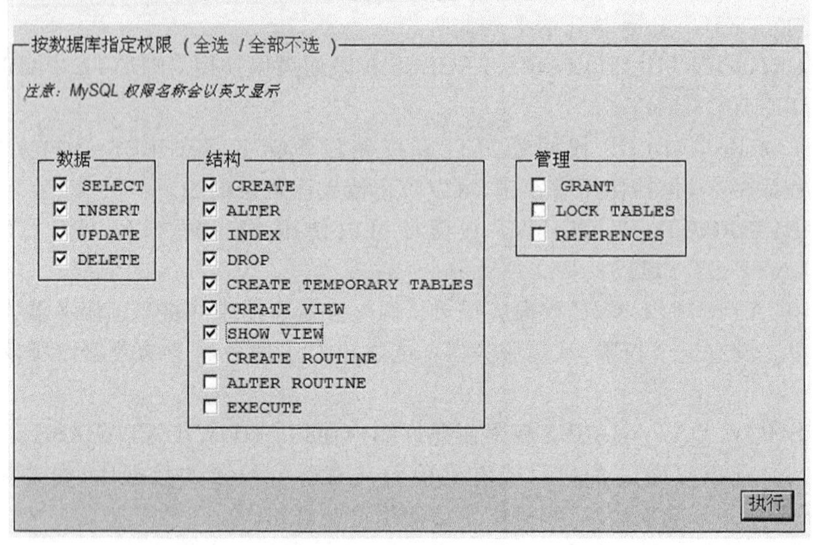

图 8-26 为用户配置权限

在这里我们只是要给这个用户管理这个数据库的全部权限，但是没有其他数据库的管理权限，所以在配置权限的时候一定要注意。按上述的配置方法，testuser 用户将只能从本机登入，只能管理 mydatabase 这个数据库的结构和数据。

此外，如果在创新用户时，选择“用户数据库”中的“给以用户名_开头的数据库(username_%)授予所有权限”选项，新建的用户就可以自己创建以“username_”开头的数据库。

8.5 项目训练——购物类网站产品目录的数据库设计

8.5.1 项目说明

产品目录可以说是购物类网站的灵魂,购物网站中的所有活动都涉及产品目录。产品目录包含购物网站中所有商品的信息。

产品目录的结构应该为树状结构,树状结构是在数据库中查找记录的算法。这种算法的每个元素为一个结点。结点可以分为许多分支,即子结点。树状结构中的所有记录都存储在叶子位置。不存在任何超越记录的结构。这就好像一棵真正的树一样,有主干,主干上连着许多树枝,最末端是叶子。叶子的起源处为根。

8.5.2 设计思路

将树状结构与购物网站的产品目录结构进行比较。在一般的购物网站中,产品分为若干个大类,每类下面又分为子类,并且每个商品都根据它的分类进行存储。除父类外,每个种类都在某类或其他类的下一级。在此基础上,商品可以被视为树状结构的叶结点,并且各类为子结点。例如,“单鞋”可以在“女鞋”下加以分类,“女鞋”类别本身的父类为“鞋包配饰”。

这些类别存储在数据库的类别表中。当顾客查找特定类别的商品时,可以用产品目录的搜索选项。搜索结构很大程度上受到数据库设计的影响。决定数据库效率和有效性的主要因素是在数据库中搜索数据是否容易以及速度如何。在设计数据库结构时,应该以快速而容易地获得结果为宗旨。

为此,该数据库至少需要两张数据表,分别存储商品的信息表(product 表)以商品的分类表(category 表)。

8.5.3 设计过程

商品表(product 表)的字段定义应该包含商品 ID、商品名称、商品描述、商品价格以及商品所属分类,如表 8-9 所示。

分类表(category 表)的字段定义应该包含分类 ID、分类名称、分类描述以及父类,如表 8-10 所示。

表 8-9 product 表的最终描述。其中 product_id 将被标记为自动递增的主键

列　名	类　型
product_id	INT(10) UNSIGNED NOT NULL
name	VARCHAR(100) NOT NULL
description	TEXT NOT NULL
price	FLOAT NOT NULL
category	INT(10) UNSIGNED NOT NULL

表 8-10 category 表的最终描述。其中 category_id 将被标记为自动递增的主键

列　名	类　型
category_id	INT(10) UNSIGNED NOT NULL
name	VARCHAR(100) NOT NULL
description	TEXT NOT NULL
parentcategory	INT(10) UNSIGNED NOT NULL

在 phpMyAdmin 中将上述数据库设计实现，创建 product_catalog 数据库，并在其中创建 product 表和 category 表，配置相关字段，数据字典如图 8-27 所示。

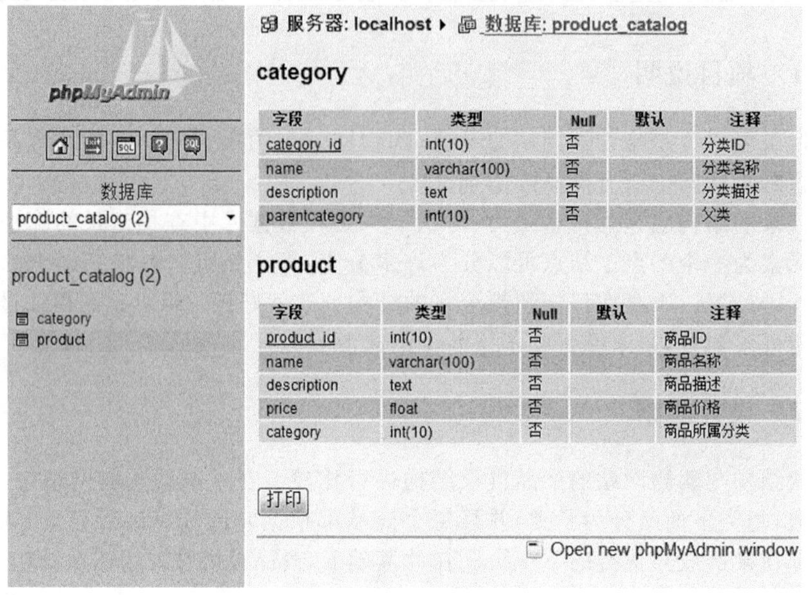

图 8-27 为用户配置权限

本章小结

在本章中介绍了如何合理进行数据库设计，以及使用不同方式访问与管理 MySQL。还学习创建表、填充它们以及运行其他基本查询所需知道的所有 SQL。

重点回顾

1. MySQL 的数据类型。
2. 如何操作 phpMyAdmin。
3. 基本 SQL 语句。
4. 如何管理 MySQL 用户。

本章实训

【实训】

设计"留言板"系统的数据库，其中至少包含两张表，分别存储留言与用户的信息，自行创建新的数据库、创建新表、设计字段、添加各种注释，学习区分不同的情况该选择的数据类型，特别注意字符编码。每张表至少手动输入 5 条记录，测试中英文记录内容。

第 9 章　使用 PHP 和 MySQL

在网站项目中，网站的数据是存放在数据库中的。PHP＋MySQL 是一个非常好的网站解决方案，具有非常好的性能和安全性。在 PHP 网站中，程序常常进行数据库访问，数据库访问是通过 SQL 语句完成的。本章讲解 PHP 对 MySQL 数据库进行连接、表单使用、数据查询等方面的内容。本章中使用的数据库，是上一章建立的 mydatabase 数据库。在进行本章学习之前，需要按照上一章的内容建立数据库。

9.1　连接 MySQL

在 PHP 中连接 MySQL，建立数据库连接，执行 SQL 查询，最后通过某种适合 Web 应用程序的方法来处理查询结果。

在访问数据库以前需要连接数据库服务器。而一个 MySQL 中常常有多个数据库，在连接成功以后，需要选择一个数据库。在实际开发中，需要将数据库的连接信息写成一个配置文件，在网页中只需要包含这个文件即可完成数据库的连接。

9.1.1　连接到 MySQL

PHP 的内置功能支持连接 MySQL，能够建立连接、执行查询和处理结果。PHP 中大量以 mysql_开头的函数都有这种神奇的能力，可以完成这些工作。虽然这些函数很有用，但以后可能会希望 Web 应用程序能使用各种数据库。为此，还使用第三方数据库抽象层及抽象类，如 PEAR::DB 或 ADODB。如果使用 MySQL 仅仅是为了某个特定项目，那么 mysql_系列函数就足以胜任了。

首先要实际地建立一个数据库连接。在发送查询和收发数据时，可以利用这个实际的连接与数据库进行通信。为此需要编写一段 PHP 代码，告诉 MySQL 相关的认证信息。认证成功后就能得到数据库连接。

要想让 MySQL 服务器为我们工作，建立连接 MySQL 服务器的通道是必不可少的。在 PHP 中，连接 MySQL 是一件很容易的事情，在 MySQL 服务器已经开启的情况下，使用 mysql_connect()函数就能轻松办到。

MySQL 服务器的连接是通过 mysql_connect 函数实现的，用法如下：

```
$dbc=mysql_connect($host, $username, $password);
```

这个函数连接 MySQL 服务器以后，会返回一个资源类型。函数参数列表的含义如下所示：

- $host——服务器主机所在的地址，可以是一个 IP 地址或者域名。当服务器是本地计算机时，主机名可以是 localhost 或 127.0.0.1。
- $username——访问服务器的用户名。
- $password——用户的密码。

例如，用户连接本机 MySQL 服务器的代码如下：

```
$dbc=mysql_connect("localhost","root","root");
```

如果函数调用成功，并成功建立了连接，$dbc 变量将成为后续数据库交互的一个参考点。用于处理 MySQL 的大多数 PHP 函数都可以把它作为一个可选的参数，但是，如果省略了它，这些函数也会自动使用打开的连接。如果连接失败，则返回 FALSE。

9.1.2 选择数据库

一个 MySQL 服务器中，常常有多个数据库。连接 MySQL 服务器以后，选择需要使用的数据库。mysql_select_db()函数用于选择目标数据库，用法如下：

```
mysql_select_db($database_name, $link_identifier);
```

mysql_select_db()函数用来选择 MySQL 服务器中的数据库。参数 $database_name 是数据库名称的字符串。$link_identifier 是一个资源型变量，表示连接服务器时返回的资源，这个参数是可选参数，如果没有设置，则表示已经连接的服务器。函数的返回值是一个布尔值，如果成功，则返回 TRUE；如果失败，则返回 FALSE。

例如，选择 mydatabase 数据库，代码如下：

```
$dbc=mysql_connect("localhost","root","root");
mysql_select_db("mydatabase",$dbc)or die("选择数据库失败");
```

先使用 mysql_connect 函数建立数据库连接，然后使用连接成功的 $dbc 参数选择数据库 mydatabase，若失败则停止 PHP 程序的运行，并提示错误信息。mysql_select_db()函数选择一个数据库，相当于 MySQL 命令行中的 USE 命令。

9.1.3 关闭数据库连接

一旦使用完现有的 MySQL 连接，就要关闭它。mysql_close()用于关闭数据库连接，用法如下：

```
mysql_close($link_identifier)
```

$link_identifier 是一个资源型变量，表示连接服务器时返回的资源，这个参数是可选参数，如果没有指定，默认使用最后被 mysql_connect()打开的连接。

mysql_close()函数关闭指定的连接标识所关联的到 MySQL 服务器的非持久连接。如果没有指定 $link_identifier，则关闭上一个打开的连接。如果关闭成功，则返回

TRUE;如果失败,则返回 FALSE。例如:

```
$dbc=mysql_connect("localhost","root","root");
mysql_close($dbc);
```

建立 $ conn 连接后,关闭该连接。

mysql_close()函数不是必需的,因为在脚本的末尾,PHP 会自动关闭连接,但是使用这个函数确实是一种良好的编程风格。

9.1.4 网站配置文件

在 PHP 网站中,几乎所有的文件都需要连接 MySQL 服务器和选择数据库,可以将这些功能写在一个文件中,需要访问数据库的网页只需要包含这个文件即可实现 MySQL 数据的连接功能。而数据库的连接参数,常常是写在一个配置文件中的。这种模块公用的方法就是网站配置文件。当 MySQL 服务器的信息发生变化时,只需要更改配置文件的参数即可。

以下将创建一个针对此目的的特殊文件,来演示连接到 MySQL 的过程。需要 MySQL 连接的其他 PHP 脚本可以包含这个文件。

在此之前,有必要介绍一个 mysql_error()函数。

1. PHP 的 mysql_error()函数

错误处理在任何脚本中都很重要,在处理数据库时,这是个大问题,因为发生错误的可能性会显著增加。打印出查询结果,然后通过 MySQL 客户端运行它们,这是一种关键的调试技术,但是,它肯定不是唯一的工具。

为了让脚本提供关于所发生错误的详尽报告,可以使用 mysql_error()函数。它会返回 MySQL 与前一个数据库交互时所发生的错误信息。无论是在尝试连接到 MySQL 时出错,在选择要使用的数据库时发生错误,还是在运行查询时发生错误,mysql_error()函数都将报告任何问题,就像在 MySQL 客户端中运行了这个命令一样。在数据库操作中,将广泛使用这个函数。

2. 连接到并选择数据库

(1) 在文本编辑器中创建一个新的 PHP 文档(参见脚本 9-1)。

脚本 9-1　本脚本建立了一条到达 MySQL 的连接,并选择数据库。

```
<?php #Script 9-1 -mysql_connect.php

   $hostname="localhost";
   $database="mydatabase";
   $username="username";
   $password="password";

   $dbc=@mysql_pconnect($hostname, $username, $password)OR die('连接数据库
```

```
失败:' . mysql_error());

@mysql_select_db($database)OR die('选择数据库失败:' . mysql_error());;
?>
```

(2) 将数据库主机、用户名、密码和数据库名称设置为变量。

```
$hostname="localhost";
$database="mydatabase";
$username="username";
$password="password";
```

把这些设置为变量比较有意义，这样就能够把配置参数与使用它们的函数隔离开，但是这不是必需的。

在编写脚本时，可以把这些值更改为处理数据库对应的值，并把适当的权限授予名为 username 的用户，其密码为 password。

(3) 连接到 MySQL。

```
$dbc=@mysql_pconnect($hostname, $username, $password)OR die('连接数据库失败:'
. mysql_error());
```

如果成功连接到 MySQL，则 mysql_connect()函数将返回对应于打开连接的资源链接。这个链接将被赋予 $ dbc 变量，用来与数据库连接，在使用其他 MySQL 特有的函数时，这个连接可以让用户引用。

在函数调用前面放置了一个错误抑制运算符(@)，可以防止在 Web 浏览器中显示 PHP 错误，这是一种首选的做法，因为错误将由 OR die 子句处理。

如果 mysql_connect()函数不能返回有效的资源链接，那么就会执行语句的 OR die ()部分，因为 OR 的第一部分将为假，因此第二部分必须为真。die()函数会终止脚本的执行。该函数还可以取一个指向 Web 浏览器的字符串作为参数。在这种情况下，这个字符串是"连接数据库失败："的字符串和特定的 MySQL 错误的组合。在开发站点时，使用这个错误管理系统，使得调试容易得多。

(4) 选择要使用的数据库，并关闭 PHP 页面。

```
@mysql_select_db($database)OR die('选择数据库失败:' . mysql_error());;
?>
```

最后这一步告诉 MySQL 每个查询应该运行在什么数据库上。如果选择数据库失败，则会在后面的脚本中引发问题，尽管如果应用程序使用了多个数据库，可以不必在此选择一个。

同样，OR die()构造用于处理任何 MySQL 问题，@会抑制原来的 PHP 错误。

(5) 将文件另存为 mysql_connect. php。

因为这个文件包含必须保持私有的数据库访问信息，所以将使用. php 后缀名。利用. php 后缀名，有恶意的用户即使在其 Web 浏览器中运行了这个脚本，也不会看到页面的实际内容。

(6) 将这个文件上传到服务器,建议把它存放在 Web 文档根目录的外面。

因为这个文件包含敏感的 MySQL 访问信息,所以应该安全地存储它。如果可以的话,就把它放在 Web 目录的上一级目录中,或者把它放在 Web 目录的外面,这样就不能从 Web 浏览器访问该文件了。

(7) 在 Web 文档根目录中临时存放一个这个脚本的副本,并在 Web 浏览器中运行这个脚本(参见图 9-1 和图 9-2)。

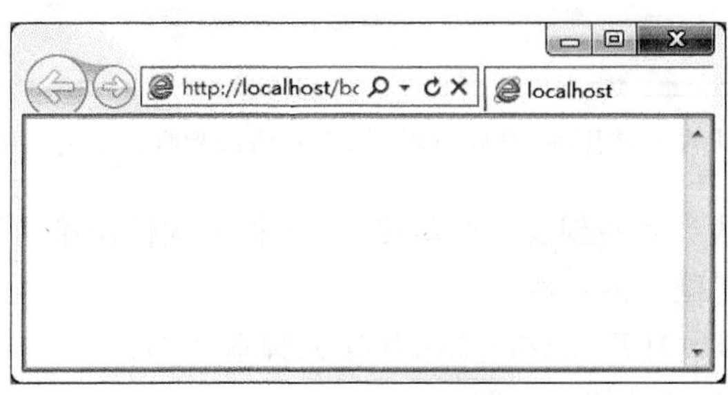

图 9-1 连接成功将是空白页面

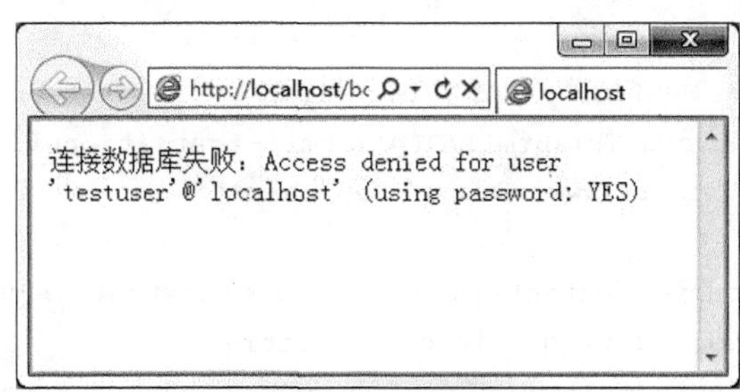

图 9-2 连接失败将会提示错误信息,并中止脚本

为了测试这个脚本,把它的一个副本放在 Web 目录中,使得可以从 Web 浏览器中访问它。如果脚本正确地工作,其结果应该是一个空白页面,如图 9-1 所示,因为该脚本没有生成任何的 HTML。如果看到 Access denied 或者类似的消息,如图 9-2 所示,这意味着用户名、密码和主机的组合不具有访问特定数据库的权限,此外,还要确认 MySQL 正在运行。

(8) 测试成功后,从 Web 目录中删除临时的副本。

一旦编写了这个脚本,就可以轻松地更改变量定义的那几行代码,可以把这个脚本用于其他项目。另外,如果接收到一个错误,声称 mysql_connect()是一个未定义的函数,这意味着没有包含 MySQL 支持来编译 PHP。如果需要在同一脚本中连接到多个数据库服务器,可以多次运用 mysql_connect()函数,并把返回的结果赋予不同的 PHP 变量。

图 9-3 显示了如果在 mysql_connect()前面没有使用错误抑制运算符@符号,并且发生一个错误时,会出现什么情况。

3. 修改模板

本章的所有页面都是同一个 Web 应用程序的一部分,所以使用公共模板系统是有必

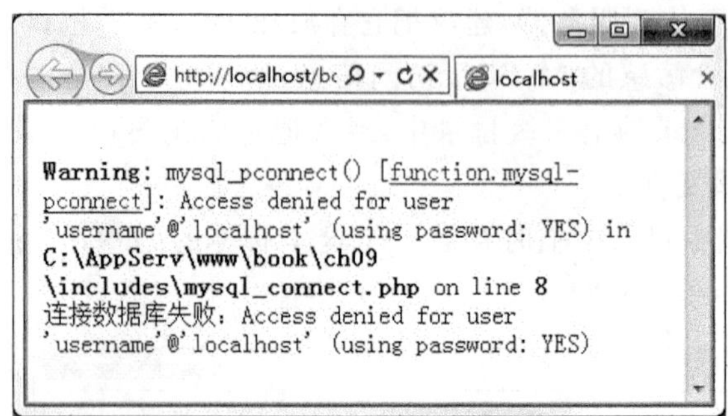

图 9-3 如果没有使用@，将同时看到 PHP 错误和自定义的 OR die()错误

要的。在这里将不会从头开始创建一个新模板，而将再次使用第 7 章的布局，并且只对头文件中的导航链接做了微小的修改。

(1) 在文本编辑器中打开 header. html(参见脚本 7-2)。

(2) 更改链接导航(参见脚本 9-2)。

脚本 9-2 用新的导航链接修改了站点的头文件。

```
<!DOCTYPE html PUBLIC "-//W3C//DTD XHTML 1.0 Transitional//EN"
"http://www.w3.org/TR/xhtml1/DTD/xhtml1-transitional.dtd">
<html xmlns="http://www.w3.org/1999/xhtml">
<head>
<meta http-equiv="content-type" content="text/html; charset=gb2312" />
 <title><?php echo $page_title;?></title>
<link href="includes/layout.css" rel="stylesheet" type="text/css" />
</head>

<body>
<div id="wrapper">
  <div id="content">
    <div id="nav">
    <h3>请选择</h3>
    <ul>
    <li class="navtop"><a href="index.php" title="首页">首页</a></li>
    <li><a href="register.php" title="注册">注册</a></li>
    <li><a href="view_users.php" title="查看用户">查看用户</a></li>
    <li><a href="password.php" title="修改密码">修改密码</a></li>
    </ul>
  </div>
    <!--Script 9-2 -header.html -->
```

本章的所有示例都将涉及注册、查看用户和修改密码这些页面。

(3) 将文件另存为 header. html。

(4) 将新的头文件上传到 Web 服务器，将其与 footer. html 和 layout. css 一起存放在 includes 文件夹中。在 Web 浏览器中运行 index.php，测试新的头文件，如图 9-4 所示。

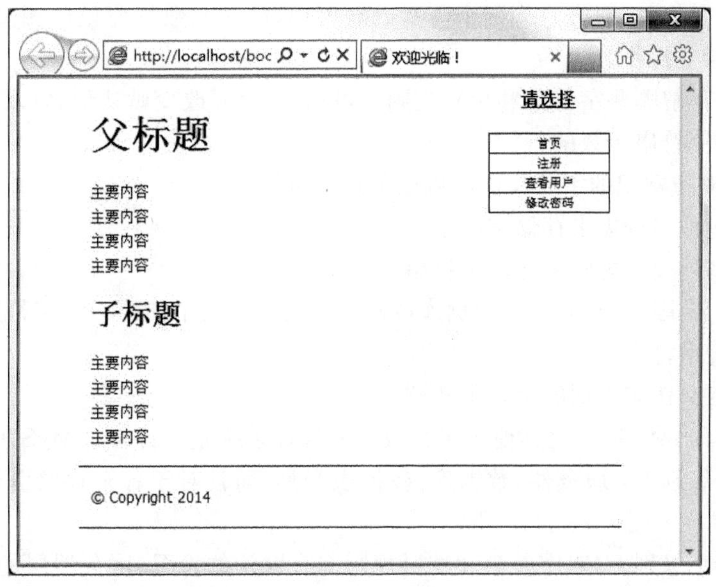

图 9-4 动态生成的主页

9.2 执行简单查询

9.2.1 执行 SQL 操作

一旦成功连接到并选择一个数据库，就可以开始执行 SQL 操作。在 PHP 中，使用 mysql_query()函数来向 MySQL 服务器发送各种不同的 SQL 语句，例如插入、更新、删除和查询等操作。mysql_query()函数的用法如下：

```
$result=mysql_query($query);
```

其中参数 $ query 必须是一个正确的 SQL 语句。

INSERT、UPDATE 及 DELETE 这样简单的查询，都不会返回结果，对于这样简单的 SQL 操作，mysql_query()函数的返回值 $ result 将是 TRUE 或者 FALSE，这取决于查询是否执行成功。对于会返回记录的复杂查询，例如，SELECT、SHOW、EXPLAIN 和 DESCRIBE 操作，如果查询有效，则 $ result 变量将是一个指向查询结果的资源链接；如果查询无效，则 $ result 变量将为 FALSE。

9.2.2 MySQL 的字符集

1. 字符集

在 PHP 与 MySQL 数据库交互的过程中，经常出现乱码的问题，这就是 MySQL 字符集的问题。字符集是一组符号以及与它们对应的编码;校对规则是一组规则,规定了字符之间如何比较。每一个字符集都对应着一组(至少一个)校对规则,而每一个校对规则对应唯一一个字符集,通常它们两个需要成对出现,已完成数据库里的相关操作,比如排序、字符串连接等操作。

我们需要了解哪些字符集和校对规则是可用的,怎样改变默认值,以及它们怎样影响字符操作符和字符串函数的行为。

MySQL 对于常规的字符集能够做以下这些事情:

- 使用多种字符集来存储字符串。
- 使用多种校对规则来比较字符串。
- 在同一台服务器、同一个数据库或甚至在同一个表中使用不同字符集或校对规则来混合字符串。
- 允许定义任何级别的字符集和校对规则。

在这些方面,MySQL 比其他大多数数据库管理系统超前许多。MySQL 的字符集可以使用在四个级别上:服务器、数据库、数据表和列,而且对于各个存储引擎都支持字符集的使用。

在上述四个级别上,对字符集和校对规则都有默认的设置,服务器层的默认为 latin1 和 latin1_swedish_ci。在创建各个层次的实体时都有相应的子句或者候选项可以使用,以显式地声明各个实体将要使用的字符集和校对规则。

例如,在第 8 章使用 phpMyAdmin 创建数据库时,就可选择 gb2312_Chinese_ci 作为数据库的默认字符集编码。

2. 字符集的系统变量

MySQL 提供了以下几个设置字符集的系统变量:

- character_set_client——客户端字符集。
- character_set_connection——客户端与服务器端连接采用的字符集。
- character_set_results SELECT——查询返回数据的字符集。
- character_set_database——数据库采用的字符集。

乱码问题一般是由于以上几个变量设置错误造成的,所以只要理解这几个变量,就可以与乱码告别了。

使用上述变量,要理解这个核心思想:character_set_client 和 character_set_connection 这两个变量保证要与 character_set_database 编码的一致,而 character_set_results 则保证 SELECT 返回的结果与程序的编码一致。

3. SET NAMES 语句

SET 语句用于设置不同类型的变量。这些变量会影响服务器或客户端的操作。SET 可以用于向用户变量或系统变量赋值。

其中 SET NAMES 子句用于把三个系统变量 character_set_client、character_set_connection 和 character_set_results 设置为给定的字符集。

一般情况下,当数据库与数据库表的字符集为 utf8 时,再在程序里设置 set names

'utf8'命令，这样就能保证无乱码了，但是，这里还要注意 character_set_results 变量的值，character_set_results 的字符值是用来显示返回给用户的编码的。

例如，数据库(character_set_database)用的是 utf8 的字符集，那么就要保证 character_set_client 及 character_set_connection 也是 utf8 的字符集。而程序也许采用的并不是 utf8，比如程序用的是 gb2312，那么若把 character_set_results 也设置为 utf8，就会出现乱码问题。此时应该把 character_set_results 设置为 gb2312。这样就能保证数据库返回的结果与程序的编码一致。

在本书中，所有的页面使用的网页编码指定为 gb2312，HTML 头部声明中有如下语句：

```
<meta http-equiv="content-type" content="text/html; charset=gb2312" />
```

因此，通过 PHP 页面与 MySQL 数据库交互时，必须要统一字符集编码。为避免出现乱码，强烈建议在每次执行 mysql_query()函数操作数据库之前，先转换字符集编码，使用如下代码：

```
mysql_query("SET NAMES 'gb2312'");
```

通过这样的设定，不管是用 phpMyAdmin 管理 MySQL 数据库，还是通过 PHP 页面操作数据库的数据，中英文都会正常存储和显示。

9.2.3 插入操作

为了演示这个过程，我们将编写一个注册脚本，它类似第 6 章的脚本 6-6，这里简化至只需用户填写必填选项，并将用户填写的信息输入到 mydatabase 数据库的 user 表中。

(1) 在文本编辑器中创建一个新的 PHP 脚本(参见脚本 9-3)。

脚本 9-3 本脚本向数据库中添加一条记录。

```
<?php #Script 9-3 -register.php
$page_title='注册';
include('./includes/header.html');

if(isset($_POST['Submit'])){
    $errors=array();
    if(empty($_POST['name'])){
        $errors[]='您忘记输入用户名.';
    }
    if(empty($_POST['email'])){
        $errors[]='您忘记输入您的 EMAIL 地址.';
    }
    if(!empty($_POST['password1'])){
        if($_POST['password1'] !=$_POST['password2']){
            $errors[]='两次输入密码不同.';
```

```
        }
    } else {
        $errors[]='您忘记输入密码.';
    }

    if(empty($errors)){
        require_once("./includes/mysql_connect.php");
        $sql="INSERT INTO 'users'('user_id', 'name', 'password', 'email',
        'registration_date')
          VALUES(NULL, '{$_POST['name']}', SHA1('{$_POST['password1']}'),
          '{$_POST['email']}', NOW());";
        mysql_query("SET NAMES 'gb2312'");
        $result=@mysql_query($sql);

        if($result){
            $body="谢谢您注册我们的站点!\n您的登录密码为:{$_POST['password1']}";
            mail($_POST['email'], '谢谢您的注册!', $body, 'From: shiying@
           zdxy.cn');
            echo '<h1 id="mainhead">注册成功!</h1>';
            echo "<p>谢谢您注册我们的站点!\n您的登录密码为:{$_POST['
            password1']}</p>";
            echo '<p>您已注册成功,确认邮件已发送至您的邮箱!</p><p></p>';
            include('./includes/footer.html');
            exit();
        }else{
            echo '<h1 id="mainhead">系统错误!</h1>
            <p class="error">很抱歉您暂时无法注册。<br />';
            echo '<p>' . mysql_error();
            include('./includes/footer.html');
            exit();
        }
        mysql_close();
    } else {
        echo '<h1 id="mainhead">错误!</h1>
        <p class="error">出现以下错误:<br />';
        foreach($errors as $msg){
            echo " - $msg<br />\n";
        }
        echo '</p><p>请重填:</p><p><br /></p>';
    }
}
?>
<h2>注册:</h2>
<form action="register.php" method="post">
```

```
    <table>
      <tr>
        <td>用户名：</td>
        <td><input type="text" name="name" size="20" maxlength="40" value="<?php if(isset($_POST['name']))echo $_POST['name']; ?>" /></td>
      </tr>
      <tr>
        <td>Email 地址:</td>
        <td><input type="text" name="email" size="20" maxlength="40" value="<?php if(isset($_POST['email']))echo $_POST['email']; ?>" /></td>
      </tr>
      <tr>
        <td>密码:</td>
        <td><input type="password" name="password1" size="10" maxlength="20" /></td>
      </tr>
      <tr>
        <td>确认密码：</td>
        <td><input type="password" name="password2" size="10" maxlength="20" /></td>
      </tr>
      <tr>
        <td colspan="2"><div align="center">
          <input type="submit" name="Submit" value="注册" />
        </div></td>
      </tr>
    </table>
</form>
<?php
include('./includes/footer.html');
?>
```

(2) 设置 $page_title 变量,并且包含 HTML 头文件。

```
$page_title='注册';
include('./includes/header.html');
```

(3) 创建提交条件语句,并初始化 $errors 数组。

```
if(isset($_POST['Submit'])){
    $errors=array();
```

这个脚本将同时显示和处理 HTML 表单。这个条件语句将检查是否处理表单。对 $errors 变量进行初始化,以使得后面构建它时不会产生警告。

(4) 验证用户名。

```
if(empty($_POST['name'])){
    $errors[]='您忘记输入用户名.';
}
```

empty()函数用作确保文件框不空的方式。如果名字文本框为空，就会添加一条出错信息到 $ errors 数组中。

(5) 验证电子邮件地址和密码。

```
if(empty($_POST['email'])){
    $errors[]='您忘记输入您的 EMAIL 地址.';
}
if(!empty($_POST['password1'])){
    if($_POST['password1'] !=$_POST['password2']){
        $errors[]='两次输入密码不同.';
    }
} else {
    $errors[]='您忘记输入密码.';
}
```

为了验证密码，需要检查 password1 输入框的值，然后确认 password1 与 password2 的值是否相等。

(6) 检查用户是否正确注册。

```
if(empty($errors)){
```

如果提交的数据通过了所有的条件，这个条件将为 TRUE，并且会安全地执行后续操作。如果不是这样，那么应该打印合适的出错信息，并给用户提供另外一次注册的机会。

(7) 将用户添加到数据库中。

```
require_once("./includes/mysql_connect.php");
$sql=" INSERT INTO 'users' (' user_id ', ' name ', ' password ', ' email ',
'registration_date')VALUES(NULL , '{$_POST['name']}', SHA1('{$_POST['password1
']}'), '{$_POST['email']}', NOW());";
mysql_query("SET NAMES 'gb2312'");
$result=mysql_query($sql);
```

这段代码的第一行将把 mysql_connect.php 文件的内容插入到这个脚本中，从而创建一条到达 MySQL 的连接，并选择数据库。

这个查询本身类似于第 8 章演示的 SQL 操作。SHA1()函数用于对密码进行加密，NOW()函数用于将注册日期设置为当前时间。在这里需要注意的是各个 $ _POST 变量使用的语法，当数组使用字符串作为它的键时，应把数组名和键包装在花括号中。

在运行 mysql_query()函数，先统一编码为 gb2312，避免出现乱码。

在将这个查询赋予变量 $ sql 之后,就会通过 mysql_query()函数运行,它会把 SQL 命令发送到 MySQL 数据库。就像在 mysql_connect.php 脚本中一样,mysql_query()调用前面放置了一个@符号,避免错误信息直接输出在页面中。如果发生问题,就会在下一步中更直接地处理。

(8) 报告注册成功。

```
if($result){
    $body="谢谢您注册我们的站点!\n 您的登录密码为:{$_POST['password1']}";
    mail($_POST['email'], '谢谢您的注册!', $body, 'From: shiying@zdxy.cn');
    echo '<h1 id="mainhead">注册成功!</h1>';
    echo "<p>谢谢您注册我们的站点!\n 您的登录密码为:{$_POST['password1']}</p>";
    echo '<p>您已注册成功,确认邮件已发送至您的邮箱!</p><p></p>';

    include('./includes/footer.html');
    exit();
}
```

$ result 变量被赋予 mysql_query()函数返回的值,它可以用在条件语句中,以指示查询的成功操作。在这个例子中,也可以通过编写如下条件语句,来节省一行代码:

```
if(@mysql_query($sql)){
```

如果 $ result 为 TRUE,就会显示消息,包含脚注,并使用 exit()中止脚本。如果没有在这里包括脚注并退出脚本,就会再次显示注册表单。也可以发送一封关于成功注册的电子邮件。

如果 $ result 为 FALSE,就会打印出错信息。出于调试的目的,出错信息将通过 mysql_error()函数返回 MySQL 发出的错误。同样会包括脚注并中止页面的运行,以使得不会重新显示表单。

(9) 关闭数据库连接。

```
mysql_close();
```

这不是必需的,但它是一个良好的编程习惯。

(10) 打印出任何出错信息,并关闭提交条件语句。

```
} else {
    echo '<h1 id="mainhead">错误!</h1>
    <p class="error">出现以下错误:<br />';
    foreach($errors as $msg){
        echo " - $msg<br />\n";
    }
    echo '</p><p>请重填:</p><p><br /></p>';
}
}
```

如果有任何错误,就会调用 else 子句。在这里,所有的错误都用 foreach 循环显示。

最后的右花括号关闭了主提交条件语句。

(11) 关闭 PHP 代码,开始 HTML 表单。

```
<h2>注册:</h2>
<form action="register.php" method="post">
   <table width="299" height="151">
     <tr>
       <td>用户名: </td>
       <td><input type="text" name="name" size="20" maxlength="40" value="<?
       php if(isset($_POST['name']))echo $_POST['name']; ?>" /></td>
     </tr>
     <tr>
       <td>Email 地址:</td>
       <td><input type="text" name="email" size="20" maxlength="40" value="<
       ?php if(isset($_POST['email']))echo $_POST['email']; ?>" /></td>
     </tr>
```

同样,为了让表单具有黏性,在 input 标签的 value 属性中添加 PHP 代码。

强烈建议为表单输入框使用与数据库中对应的字段相同的名称,这些字段中存储了表单输入框的值。此外,应该把表单中的最大输入框长度设置为等于数据库中的最大列长度。这两个习惯都有助于减少错误。对于密码输入框,无须遵守这个最大长度建议,因为它们将会用 SHA1()函数,总是会创建一个长度为 40 个字符的字符串。

(12) 完成 HTML 表单,使用 HTML 脚注完成页面。

```
</form>
<?php
include('./includes/footer.html');
?>
```

(13) 将文件另存为 register.php,上传到 Web 服务器上与 index.php 相同的目录中,通过在 Web 浏览器中运行这个脚本来测试文件(参见图 9-5、图 9-6、图 9-7 和图 9-8)。

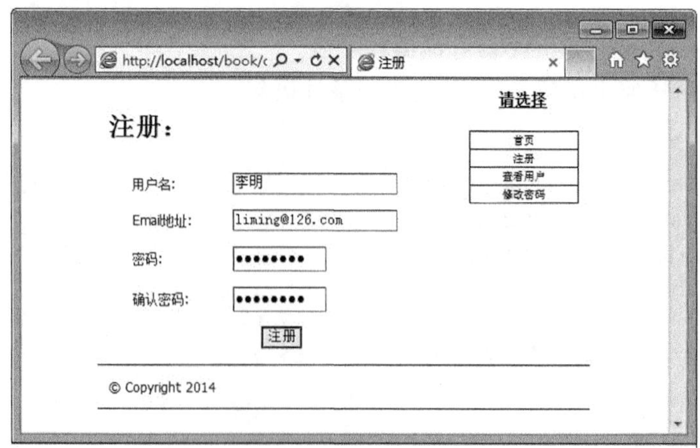

图 9-5　注册表单

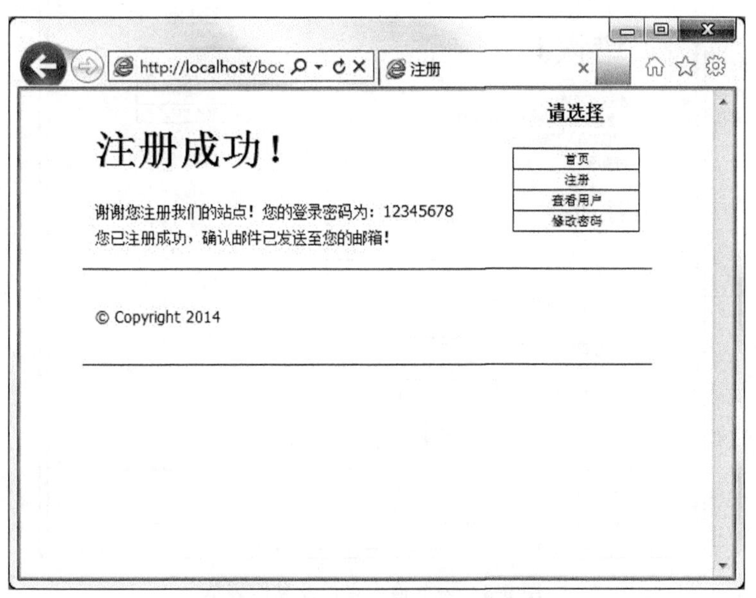

图 9-6　如果能在数据库中注册，就会显示成功的信息

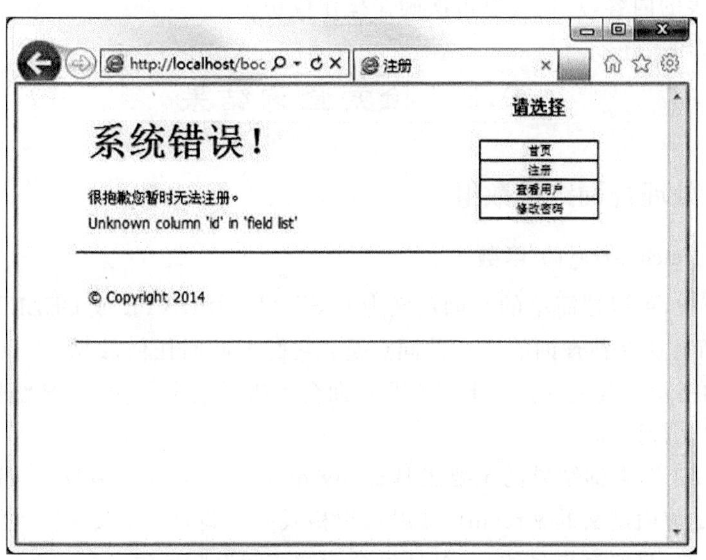

图 9-7　由查询引发的 MySQL 错误

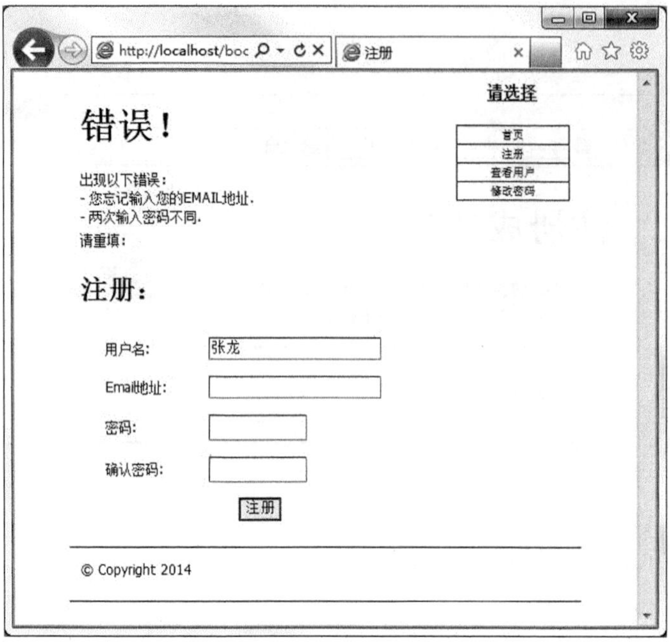

图 9-8　表单输入有误及黏性表单

如果能够在数据库上执行查询，mysql_query()函数就会返回 TRUE。这不一定代表查询的结果就是我们所期待的。所以在运行脚本后，通过使用 phpMyAdmin 来查看 MySQL 数据表的内容，总是可以再次确保操作成功。

9.3　检索查询结果

9.3.1　处理查询结果数组

1. mysql_fetch_array() 函数

在前一节中，可以把简单的查询定义为 INSERT、UPDATE 或 DELETE 开头的一个 SQL 查询。所有这 3 种查询的一个共同点是：它们不返回任何数据，而只返回一个成功或失败执行的指示。与之相反，SELECT 查询会生成必须由其他 PHP 函数处理的结果，因为它会返回几行记录。

处理 SELECT 查询结果的主要工具是 mysql_fetch_array()函数，它带有一个查询结果变量，也就是前面定义的 $ result，并以数组格式一次返回一行数据。可以在一个循环中使用这个函数，只要有更多的行，循环就会持续访问返回的每一行。

mysql_fetch_array() 函数从结果集中取得一行作为联合数组，或索引数组，或二者兼有。返回根据从结果集取得的行生成的数组，如果没有更多行，则返回 FALSE。

语法如下：

```
mysql_fetch_array(data,array_type)
```

从查询读取每条记录的基本格式如下：

```
while($row=mysql_fetch_array($result)){
    //处理$row
}
```

mysql_fetch_array()函数带有一个可选的参数 array_type，用于指定返回的数组的类型：联合数组、索引数组，或者这两者同时返回。联合数组允许通过名称引用列值，而索引数组则要求只使用数字，返回的第一列，从 0 开始。每个参数都是通过表 9-1 中列出的常量定义的。

表 9-1 mysql_fetch_array()函数的可选参数

常　量	示　例
MYSQL_ASSOC	$ row['name']
MYSQL_NUM	$ row[1]
MYSQL_BOTH	$ row[1]或 $ row['name']

可以把如表 9-1 所示的常量之一作为一个可选参数添加到 mysql_fetch_array() 函数中，指示如何访问返回的值。该函数的默认设置参数为 MYSQL_BOTH。与其他选项相比，MYSQL_NUM 设置要快那么一点点，并且使用更少的内存。与之相反，MYSQL_ASSOC 更明确，即使表结构或查询发生变化，它也会继续工作。

需要注意的是，mysql_fetch_array()函数返回的字段名是区分大小写的。

2. 释放内存

使用 mysql_fetch_array() 函数时，可以采取的一个可选的步骤是：一旦使用查询结果信息完成了工作，即可释放这些信息。方法如下：

```
mysql_free_result($result);
```

参数 $ result 是必需的，是要释放的结果标识符。该结果标识符是从 mysql_query()返回的结果。

这一行会消除 $ result 所占用的系统开销。这个步骤是可选的，mysql_free_result()仅需要在考虑到返回很大的结果集时会占用多少内存时调用。在脚本结束后所有关联的内存都会被自动释放。就像使用 mysql_close()一样，这是一种良好的编程风格。

9.3.2 检索查询结果

为了演示如何处理查询返回的结果，将创建一个脚本，用户查看当前注册的所有用户。

(1) 在文本编辑器中创建一个新的 PHP 脚本(参见脚本 9-4)。

脚本 9-4 在数据库上运行一个静态查询，并打印出返回的所有行。

```
<?php #Script 9-4 -view_users.php
```

```
$page_title='查看当前所有用户';
include('./includes/header.html');
echo '<h1 id="mainhead">注册用户</h1>';

require_once("./includes/mysql_connect.php");
$sql="SELECT name, DATE_FORMAT(registration_date, '%Y 年%m 月%d 日')AS dr FROM users ORDER BY registration_date ASC";
mysql_query("SET NAMES 'gb2312'");
$result=@mysql_query($sql);

if($result){
    echo '<table align="center" cellspacing="0" cellpadding="5">
    <tr><td><b>姓名</b></td><td><b>注册时间</b></td></tr>';

    while($row=mysql_fetch_array($result, MYSQL_ASSOC)){
    echo '<tr><td>' . $row['name'] . '</td><td>' . $row['dr'] . '</td></tr>';
    }

    echo '</table>';
    mysql_free_result($result);

} else {
    echo '<p class="error">很抱歉发生系统错误如下:</p>';
    echo mysql_error();
}

mysql_close();
include('./includes/footer.html');
?>
```

(2) 连接并查询数据库。

```
require_once("./includes/mysql_connect.php");
$sql="SELECT name, DATE_FORMAT(registration_date, '%Y 年%m 月%d 日')AS dr FROM
users ORDER BY registration_date ASC";
mysql_query("SET NAMES 'gb2312'");
$result=@mysql_query($sql);
```

这里的查询将分为两列：用户名和他们的注册日期，注册日期通过 DATA_FORMAT 函数格式化格式为 YYYY 年 MM 月 DD 日，然后通过 SQL 别名(dr)提供给返回的结果。

(3) 显示查询结果。

```
if($result){
```

```
echo '<table align="center" cellspacing="0" cellpadding="5">
<tr><td><b>姓名</b></td><td><b>注册时间</b></td></tr>';
while($row=mysql_fetch_array($result, MYSQL_ASSOC)){
    echo '<tr><td>' . $row['name'] . '</td><td>' . $row['dr'] . '</td></tr>';
}
echo '</table>';
```

为了显示结果,首先在 HTML 中建立了一个表和标题行。然后使用 mysql_fetch_array()函数遍历结果,并打印出后续的每一行。最后关闭这个表。

应注意的是,在 while 循环中,使用正确的列名和别名来引用返回的每个值: $ row['name'] . 和 $ row['dr'],不用引用 $ row['registration_date'],因为不会返回这样的字段名称。

(4) 释放查询资源。

```
mysql_free_result($result);
```

同样,这一步是可选的,但是采用它将是一种良好的编程风格。

(5) 完成条件语句。

```
} else {
    echo '<p class="error">很抱歉发生系统错误如下:</p>';
    echo mysql_error();
}
```

当 $ result 返回为 FALSE,则意味着 SQL 语句执行有误,打印出 MySQL 的错误有利于调试。

(6) 关闭数据库连接,完成页面。

```
mysql_close();
include('./includes/footer.html');
?>
```

(7) 将文件另存为 view_users.php,上传到 Web 服务器,并在浏览器中测试它(参见图 9-9)。

记住,必须使用 mysql_query()执行 SQL 查询,然后使用 mysql_fetch_array()来检索单行信息,如果要检索多行,则可使用 while 循环,而不是 for 或者 foreach。

需要注意的是,如果需要在 while 循环内运行第二个查询,则一定要为其使用不用的变量名称,例如,使用 $ result2 和 $ row2,如果再使用 $ result 和 $ row,则会遇到逻辑错误。

另外,PHP 还有两个处理查询结果数组的函数,分别是 mysql_fetch_row()函数和 mysql_fetch_assoc()函数。其中,mysql_fetch_row()函数与 mysql_fetch_array($ result, MYSQL_NUM)函数等价,mysql_fetch_assoc()函数与 mysql_fetch_array($ result, MYSQL_ASSOC)函数等价。

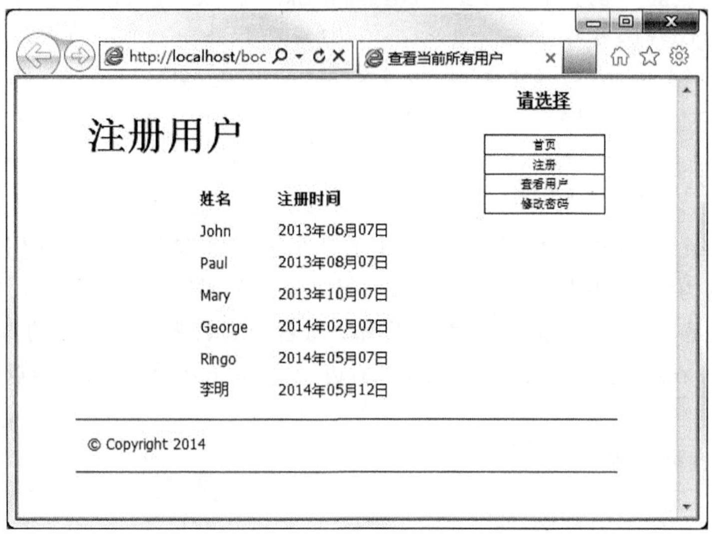

图 9-9 从数据库中检索所有的用户记录

9.3.3 统计返回的记录数

1. mysql_num_rows()函数

mysql_num_rows()函数返回 SELECT 查询检索的行数,并取查询结果作为一个参数。用法如下:

```
$num=mysql_num_rows($result);
```

mysql_num_rows() 将返回结果集中行的数目。此命令仅对 SELECT 语句有效。

2. 统计返回的记录

为了演示 mysql_num_rows() 函数的用法,修改 view_users.php 页面,列出注册用户的总数。

(1) 在文本编辑器中打开 view_users.php(参见脚本 9-5)。

脚本 9-5 view_users.php 将显示注册用户的总数。

```
<?php #Script 9-5 -view_users.php(基于脚本 9-4 更新)
$page_title='查看当前所有用户';
include('./includes/header.html');
echo '<h1 id="mainhead">注册用户</h1>';

require_once("./includes/mysql_connect.php");
$sql="SELECT name, DATE_FORMAT(registration_date, '%Y 年%m 月%d 日')AS dr FROM users ORDER BY registration_date ASC";
mysql_query("SET NAMES 'gb2312'");
$result=@mysql_query($sql);
```

```
$num=mysql_num_rows($result);

if($num >0){
    echo "<p>共有 $num 位注册用户</p>\n";
    echo '<table align="center" cellspacing="0" cellpadding="5">
    <tr><td><b>姓名</b></td><td><b>注册时间</b></td></tr>';

    while($row=mysql_fetch_array($result, MYSQL_ASSOC)){
    echo '<tr><td>' . $row['name'] . '</td><td>' . $row['dr'] . '</td></tr>';
    }

    echo '</table>';
    mysql_free_result($result);

} else {
    echo '<p class="error">当前还没有注册用户。</p>';
}

mysql_close();
include('./includes/footer.html');
?>
```

(2) 在 mysql_query()函数调用之后添加如下代码：

```
$num=mysql_num_rows($result);
```

这一行代码将把返回的行数赋予 $num 变量。

(3) 把原来的 $result 条件语句更改如下：

```
if($num >0){
```

以前编写的条件是基于查询是否会工作，而不是基于是否会返回任何记录，现在更准确。

(4) 打印出注册用户的总数。

```
echo "<p>共有 $num 位注册用户</p>\n";
```

(5) 更改该条件语句的 else 子句。

```
echo '<p class="error">当前还没有注册用户。</p>';
```

原来的条件语句基于查询是否工作，应该已经通过调试，可以不需要原来的错误信息。现在的出错信息只是指示是否不会返回任何记录。

(6) 将文件另存为 view_users.php，上传到 Web 服务器，并在 Web 浏览器中测试它(参见图 9-10)。

3. 设计字段值唯一

mysql_num_rows()函数的另一个使用方式，可以用来检查数据的唯一性。例如，本

图 9-10　注册用户的数量显示页面顶部

例中用户的电子邮件地址是唯一的，不允许重复的。下面的脚本将测试在用户使用一个电子邮件地址注册时，该地址是否已经被使用。

（1）在文本编辑器中打开 register.php（参见脚本 9-6）。

脚本 9-6　register.php 脚本现在将检查电子邮件地址是否重复。

```
<?php #Script 9-6 -register.php(基于脚本 9-3 更新)
$page_title='注册';
include('./includes/header.html');

if(isset($_POST['Submit'])){
    $errors=array();
    if(empty($_POST['name'])){
        $errors[]='您忘记输入用户名.';
    }
    if(empty($_POST['email'])){
        $errors[]='您忘记输入您的 EMAIL 地址.';
    }
    if(!empty($_POST['password1'])){
        if($_POST['password1'] !=$_POST['password2']){
            $errors[]='两次输入密码不同.';
        }
    } else {
        $errors[]='您忘记输入密码.';
    }

```

```
    if(empty($errors)){
        require_once("./includes/mysql_connect.php");
        $query="SELECT user_id FROM users WHERE email='{$_POST['email']}'";
        $result=mysql_query($query);
        if(mysql_num_rows($result)==0){

            $sql="INSERT INTO 'users'('user_id', 'name', 'password', 'email',
            'registration_date')
                    VALUES(NULL , '{$_POST['name']}', SHA1('{$_POST
                    ['password1']}'), '{$_POST['email']}', NOW());";
            mysql_query("SET NAMES 'gb2312'");
            $result=@mysql_query($sql);

            if($result){
                //$body="谢谢您注册我们的站点!\n 您的登录密码为:{$_POST
                  ['password1']}";
                //mail($_POST['email'], '谢谢您的注册!', $body, 'From:
                  shiying@zdxy.cn');
                echo '<h1 id="mainhead">注册成功!</h1>';
                echo "<p>谢谢您注册我们的站点!\n 您的登录密码为:{$_POST
                ['password1']}</p>";
                echo '<p>您已注册成功,确认邮件已发送至您的邮箱!</p><p></p>';
                include('./includes/footer.html');
                exit();
            }else{
                echo '<h1 id="mainhead">系统错误!</h1>
                <p class="error">很抱歉您暂时无法注册。<br />';
                echo '<p>' . mysql_error();
                include('./includes/footer.html');
                exit();
            }
        } else {
            echo '<h1 id="mainhead">错误!</h1>
            <p class="error">对不起,这个 email 地址已被注册,请重新选择。</p>';
        }
        mysql_close();
    } else {
        echo '<h1 id="mainhead">错误!</h1>
        <p class="error">出现以下错误:<br />';
        foreach($errors as $msg){
            echo " -$msg<br />\n";
        }
        echo '</p><p>请重填:</p><p><br /></p>';
    }
```

```
60 }
61 ?>
62 <h2>注册:</h2>
63 <form action="register.php" method="post">
64     <table width="299" height="151">
65       <tr>
66         <td>用户名: </td>
67         <td><input type="text" name="name" size="20" maxlength="40" value
           ="<?php if(isset($_POST['name']))echo $_POST['name']; ?>" /></td>
68       </tr>
69       <tr>
70         <td>Email 地址:</td>
71         <td><input type="text" name="email" size="20" maxlength="40" value="
           <?php if(isset($_POST['email']))echo $_POST['email']; ?>" /></td>
72       </tr>
73       <tr>
74         <td>密码:</td>
75         <td><input type="password" name="password1" size="10" maxlength="
           20" /></td>
76       </tr>
77       <tr>
78         <td>确认密码: </td>
79         <td><input type="password" name="password2" size="10" maxlength="
           20" /></td>
80       </tr>
81       <tr>
82         <td colspan="2"><div align="center">
83           <input type="submit" name="Submit" value="注册" />
84         </div></td>
85       </tr>
86     </table>
87 </form>
88 <?php
89 include('./includes/footer.html');
90 ?>
```

(2) 在 INSERT 查询(第 26 行)之前,添加如下代码:

```
$query="SELECT user_id FROM users WHERE email='{$_POST['email']}'";
$result=mysql_query($query);
if(mysql_num_rows($result)==0){
```

这个查询将通过尝试选择记录,来检查提交的电子邮件地址目前是否在数据库中,如果查询结果返回的行数等于 0,则可以安全地注册新用户。

(3) 在 if($ result)条件语句结束(原始脚本的第 43 行)后，添加如下语句：

```
} else {
    echo '<h1 id="mainhead">错误！</h1>
    <p class="error">对不起，这个 email 地址已被注册，请重新选择。</p>';
}
```

这个 else 子句是 if(mysql_num_rows($ result)==0) 条件语句的结尾部分，它会报告已经获取电子邮件地址的记录，不可再使用相同的地址注册。

(4) 将文件另存为 register.php，上传到 Web 服务器，并在 Web 浏览器中测试它(参见图 9-11)。

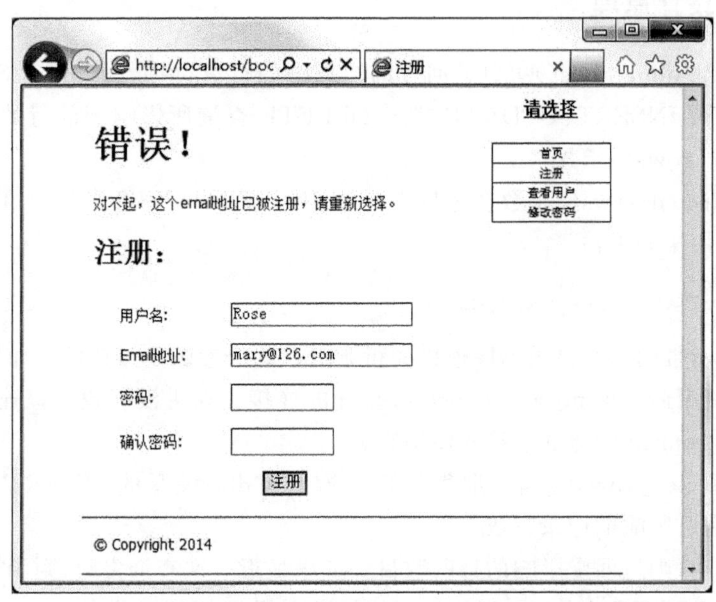

图 9-11　注册过程不允许使用现有的 Email 地址注册

每个用户管理系统都包含注册及登录功能，应该保证有一个唯一的字段，可以是电子邮件地址或用户名。在登录的过程中，可以用这个唯一的值与密码一起结合起来验证用户。

本脚本通过 PHP 来检查字段是否唯一，我们应该通过在 MySQL 中的字段上建立 UNIQUE 唯一索引，来保证字段的唯一性。在 phpMyAdmin 中，可以修改表结构来完成这一操作，在对应字段单击按钮，即可把为字段添加唯一属性。一旦执行了这个操作，users 表将会产生两个索引项：一个是主键 user_id，另一个是唯一的 email，如图 9-12 所示，可以尝试插入会引发 MySQL 错误的重复值来测试。

索引: ⑦

键名	类型	基数	操作	字段
PRIMARY	PRIMARY	6		user_id
email	UNIQUE	6		email

图 9-12　users 表的两个索引项

9.4 项目训练——用户管理之密码管理

9.4.1 项目说明

修改密码是一个很常见的功能，其中涉及用户身份验证及更新数据库记录的相关功能。这里需要按照用户的 E-mail 地址验证身份，在 E-mail 地址对应的旧密码正确的前提下，才能修改新密码，同时也需要输入两次密码，避免用户输入错误。

9.4.2 设计原理

虽然 mysql_num_rows()可以返回查询结果中的行数，但此命令仅对 SELECT 语句有效。要取得被 INSERT、UPDATE 或者 DELETE 查询所影响到的行的数目，就要用 mysql_affected_rows()函数。

mysql_affected_rows()函数会返回前一次 INSERT、DELETE 及 UPDATE 查询的记录行数。其用法如下：

```
$num=mysql_affected_rows($dbc);
```

这个函数所带的参数是数据库连接变量 $dbc，这个参数是可选的。如果没有指定这个参数，默认使用最后被 mysql_connect()打开的连接。如果没有找到该连接，函数会尝试调用 mysql_connect()建立连接并使用它。

mysql_affected_rows()函数取得最近一次与 $dbc 关联的 INSERT、DELETE 或 UPDATE 查询所影响的记录行数。

若执行成功，则返回受影响的行的数目。如果最近一次查询失败，则函数返回－1。

当使用 UPDATE 查询时，MySQL 不会将原值与新值一样的列更新。这样使得 mysql_affected_rows() 函数的返回值不一定就是查询条件所符合的记录数，只有真正被修改的记录数才会被返回。

特别注意，如果最近一次操作是没有任何 WHERE 条件的 DELETE 查询，在表中所有的记录都会被删除，而 mysql_affected_rows()函数会返回 0。

9.4.3 设计过程

下面演示的脚本将允许用户修改密码。它将体现两个重要的思想：

- 针对注册值检查提交的电子邮件地址和密码，这是登录系统的关键条件；
- 通过把主键作为参考点来更新数据库记录。

(1) 在文本编辑器中创建一个新的 PHP 脚本(参见脚本 9-7)。

脚本 9-7 本脚本运行一个 UPDATE 查询，使用 mysql_affected_rows()函数来确认。

```
<?php #Script 9-7-password.php
```

```
$page_title='修改您的密码';
include('./includes/header.html');
if(isset($_POST['Submit'])){
    $errors=array();                //Initialize error array.
    if(empty($_POST['email'])){
        $errors[]='您忘记输入您的 EMAIL 地址.';
    }
    if(empty($_POST['password'])){
        $errors[]='您忘记输入当前的密码.';
    }
    if(!empty($_POST['password1'])){
        if($_POST['password1'] !=$_POST['password2']){
            $errors[]='两次输入密码不同.';
        }
    } else {
        $errors[]='您忘记输入新密码.';
    }

    if(empty($errors)){
        require_once("./includes/mysql_connect.php");
        $query="SELECT user_id FROM users WHERE (email='{$_POST['email']}' AND password=SHA('{$_POST['password']}'))";
        $result=mysql_query($query);
        $num=mysql_num_rows($result);

        if(mysql_num_rows($result)==1){
            $row=mysql_fetch_array($result, MYSQL_NUM);
            $query="UPDATE users SET password=SHA('{$_POST['password1']}') WHERE user_id=$row[0]";
            $result=@mysql_query($query);

            if(mysql_affected_rows()==1){
                echo '<h1 id="mainhead">谢谢您!</h1>
                <p>您的密码已被成功修改。</p><p><br /></p>';
                include('./includes/footer.html');
                exit();
            } else {
                echo '<h1 id="mainhead">系统错误!</h1>
                <p class="error">很抱歉,修改密码没用成功。发生如下错误:</p>';
                echo '<p>' . mysql_error(). '</p>';
                include('./includes/footer.html');
                exit();
            }
```

```

        } else {
            echo '<h1 id="mainhead">错误!</h1>
            <p class="error">对不起,您的电子邮件地址与原来的密码不匹配。</p>';
        }
        mysql_close();
    } else {

        echo '<h1 id="mainhead">错误:</h1>
        <p class="error">出现以下错误:<br />';
        foreach($errors as $msg){
            echo " - $msg<br />\n";
        }
        echo '</p><p>请重填:</p><p><br /></p>';
    }
}
?>
<h2>修改您的密码</h2>
<form action="password.php" method="post">
    <table width="299" height="151">
      <tr>
        <td>Email 地址:</td>
        <td><input type="text" name="email" size="20" maxlength="40" value=
        "<?php if(isset($_POST['email']))echo $_POST['email']; ?>" /></td>
      </tr>
      <tr>
        <td>原来的密码:</td>
        <td><input type="password" name="password" size="10" maxlength=
        "20" /></td>
      </tr>
      <tr>
        <td>新密码:</td>
        <td><input type="password" name="password1" size="10" maxlength=
        "20" /></td>
      </tr>
      <tr>
        <td>确认新密码: </td>
        <td><input type="password" name="password2" size="10" maxlength=
        "20" /></td>
      </tr>
      <tr>
        <td colspan="2"><div align="center">
          <input type="submit" name="Submit" value="修改" />
        </div></td>
```

```
    </tr>
  </table>
</form>
<?php
include('./includes/footer.html');
?>
```

(2) 创建主条件语句。

```
if(isset($_POST['Submit'])){
```

这个页面将同时显示和处理表单。

(3) 检查提交的数据。

```
$errors=array();                    //Initialize error array.
if(empty($_POST['email'])){
    $errors[]='您忘记输入您的 EMAIL 地址.';
}
if(empty($_POST['password'])){
    $errors[]='您忘记输入当前的密码.';
}
if(!empty($_POST['password1'])){
    if($_POST['password1'] !=$_POST['password2']){
        $errors[]='两次输入密码不同.';
    }
} else {
    $errors[]='您忘记输入新密码.';
}
```

这些处理过程本身与 register. php 中的那些处理过程类似。表单将有 4 个输入框：电子邮件地址、原来的密码、新密码和确认新密码。

(4) 如果通过了所有的测试，就会检索用户的 user_id 编号。

```
if(empty($errors)){
    require_once("./includes/mysql_connect.php");
    $query="SELECT user_id FROM users WHERE (email='{$_POST['email']}' AND
    password=SHA('{$_POST['password']}'))";
    $result=mysql_query($query);
    $num=mysql_num_rows($result);
    if(mysql_num_rows($result)==1){
        $row=mysql_fetch_array($result, MYSQL_NUM);
```

第一个查询只会返回与提交的电子邮件地址和密码匹配的记录的 user_id 字段。为了比较提交的密码和存储的密码，可使用 SHA1()函数再次对其加密。如果用户被注册，并且正确输入了电子邮件地址和密码，由于电子邮件地址所对应的字段具有唯一性，所以会刚好选出唯一一条记录。最后把这条记录作为数组赋予 $row 变量。

(5) 更新数据库。

```
$query="UPDATE users SET password=SHA('{$_POST['password1']}')WHERE user_id=
$row[0]";
$result=@mysql_query($query);
```

这个查询将使用新的提交值更改密码,其中 user_id 列等于从前一个查询检索出的数字。

(6) 检查查询的结果。

```
if(mysql_affected_rows()==1){
    echo '<h1 id="mainhead">谢谢您!</h1>
    <p>您的密码已被成功修改。</p><p><br /></p>';
    include('./includes/footer.html');
    exit();
} else {
    echo '<h1 id="mainhead">系统错误!</h1>
    <p class="error">很抱歉,修改密码没用成功。发生如下错误:</p>';
    echo '<p>' . mysql_error(). '</p>';
    include('./includes/footer.html');
    exit();
}
```

脚本的这一部分工作与 register.php 脚本类似。在这里,如果 mysql_affected_rows()返回数字 1,就更新了记录,将会打印出成功信息,包括页面脚注,并完成脚本执行。如果没有返回这个数字,就会打印数据库错误。

(7) 完成条件语句,并关闭数据库连接。

```
} else {
echo '<h1 id="mainhead">错误!</h1>
<p class="error">对不起,您的电子邮件地址与原来的密码不匹配。</p>';
}
mysql_close();
```

如果 mysql_num_rows()不等于 1,那么提交的电子邮件地址和密码和数据库的那些电子邮件地址和密码不匹配,则会打印这个错误。

(8) 打印任何出错消息并完成 PHP。

```
} else {


    echo '<h1 id="mainhead">错误:</h1>
    <p class="error">出现以下错误:<br />';
    foreach($errors as $msg){
        echo " - $msg<br />\n";
    }
    echo '</p><p>请重填:</p><p><br /></p>';
```

```
    }
}
?>
```

(9) 显示表单。

```
<h2>修改您的密码</h2>
<form action="password.php" method="post">
   <table width="299" height="151">
     <tr>
       <td>Email 地址:</td>
       <td><input type="text" name="email" size="20" maxlength="40" value="<
       ?php if(isset($_POST['email']))echo $_POST['email']; ?>" /></td>
     </tr>
     <tr>
       <td>原来的密码:</td>
       <td><input type="password" name="password" size="10" maxlength="20" /
       ></td>
     </tr>
     <tr>
       <td>新密码:</td>
       <td><input type="password" name="password1" size="10" maxlength="20" /
       ></td>
     </tr>
     <tr>
       <td>确认新密码: </td>
       <td><input type="password" name="password2" size="10" maxlength="20" /
       ></td>
     </tr>
     <tr>
       <td colspan="2"><div align="center">
         <input type="submit" name="Submit" value="修改" />
       </div></td>
     </tr>
   </table>
</form>
```

这个表单也带有 3 个不同的密码输入框：原来的密码、新密码和确认新密码，还有一个电子邮件地址输入框。电子邮件地址输入框是黏性的，密码输入框不能是黏性的。

(10) 包括脚注文件。

```
<?php
include('./includes/footer.html');
?>
```

(11) 将文件另存为 password.php，上传到 Web 服务器，并在 Web 浏览器中测试它

(参见图 9-13 和图 9-14)。

图 9-13　成功修改密码

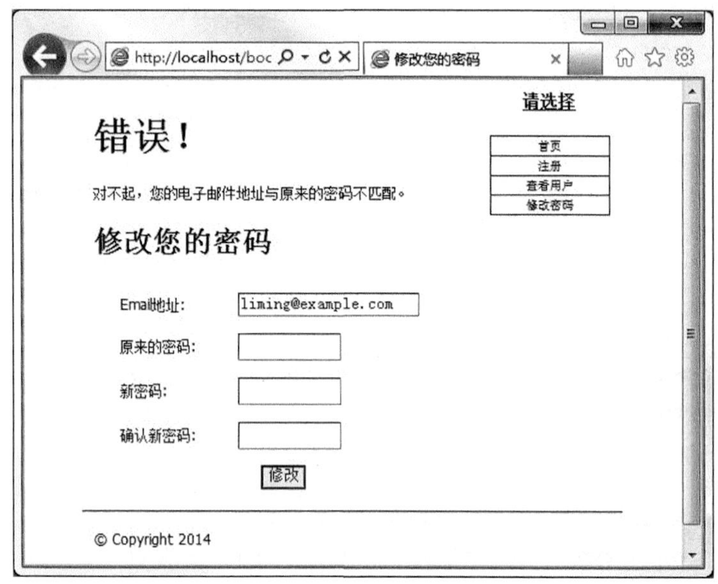

图 9-14　输入的与数据库中的内容不匹配则不会更新密码

这里使用的 mysql_affected_rows()条件语句也可以应用于 register.php 脚本,用来查看是否添加了一条记录,比起检查 if($result),这个条件更严格。

本章小结

本章初步介绍了 PHP 和 MySQL 的综合应用,介绍了最基础的连接数据库、执行简单查询和检索查询结果,并将这些操作应用在一个完整的 Web 系统中。本章所介绍的所有技术都是基础性的技术,在下一章将介绍更多实用的新知识。

重 点 回 顾

1. 通过 PHP 连接 MySQL 数据库。
2. 通过 PHP 执行 INSERT、DELETE 和 UPDATE 等简单查询。
3. 执行 SELECT 查询，使用 PHP 处理查询结果。

本 章 实 训

【实训】

利用第 8 章实训设计的“留言板”系统的数据库，完成简易功能，要求能够进行匿名留言及查看所有留言。

第 10 章　cookie 和会话

HTTP 协议是一种无状态技术，这意味着每个单独的 HTML 页面都是一个无关的实体。当人们在页面之间切换时，HTTP 没有用于跟踪用户或保持变量的方法。使用 PHP 可以克服 Web 的无状态性，实现无状态性最流行的技术就是 cookie 和会话。

cookie 出现以前，在 Web 站点上冲浪是一次没有历史记录的旅行。尽管浏览器会跟踪用户访问过的页面，允许使用“后退”按钮返回到以前访问过的页面，但是服务器不会记录谁看到什么内容。如果服务器不能够跟踪用户，就不可能有购物车或自定义个性化 Web 站点的存在。

会话改进了 cookie，与单独使用 cookie 相比，允许 Web 程序存储和检索多得多的信息。这两种技术都很容易和 PHP 一起使用。在本章中，将基于现有的 users 数据表，应用这两种技术实现登录系统。

10.1　使用 cookie

cookie 是服务器在用户的机器上存储信息的一种方式。利用这种方式，站点可以在访问期间记住或跟踪用户。可以把 cookie 看作像名字标签一样，你告诉服务器你的名字，它就会给你戴上一个标签。这样，它就可以回过头来查阅名字标签，从而知道你是谁。

有些人对 cookie 心存疑虑，因为他们认为 cookie 允许服务器知道了他们太多的事情。不过，cookie 只能用于存储提供给服务器的信息，因此，与大多数其他在线技术相比，cookie 的安全性并不差。不幸的是，许多人仍然误解了这种技术，由于这些误解可能会破坏 Web 应用程序的功能，所以这就成了一个问题。

10.1.1　设置 cookie

1. 使用 setcookie()函数

可以通过 setcookie()函数发送 cookie：

```
setcookie(name, value);
setcookie('name', 'Mary');
```

第二行代码在把 cookie 发送到浏览器时，带有名字 name 和值 Mary。

通过接着使用 setcookie()函数，可以继续把更多的 cookie 发送给浏览器：

```
setcookie('user_id', 263);
setcookie('email', 'email@example.com');
```

与在 PHP 中使用任何变量时一样，在给 cookie 命名时，不要使用空格或标点符号，但是，要特别注意使用正确的大小写字母。

特别要注意的是，setcookie()函数必须位于＜html＞标签之前，也就是说，必须在任何其他信息之前把它们从服务器发送给客户。万一服务器试图在 Web 浏览器已经接收到 HTML 之后发送 cookie，甚至是无关紧要的空白，都会导致一条出错消息，并且不会发送 cookie。迄今为止，这是最常见的与 cookie 相关的错误，但是很容易修复它。在创建 cookie 时，headers already sent…出错消息实在太常见。要注意出错消息说了些什么，以便找出并修复问题。

2. 发送 cookie

(1) 在文本编辑器中创建一个新的 PHP 文档(参见脚本 10-1)。

脚本 10-1　login. php 脚本会在成功登录时创建两个 cookie。

```
<?php #Script 10-1-login.php
if(isset($_POST['Submit'])){
    $errors=array();
    if(empty($_POST['email'])){
        $errors[]='您忘记输入您的 EMAIL 地址.';
    }
    if(empty($_POST['password'])){
        $errors[]='您忘记输入密码.';
    }

    if(empty($errors)){
        require_once("./includes/mysql_connect.php");
        $query="SELECT user_id, name FROM users WHERE email='{$_POST['email']}' AND password=SHA('{$_POST['password']}')";
        mysql_query("SET NAMES 'gb2312'");
        $result=@mysql_query($query);
        $row=mysql_fetch_array($result, MYSQL_NUM);
        if($row){
            setcookie('user_id', $row[0]);
            setcookie('name', $row[1]);
            $url='loggedin.php';
            header("Location: $url");
            exit();

        } else {
            $errors[]='对不起,您输入的电子邮件地址与密码有误。';
        }
```

```
    mysql_close();
    }

} else {
    $errors=NULL;
}
$page_title='登录';
include('./includes/header.html');

if(!empty($errors)){
    echo '<h1 id="mainhead">错误!</h1>
    <p class="error">出现以下错误:<br />';
    foreach($errors as $msg){      //Print each error.
        echo " -$msg<br />\n";
    }
    echo '</p><p>请重填:</p>';
}
?>
<h2>登录</h2>
<form action="login.php" method="post">
    <table width="296" height="75">
      <tr>
      <tr>
        <td>Email 地址:</td>
        <td><input type="text" name="email" size="20" maxlength="40" /></td>
      </tr>
      <tr>
        <td>密码:</td>
        <td><input type="password" name="password" size="20" maxlength="20" /></td>
      </tr>
      <tr>
        <td colspan="2"><div align="center">
          <input type="submit" name="Submit" value="注册" />
        </div></td>
      </tr>
  </table>
</form>
<?php
include('./includes/footer.html');
?>
```

这个示例将建立一个新的 login. php 脚本，它将与第 10 章中的其他脚本协同工作。

(2) 验证表单。

```
if(isset($_POST['Submit'])){
    $errors=array();
    if(empty($_POST['email'])){
        $errors[]='您忘记输入您的 EMAIL 地址.';
    }
    if(empty($_POST['password'])){
        $errors[]='您忘记输入密码.';
    }
```

这个脚本将做两件事：处理表单提交和显示表单。这个条件语句检查提交。主条件语句检查是否已提交了表单,然后检查电子邮件地址和密码输入框的值。

(3) 连接数据库,从数据库中检索这个用户的 user_id 和 name。

```
if(empty($errors)){
    require_once("./includes/mysql_connect.php");
    $query="SELECT user_id, name FROM users WHERE email='{$_POST['email']}' AND
    password=SHA('{$_POST['password']}')";
    mysql_query("SET NAMES 'gb2312'");
    $result=@mysql_query($query);
    $row=mysql_fetch_array($result, MYSQL_NUM);
```

如果通过了两个验证测试,就会查询数据库,检索记录的 user_id 和 name 值,其中 email 列与提交的电子邮件地址匹配,密码则与提交密码的加密版本匹配。执行该查询语句前,需要先转换编码字符集。

(4) 如果用户输入了正确的信息,则登录。

```
if($row){
    setcookie('user_id', $row[0]);
    setcookie('name', $row[1]);
```

仅当先前的查询返回至少一条记录时,$ row 变量才会具有一个值。在这种情况下,将会创建两个 cookie。

(5) 把用户重定向到另一个页面。

```
$url .='loggedin.php';
header("Location: $url");
exit();
```

要重定向到的特定页面是 loggedin. php。在 header()函数中使用相对 URL,并用 exit()终止脚本的执行。header()函数的用法已在第 6 章介绍过。

(6) 完成 $ row 条件语句和 $ errors 条件语句,并关闭数据库连接。

```
    } else {
        $errors[]='对不起,您输入的电子邮件地址与密码有误。';
```

```
    }
mysql_close();
}
```

这个脚本的错误管理与 register.php 脚本中的错误管理非常相似。由于在调试 setcookie()和 header()这几行代码之前，不能向浏览器发送任何内容，所以必须把错误保存起来，以后再打印出来。

(7) 完成主提交条件语句，包含 HTML 头部，打印出错误信息。

```
} else {
    $errors=NULL;
}
$page_title='登录';
include('./includes/header.html');

if(!empty($errors)){
    echo '<h1 id="mainhead">错误!</h1>
    <p class="error">出现以下错误:<br />';
    foreach($errors as $msg){            //Print each error.
        echo " - $msg<br />\n";
    }
    echo '</p><p>请重填:</p>';
}
?>
```

同样，这一步以及前面的步骤都与 register.php 脚本的那些步骤相似。第一个 else 条件语句把 $ errors 变量设置为 NULL，指示在第一次运行这个页面时不需要打印任何错误。然后会设置页面的标题，并包含模板的头文件。最后将打印来自表单提交的任何现有的错误。

(8) 显示 HTML 表单。

```
<h2>登录</h2>
<form action="login.php" method="post">
    <table width="296" height="75">
      <tr>
      <tr>
        <td>Email 地址:</td>
        <td><input type="text" name="email" size="20" maxlength="40" /></td>
      </tr>
      <tr>
        <td>密码:</td>
        <td><input type="password" name="password" size="20" maxlength="20" />
        </td>
      </tr>
      <tr>
```

```
        <td colspan="2"><div align="center">
          <input type="submit" name="Submit" value="注册" />
        </div></td>
      </tr>
  </table>
</form>
```

这个 HTML 表单使用表格排版，带有两个输入框，用于输入电子邮件地址和密码，并把数据交回这个相同的页面。

(9) 包含 PHP 脚注。

```
<?php
include('./includes/footer.html');
?>
```

(10) 将文件另存为 login.php，上传到 Web 服务器，并在 Web 浏览器中加载这个页面，如图 10-1 所示。

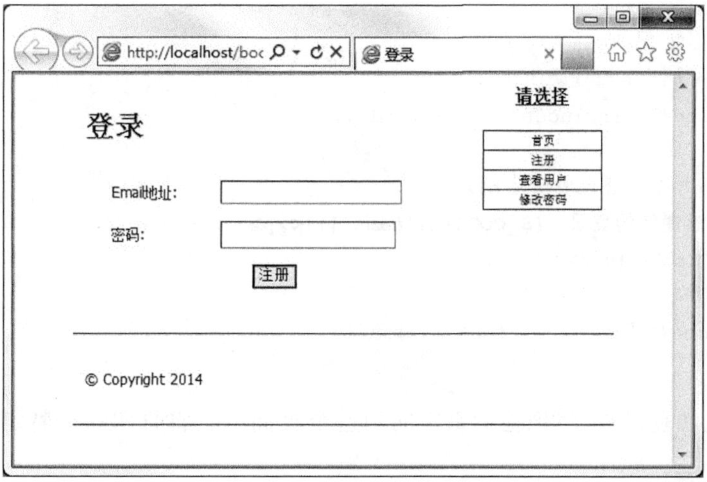

图 10-1 登录表单

注意：cookie 被限制为总共包含大约 4KB 的数据，每个 Web 浏览器可以记住来自任何一个站点的有限数量的 cookie。对于目前的大多数 Web 浏览器，这个限制是 50 个 cookie。

因为不同的浏览器将以不同的方式处理 cookie，PHP 中有几个函数可以在不同的浏览器中生成不同的结果，setcookie()函数是其中之一。一定要在不同平台上的多个浏览器中测试 Web 站点，以确保一致性。

10.1.2 访问 cookie

要从 cookie 中检索一个值，只需要把合适的 cookie 名称用作键来引用 $_COOKIE 超全局数组，就像利用任何数组一样。例如，为了从用如下一行代码建立的 cookie 中检索一个值：

```
setcookie('username', 'Mary');
```

使用 $ _COOKIE['username']将引用该 cookie 的值。

在下面的示例中，将以两种方式来访问 login. php 脚本设置的 cookie。首先，将检查用户是否已登录，如果未登录，就不能访问到这个页面；如果已登录，则通过用户的名字来问候他们，他们的名字存储在一个 cookie 中。

(1) 在文本编辑器中创建一个新的 PHP 文档(参见脚本 10-2)。

脚本 10-2 loggedin. php 脚本基于一个存储的 cookie 向用户打印一个问候。

```
<?php #Script 10-2-loggedin.php
if(!isset($_COOKIE['user_id'])){
    $url='index.php';
    header("Location: $url");
    exit();
}

$page_title='登录成功';
include('./includes/header.html');

 echo "<h1>登录成功</h1>
 <p>感谢您的登录，{$_COOKIE['name']}!</p>
<p><br /><br /></p>";

include('./includes/footer.html');
 ?>
```

在用户成功登录后，将把他们重定向到这个页面。它将打印一个特定于某个用户的问候。

(2) 检查 cookie 是否存在。

```
if(!isset($_COOKIE['user_id'])){
```

因为在用户登录前不希望用户能访问这个页面，所以应该首先检查是否已经设置了 cookie。在 login. php 中，若登录成功，则设置 $ _COOKIE['user_id']的值。

(3) 如果用户未登录，就重定向他们。

```
    $url='index.php';
    header("Location: $url");
    exit();
}
```

如果用户没有登录，就会自动把他们重定向到这个主页面。这是一种限制访问内容的简单方式。

(4) 包含页面的标题。

```
$page_title='登录成功';
include('./includes/header.html');
```

(5) 使用 cookie 欢迎用户。

```
echo "<h1>登录成功</h1>
<p>感谢您的登录，{$_COOKIE['name']}!</p>
<p><br /><br /></p>";
```

为了用名字问候用户，引用了 $_COOKIE['name']变量，括在花括号内以避免解析错误。

(6) 完成 HTML 页面。

```
include('./includes/footer.html');
?>
```

(7) 将文件另存为 loggedin.php，存放在 Web 目录中，在与 login.php 相同的文件夹中，并通过 login.php 登录在 Web 浏览器中测试它，如图 10-2 所示。

图 10-2　如果使用正确的电子邮件地址和密码，则在登录后，会重定向到这里

因为这些示例使用与第 9 章中相同的数据库，应该能够使用当时提交的注册用户名和密码来登录。

直到重新加载了设置页面(例如，login.php)或者访问了另一个页面(换句话说，不能设置和访问同一个页面中的 cookie)，才可以访问 cookie。

如果用户拒绝一个 cookie，或者把他们的 Web 浏览器设置成不接受它们，则会把用户自动重定向到这个示例中的主页，即使他们成功登录也是如此。由于这个原因，可能想让用户知道何时需要 cookie。

10.1.3 删除 cookie

虽然在关闭用户的浏览器时 cookie 会自动到期，但是，有时希望手动删除 cookie。

例如，在具有登录能力的 Web 站点内，可能希望在用户注销时删除任何 cookie。

尽管 setcookie()函数可以带最多 7 个参数，但是实际上只有一个参数(cookie 名称)是必需的。如果发送一个包含名称但没有值的 cookie，其效果就相当于删除现有的同名 cookie。例如，要创建 name cookie，可以使用下面这一行代码：

```
setcookie('name', 'Mary');
```

要删除 name cookie，可以编写如下代码：

```
setcookie('name', '');
```

在 PHP 中使用“setcookie ($cookiename, '');”或者“setcookie ($cookiename, NULL);”都会实现 PHP 删除 cookie。

为了演示这些操作，将给站点添加注销能力。指向注销页面的链接将出现在 loggedin.php 上。作为一种附加特性，将更改头文件，使得当用户登录时显示“注销”链接，并且当用户注销时显示“登录”链接。

1. 删除 cookie

(1) 在文本编辑器或 IDE 中创建一个新的 PHP 文档(参见脚本 10-3)。

脚本 10-3 logout.php 脚本会删除以前建立的 cookie。

```
<?php #Script 10-3-logout.php
if(!isset($_COOKIE['user_id'])){

    $url='index.php';
    header("Location: $url");
    exit();

} else {
    setcookie('name', '');
    setcookie('user_id', '');
}

$page_title='注销';
include('./includes/header.html');

echo "<h1>注销</h1>
<p>您已注销成功。{$_COOKIE['name']}!</p>
<p><br /><br /></p>";

include('./includes/footer.html');
?>
```

(2) 检查 user_id cookie 是否存在；如果它不存在，就重定向用户。

```
if(!isset($_COOKIE['user_id'])){
    $url='index.php';
    header("Location: $url");
    exit();
```

与 loggedin. php 页面一样，如果用户还没有登录，这个页面就应该把用户重定向到主页。尝试注销尚未登录的用户没有意义，因为无法注销尚未登录的用户。

(3) 如果 cookie 存在，则删除它们。

```
} else {
    setcookie('name','');
    setcookie('user_id','');
}
```

如果用户已经登录，这两个 cookie 将有效地删除现有的 cookie。

(4) 建立 PHP 页面的提醒。

```
$page_title='注销';
include('./includes/header.html');
echo "<h1>注销</h1>
<p>您已注销成功。{$_COOKIE['name']}!</p>
<p><br /><br /></p>";
include('./includes/footer.html');
?>
```

这个页面本身也与 loggedin. php 页面非常相似。尽管它看起来似乎有些奇怪，但是因为仍然可以引用 name cookie(刚才在这个脚本中删除了它)，考虑以下过程很有意义：

① 这个页面将被客户请求。

② 服务器从客户的浏览器读取合适的 cookie。

③ 运行页面，并做它的事情(包括发送新的 cookie，删除现有的 cookie)。

因此，简言之，在第一次运行这个脚本时，它就可以使用原来的 name cookie 数据。这个页面发送的 cookie 集(删除的 cookie)不能为这个页面所用，因此原来的值仍然有用。

(5) 将文件另存为 logout. php，并存放在 Web 目录中(在与 login. php 相同的文件夹中)。

2. 创建注销链接

(1) 在文本编辑器或 IDE 中打开 header. html(参见脚本 10-4)。

脚本 10-4　根据用户的当前状态，header. html 文件现在将显示登录或注销链接。

```
<!DOCTYPE html PUBLIC "-//W3C//DTD XHTML 1.0 Transitional//EN"
"http://www.w3.org/TR/xhtml1/DTD/xhtml1-transitional.dtd">
```

```
<html xmlns="http://www.w3.org/1999/xhtml">
<head>
<meta http-equiv="content-type" content="text/html; charset=gb2312" />
    <title><?php echo $page_title;?></title>
    <link href="includes/layout.css" rel="stylesheet" type="text/css" />
</head>

<body>
<div id="wrapper">
    <div id="content">
        <div id="nav">
            <h3>请选择</h3>
            <ul>
            <li class="navtop"><a href="index.php" title="首页">首页</a></li>
            <?php
if((isset($_COOKIE['user_id'])) && (!strpos($_SERVER['PHP_SELF'], 'logout.php'))){
    echo '<li><a href="view_users.php" title="查看用户">查看用户</a></li>';
    echo '<li><a href="password.php" title="修改密码">修改密码</a></li>';
    echo'<li><a href="logout.php" title="注销">注销</a></li>';
} else {
    echo '<li><a href="register.php" title="注册">注册</a></li>';
    echo '<li><a href="login.php" title="登录">登录</a></li>';
}
?>
            </ul>
        </div>
        <!--Script 10-4 -header.html -->
```

(2) 将链接做了修改，不是在导航区域中建立一个永久的登录链接，而是在用户登录时，让其显示“注册”和“登录”的链接，或者如果用户没有登录，则显示“查看用户”、“修改密码”和“注销”的链接。根据 cookie 存在与否来完成上面的条件语句。

由于 logout. php 脚本一般会显示一个注销链接，因为第一次查看注销页面时 cookie 存在，条件语句不得不检查当前页面是否是 logout. php 脚本。利用 strpos()函数可以轻松完成这个任务，用于在一个字符串内发现另一个字符串。

(3) 保存文件，将其存放在 Web 目录中（放置在 includes 文件夹内），并在 Web 浏览器中测试登录/注销过程，如图 10-3 和图 10-4 所示。

在删除一个 cookie 时，应该总是使用与设置 cookie 相同的参数。如果在创建 cookie 时设置了主机和路径，则在删除 cookie 中要再次使用它们。

记住，直到重新加载页面或者访问了另一个页面时，cookie 的删除才会生效。换句话说，在那个页面删除了 cookie 之后，它仍然可供页面使用。

图 10-3　在用户登录后，页面的链接

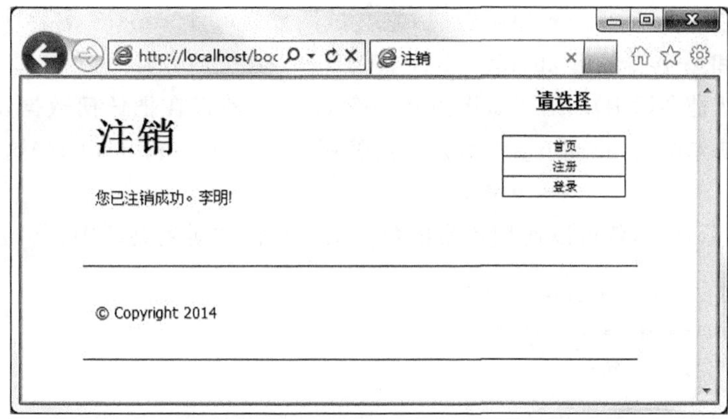

图 10-4　注销后的结果

10.2　使用 session 会话

当访问设计良好的网站时，会感觉到极佳的连贯性，就像翻看图书或杂志里的页面一样。所有的一切都组合成一个连贯的实体。现实情况却大相径庭。各个页面的每一部分都是由 Web 服务器单独存储和处理的。除了需要知道把相关文件发送到哪里之外，服务器对于你是谁并不感兴趣，一旦脚本执行完成，通常就会丢弃 PHP 变量。POST 和 GET 数组中的变量甚至只会在从一个页面传递给另一个页面这段时间里存在。为了把信息传递给更多的页面，不得不把它存储在表单隐藏字段中，并且仅当表单提交时它才会存在。

为了解决这些问题，PHP(与其他的服务器端语言一样)使用会话。会话通过在 Web 服务器和访问者的计算机上存储随机标识符(作为 cookie)来确保连贯性。由于标识符对于每个访问者是唯一的，在会话变量中存储的所有信息都与那个访问者直接相关，并且不能被其他任何人看见。

使数据可供 Web 站点上的多个页面使用的另一种方法是使用会话(session)。会话假定数据存储在服务器上，而不是在 Web 浏览器中，会话标识符用于定位特定用户的记录（会话数据）。这个会话标识符通常通过 cookie 存储在用户的 Web 浏览器中，但是，敏感数据本身（如用户的 ID、姓名等）总是保留在服务器上。

有人可能会问：本来 cookie 工作得好好的，为什么还要使用会话？首先，会话更安全，这是由于所有记录的信息都存储在服务器上，并且不会持续不断地在服务器和客户之间来回发送。其次，可以在会话中存储更多的数据。第三，有些用户拒绝 cookie，或者完全关闭它们。虽然会话被设计成与 cookie 一起工作，但它也可以独立起作用。

10.2.1 设置 session 变量

关于会话的最重要的规则是，将会使用它们的每个页面首先都必须调用 session_start() 函数。这个函数告诉 PHP 开启一个新的会话，或者访问一个现有的会话。必须在把任何内容发送到 Web 浏览器之前调用这个函数。

第一次使用 session_start() 函数时，它会试图发送一个 cookie，名称为 PHPSESSID（会话名称），和一个类似于 a61f8670baa8e90a30c878df89a2074b 的一串值，是 32 个十六进制字母，它就是会话 ID。由于试图发送一个 cookie，所以在把任何数据发送到 Web 浏览器之前，必须先调用 session_start()，这与使用 setcookie() 和 header() 这两个函数时的情况一样。

一旦启动了会话，就可以使用正常的数组语法把值注册到会话中：

```
$_SESSION['key']=value;
$_SESSION['name']='Mary';
$_SESSION['id']=48;
```

记住这一点后，让我们更新 login.php 脚本，实现开启会话功能。

(1) 在文本编辑器或 IDE 中打开 login.php（参见脚本 10-5）。

脚本 10-5 login.php 脚本现在使用的是会话，而不是 cookie。

```
<?php #Script 10-5-login.php
if(isset($_POST['Submit'])){
    $errors=array();
    if(empty($_POST['email'])){
        $errors[]='您忘记输入您的 EMAIL 地址.';
    }
    if(empty($_POST['password'])){
        $errors[]='您忘记输入密码.';
    }

    if(empty($errors)){
        require_once("./includes/mysql_connect.php");
        mysql_query("SET NAMES 'gb2312'");
        $query="SELECT user_id, name FROM users WHERE email='{$_POST['email']}'
```

```
        AND password=SHA('{$_POST['password']}')";
        $result=@mysql_query($query);
        $row=mysql_fetch_array($result, MYSQL_NUM);
        if($row){
            session_start();
            $_SESSION['user_id']=$row[0];
            $_SESSION['name']=$row[1];

            $url='loggedin.php';
            header("Location: $url");
            exit();

        } else {
            $errors[]='对不起,您输入的电子邮件地址与密码有误。';
        }
    mysql_close();
    }

} else {
    $errors=NULL;
}
$page_title='登录';
include('./includes/header.html');

if(!empty($errors)){
    echo '<h1 id="mainhead">错误!</h1>
    <p class="error">出现以下错误:<br />';
    foreach($errors as $msg){     //Print each error.
        echo " - $msg<br />\n";
    }
    echo '</p><p>请重填:</p>';
}

?>
<h2>登录</h2>
<form action="login.php" method="post">
    <table width="296" height="75">
      <tr>
      <tr>
        <td>Email 地址:</td>
        <td><input type="text" name="email" size="20" maxlength="40" />
        </td>
      </tr>
      <tr>
```

```
            <td>密码:</td>
            <td><input type="password" name="password" size="20" maxlength="20" /></td>
          </tr>
          <tr>
            <td colspan="2"><div align="center">
              <input type="submit" name="Submit" value="注册" />
            </div></td>
          </tr>
      </table>
    </form>
    <?php
    include('./includes/footer.html');
    ?>
```

(2) 用以下代码替换 setcookie 那几行代码：

```
session_start();
$_SESSION['user_id']=$row[0];
$_SESSION['name']=$row[1];
```

第一步是开启会话。因为在脚本中这一刻之前没有 echo()语句、HTML 代码或者空白，所以现在可以安全地使用 session_start()。然后，把两个键-值(key-value)对添加到 $_SESSION 超全局数组中，以把用户的名字和用户 ID 注册到会话中。

(3) 将页面另存为 login. php，存放在 Web 目录中，并在 Web 浏览器中测试它，如图 10-5 所示。尽管需要重写 loggedin. php 及其头部和脚本，但仍然可以测试登录脚本。

图 10-5　登录表单对最终用户保持不变，但是底层的功能现在使用的是会话

由于会话通常会发送和读取 cookie，应该总是设法在脚本中尽可能早地开启它们。这样做将有助于避免如下问题：试图在已经发送头部(HTML 或空白)之后发送 cookie。

如果愿意，可以在 php. ini 文件中把 session. auto_start 设置为 1，从而不必在每个页面上使用 session_start()。这样做会加大服务器上的开销，由于这个原因，如果不考虑某些环境因素，就不应该使用它。

可以在会话中存储数组（使 $ _SESSION 成为一个多维数组），就像可以存储字符串或数字一样。

10.2.2 访问 session 变量

一旦启动了会话，并向其注册了变量，就可以创建将访问这些变量的其他脚本。为了执行该操作，每个脚本首先必须再次使用 session_start()来启用会话。

这个函数将允许当前脚本访问以前启动的会话，或者创建一个新的会话。要理解如果不能找到当前会话 ID 或者生成了新的会话 ID，那么在旧会话 ID 下存储的所有数据都将不可用。

假定访问当前会话没有问题，要引用一个会话变量，可使用 $ _SESSION['var']，就像引用任何其他数组一样。

(1) 在文本编辑器或 IDE 中打开 loggedin. php（参见脚本 10-6）。

脚本 10-6 loggedin. php 可以引用 $ _SESSION，而不是引用 $ _COOKIE。

```
<?php #Script 10-6-loggedin.php
session_start();
if(!isset($_SESSION['user_id'])){
    $url='index.php';
    header("Location: $url");
    exit();
}

$page_title='登录成功';
include('./includes/header.html');

echo "<h1>登录成功</h1>
<p>感谢您的登录，{$_SESSION['name']}!</p>
<p><br /><br /></p>";

include('./includes/footer.html');
?>
```

(2) 添加对 session_start()函数的调用。

```
session_start();
```

设置或访问会话变量的每个 PHP 脚本都必须使用 session_start()函数。必须在包含 header. html 文件之前以及在把任何内容发送到 Web 浏览器之前调用这一行代码。

(3) 用 $_SESSION 替换对 $_COOKIE 的引用。

```
if(!isset($_SESSION['user_id'])){
```

和

```
<p>You are now logged in, {$_SESSION['first_name']}!</p>
```

要把一个脚本从 cookie 转换成会话，只需要把使用的 $_COOKIE 更改成 $_SESSION(如果名称相同的话)。

(4) 将文件另存为 loggedin.php，存放在 Web 目录中，并在浏览器中测试它，如图 10-6 所示。

(5) 在 header.html 中用 $_SESSION 替换对 $_COOKIE 的引用。

```
if((isset($_SESSION['user_id']))&&(!strpos($_SERVER['PHP_SELF'], 'logout.php'))){
```

脚本 10-7 header.html 文件现在也会引用 $_SESSION，而不是引用 $_COOKIE。

```
<!DOCTYPE html PUBLIC "-//W3C//DTD XHTML 1.0 Transitional//EN"
"http://www.w3.org/TR/xhtml1/DTD/xhtml1-transitional.dtd">
<html xmlns="http://www.w3.org/1999/xhtml">
<head>
    <meta http-equiv="content-type" content="text/html; charset=gb2312" />
    <title><?php echo $page_title;?></title>
    <link href="includes/layout.css" rel="stylesheet" type="text/css" />
</head>

<body>
<div id="wrapper">
    <div id="content">
        <div id="nav">
            <h3>请选择</h3>
            <ul>
            <li class="navtop"><a href="index.php" title="首页">首页</a></li>
            <?php
if((isset($_SESSION['user_id']))&&(!strpos($_SERVER['PHP_SELF'], 'logout.php'))){
    echo '<li><a href="view_users.php" title="查看用户">查看用户</a></li>';
    echo '<li><a href="password.php" title="修改密码">修改密码</a></li>';
    echo '<li><a href="logout.php" title="注销">注销</a></li>';
} else {
    echo '<li><a href="register.php" title="注册">注册</a></li>';
    echo '<li><a href="login.php" title="登录">登录</a></li>';
}
?>
```

```
            </ul>
        </div>
        <!--Script 10-7-header.html -->
```

为了让“登录”和“注销”等链接正确地工作，必须把头文件内对 cookie 变量的引用转变成会话。头文件不需要调用 session_start()函数，因为它会被调用该函数的页面包括在内。

(6) 保存头文件，存放在 Web 目录中(在 includes 文件夹中)，并在浏览器中测试它，如图 10-6 所示。

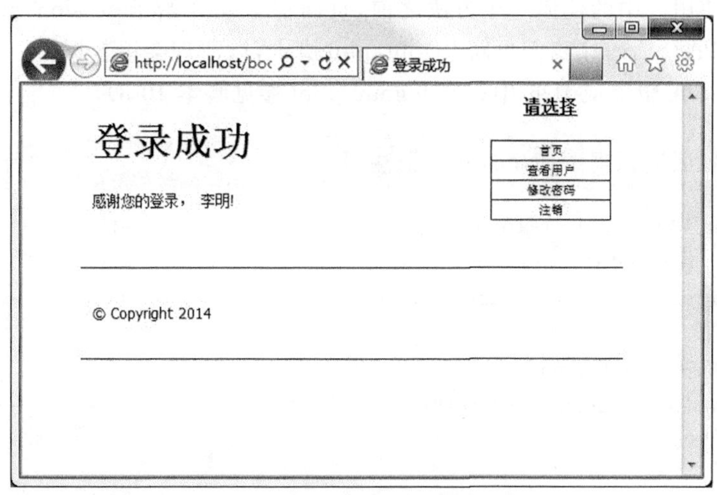

图 10-6 登录成功提示与链接

注意为了让“登录”和“注销”等链接在其他页面(register. php、index. php 等)上也能正确工作，将需要在其中的每一个页面上添加 session_start()命令。

如果你有一个应用程序，它看起来似乎不能从一个页面到另一个页面访问会话数据，这可能是由于新的会话是在每个页面上创建的。为了检查这一点，可以比较会话 ID 来查看它是否相同。可以在发送会话 cookie 时通过查看会话 cookie 来查看会话的 ID，或者使用 session_id()函数来执行该操作：

```
echo session_id();
```

一旦建立了会话变量，就可以使用它们。因此，与使用 cookie 时不同，可以把一个值赋予 $_SESSION['var']，然后在同一个脚本的后面引用 $_SESSION['var']。

10.2.3 删除 session 变量

在使用会话时，需要创建一个方法来删除会话数据。当用户注销时，这是必要的。

虽然 cookie 系统只需要发送另一个 cookie 来销毁现有的 cookie，但是会话的要求更高，因为既要考虑客户上的 cookie，又要考虑服务器上的数据。

要删除单独一个会话变量，可以使用 unset()函数，同时这个函数可以处理 PHP 中的任何变量：

```
unset($_SESSION['var']);
```

要删除每个会话变量，可以重置整个 $_SESSION 数组：

```
$_SESSION=array();
```

最后，要从服务器中删除所有的会话数据，可使用 session_destroy()：

```
session_destroy();
```

注意，在使用其中的任何一个方法之前，页面都必须开始于 session_start()，这样做可以访问现有的会话。让我们更新 logout.php 脚本，以清理会话数据。

(1) 在文本编辑器或 IDE 中打开 logout.php(参见脚本 10-8)。

脚本 10-8 销毁会话需要使用特殊的语法。

```
<?php #Script 10-7-logout.php
session_start();
if(!isset($_SESSION['user_id'])){

    $url='index.php';
    header("Location: $url");
    exit();

} else {
    $_SESSION=array();
    session_destroy();
    setcookie('PHPSESSID', '');
}

$page_title='注销';
include('./includes/header.html');

echo "<h1>注销</h1>
<p>您已注销成功。{$_COOKIE['name']}!</p>
<p><br /><br /></p>";

include('./includes/footer.html');
?>
```

(2) 紧接在开始 PHP 行之后启动会话。

```
session_start();
```

无论何时使用会话，都必须使用 session_start()函数，最好是在页面顶部这样做，即使删除会话也是如此。

(3) 更改条件语句,使得它检查会话变量是否存在。

```
if(!isset($_SESSION['user_id'])){
```

与 cookie 示例中的 logout. php 脚本一样,如果用户目前没有登录,就会重定向他们。

(4) 用下面的几行代码替换 setcookie()行(它删除 cookie):

```
$_SESSION=array();
session_destroy();
setcookie('PHPSESSID', '');
```

这里的第一行代码将把整个 $_SESSION 变量重置为一个新数组,从而清除其现有的值。第二行代码从服务器中删除数据,第三行代码则会删除 cookie。

(5) 删除消息中对 $_COOKIE 的引用。

```
echo "<h1>注销</h1>
<p>您已注销成功。</p>
```

与使用 logout. php 脚本的 cookie 版本时不同,不能再通过用户的名字来引用它们,因为所有这类数据都已被删除。

(6) 将文件另存为 logout. php,存放在 Web 目录中,并在浏览器中测试它,如图 10-7 所示。

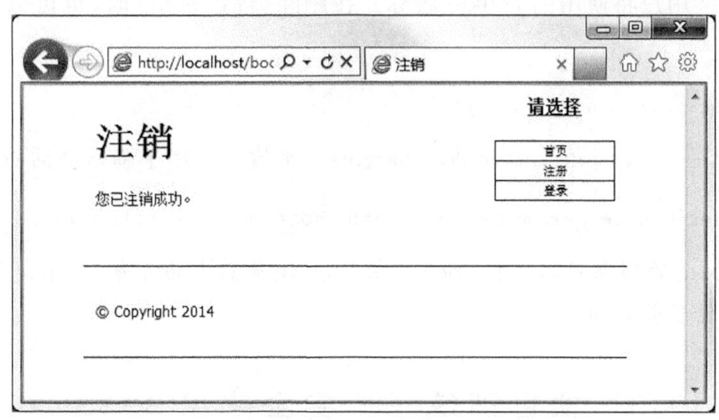

图 10-7　注销页面

建议不要把 $_SESSION 设置成等于 NULL 并且永远不要使用 unset($_SESSION),因为它们都可能会在某些服务器上引发问题。

关于会话包含三类信息:会话标识符(它默认存储在 cookie 中)、会话数据(它存储在服务器上的一个文本文件中)和 $_SESSION 数组(它指定了脚本访问文本文件中的会话数据的方式)。仅仅删除 cookie 不会删除文本文件,反之亦然。清理 $_SESSION 数组将会清除文本文件中的数据,但是文件本身将仍然存在,cookie 也是如此。这个注销脚本中概括的三个步骤实际上会删除会话的所有痕迹。

10.2.4 更改会话行为

作为PHP对会话所提供支持的一部分，可以为PHP处理会话的方式设置大约20种不同的配置选项。有关完整列表，参见PHP手册，但是在这里重点介绍几个最重要的选项。注意关于更改会话设置的两条规则：

- 所有更改都必须在调用session_start()之前完成。
- 必须在使用会话的每个页面执行相同的更改。

可以在PHP脚本内使用ini_set()函数设置大多数选项：

```
ini_set(parameter, new_setting);
```

例如，如果需要使用会话cookie(如前所述，在不使用cookie的情况下会话也可以工作，但是这样不太安全)，则可使用：

```
ini_set('session.use_only_cookies', 1);
```

还可以更改会话的名称，这时可以使用session_name()函数。

```
session_name('YourSession');
```

创建自己的会话名称有双重好处：它更安全，并且可以更好地被最终用户接收，因为会话名称是最终用户将使用的cookie名称。在删除会话cookie时，也可以使用session_name()函数：

```
setcookie(session_name(), '');
```

最后，还有一个session_set_cookie_params()函数。它用于调整会话cookie的设置。

```
session_set_cookie_params(expire, path, host, secure, httponly);
```

注意：cookie的到期时间只指cookie在Web浏览器中的寿命，而不是指会话数据将在服务器上存储多长时间。

10.3 项目训练——安全使用session

10.3.1 项目说明

本章前面介绍的示例，它们使用cookie和会话来完成相同的任务(登录和注销)。显然，它们都能很容易地在PHP中使用，但是，真正的问题是什么时候使用哪一个更合适。

与cookie相比，会话具有以下优点：

- 一般更安全(因为数据保存在服务器上)。
- 允许存储更多数据。
- 使用会话时，可以不使用cookie。

与会话相比，cookie则具有以下优点：

- 更容易编程。
- 需要更少的服务器资源。

一般而言，要存储和检索一两份少量的信息，则可使用 cookie。不过，对于大部分 Web 应用程序，都会使用会话。

10.3.2 项目原理

由于重要的信息通常存储在会话中（永远都不应该把敏感数据存储在 cookie 中），所以安全性变得更重要。关于会话，需要注意以下两项：会话 ID 和会话数据本身。前者是一个指向会话数据的引用，后者存储在服务器上。一些不怀好意的人极有可能通过会话 ID，而不是通过服务器上的数据来入侵一个会话，因此，在这里将重点关注这方面的事情。

会话 ID 是会话数据的关键。默认情况下，PHP 将其存储在 cookie 中，从安全的角度讲，这是首选的方法。在 PHP 中可以在不使用 cookie 的情况下使用会话，但是这会使应用程序遭受会话劫持（session hijacking）：如果恶意用户可以获悉另一个用户的会话 ID，就可以轻松地欺骗服务器把它看作是他自己的会话 ID。此时，他就有效地接管了原用户的整个会话，并且可以访问他们的数据。因此，把会话 ID 存储在 cookie 中使得它更难被窃取。

防止劫持的一种方法是：在会话中存储某种用户标识符，然后反复地复查这个值。HTTP_USER_AGENT（所用的浏览器和操作系统的组合）是针对此目的的一个可能的候选。这会增加一层安全性，因为仅当我运行的浏览器和操作系统与另一位用户的完全一样时，才能够劫持他的会话。

10.3.3 设计过程

(1) 在文本编辑器或 IDE 中打开 login.php（参见脚本 10-9）。

脚本 10-9 login.php 脚本在会话中存储了用户的 HTTP_USER_AGENT（客户的浏览器和操作系统）的加密形式。

```
<?php #Script 10-8-login.php
if(isset($_POST['Submit'])){
    $errors=array();
    if(empty($_POST['email'])){
        $errors[]='您忘记输入您的 EMAIL 地址.';
    }
    if(empty($_POST['password'])){
        $errors[]='您忘记输入密码.';
    }

    if(empty($errors)){
        require_once("./includes/mysql_connect.php");
```

```
        mysql_query("SET NAMES 'gb2312'");
        $query="SELECT user_id, name FROM users WHERE email='{$_POST['email']}' AND password=SHA('{$_POST['password']}')";
        $result=@mysql_query($query);
        $row=mysql_fetch_array($result, MYSQL_NUM);
        if($row){
            session_start();
            $_SESSION['user_id']=$row[0];
            $_SESSION['name']=$row[1];
            $_SESSION['agent']=md5($_SERVER['HTTP_USER_AGENT']);
            $url='loggedin.php';
            header("Location: $url");
            exit();
        } else {
            $errors[]='对不起,您输入的电子邮件地址与密码有误。';
        }
    mysql_close();
    }
} else {
    $errors=NULL;
}
$page_title='登录';
include('./includes/header.html');
if(!empty($errors)){
    echo '<h1 id="mainhead">错误!</h1>
    <p class="error">出现以下错误:<br />';
    foreach($errors as $msg){      //Print each error.
        echo " -$msg<br />\n";
    }
    echo '</p><p>请重填:</p>';
}
?>
<h2>登录</h2>
<form action="login.php" method="post">
    <table width="296" height="75">
      <tr>
      <tr>
        <td>Email 地址:</td>
        <td><input type="text" name="email" size="20" maxlength="40" /></td>
      </tr>
```

```
        <tr>
          <td>密码:</td>
          <td><input type="password" name="password" size="20" maxlength="20" /></td>
        </tr>
        <tr>
          <td colspan="2"><div align="center">
            <input type="submit" name="Submit" value="注册" />
          </div></td>
        </tr>
    </table>
</form>
<?php
include('./includes/footer.html');
?>
```

(2) 在给其他会话变量赋值之后,还存储 HTTP_USER_AGENT 值。

```
$_SESSION['agent']=md5($_SERVER ['HTTP_USER_AGENT']);
```

HTTP_USER_AGENT 是 $_SERVER 数组的一部分。它将具有一个像 Mozilla/4.0 这样的值(与之兼容的值、MSIE 6.0、Windows NT 5.0、.NET CLR 1.1.4322)。

为了提高安全性,这里没有把这个值存储在会话中,而是用 md5()函数处理它。该函数基于一个值返回 32 个字符的十六进制字符串。从理论上讲,任何两个字符串都不具有相同的 md5()结果。

(3) 保存文件,存放在 Web 目录中。

(4) 在文本编辑器中打开 loggedin.php(参见脚本 10-10)。

脚本 10-10 这个 loggedin.php 脚本现在确认访问这个页面的用户具有与他们登录时相同的 HTTP_ USER_ AGENT。

```
<?php #Script 10-9-loggedin.php
session_start();
if(!isset($_SESSION['agent'])OR($_SESSION ['agent'] !=md5($_SERVER['HTTP_USER_AGENT']))){
    $url='index.php';
    header("Location: $url");
    exit();
}

$page_title='登录成功';
include('./includes/header.html');

echo "<h1>登录成功</h1>
<p>感谢您的登录, {$_SESSION['name']}!</p>
<p><br /><br /></p>";
```

```
include('./includes/footer.html');
?>
```

(5) 将！isset($_SESSION['user_id'])条件语句更改如下：

```
if(!isset($_SESSION['agent'])OR($_SESSION ['agent'] !=md5($_SERVER['HTTP_USER_AGENT']))){
```

这个条件语句用于检查两件事情。首先，它会查看$_SESSION['agent']变量是否未设置，这一部分就像它以前一样，尽管使用的是agent而不是user_id。这个条件语句的第二部分用于检查$_SERVER['HTTP_ USER_AGENT']的md5()版本是否不等于$_SESSION ['agent']中存储的值。如果这两个条件中有一个为真，就会重定向用户。

(6) 保存这个文件，存放在Web目录中，并通过登录在Web浏览器中测试它。

对于至关重要的会话应用，只要有可能，就需要使用cookie并通过安全连接传输它们。甚至可以通过把session.use_only_cookies设置成1，将PHP设置成只使用cookie。

如果使用与其他域共享的服务器，那么把session.save_path从其默认设置(可以被所有用户访问)更改成稍微更本地化一些将会更安全。

用户的IP地址不是一个良好的唯一标识符，这有两个原因。首先，用户的IP地址可能并且通常会频繁地发生变化，因为ISP在短时间内会动态地分配它们。其次，从同一个网络，如家庭或办公室网络，访问一个站点的许多用户可能都具有相同的IP地址。

本章小结

本章介绍了PHP中cookie和会话的原理及使用方法。注意这两者的区别，及如何安全有效地使用它们。

重点回顾

1. 如何设置、访问cookie。
2. 如何设置、访问会话。
3. 安全地使用会话。

本章实训

【实训】

为第9章实训的“留言板”系统添加用户管理功能，能够注册、登录及注销。同时，修改留言板功能，要求登录后方可留言，每条留言能够记录留言者信息。

第 11 章　项目案例——使用 CI 框架快速开发 CMS

CMS(内容管理系统)是 PHP 和 MySQL 很常见的应用之一。上一章主要实现了 CMS 系统的用户管理功能,用户将能够注册、登录、注销、更改他们的密码。一旦用户登录,就会使用会话来限制对页面的访问,并跟踪用户。

本章将介绍 CMS 的分类和内容管理的开发。CMS 的内容管理和分类管理是必须具备的功能。栏目管理主要用于创建用的栏目的分类,以区分 CMS 的内容,栏目管理包含了栏目的创建、修改、删除。内容管理可使用第三方的 HTML 编辑器来实现可视化内容编辑。本章内容将穿插引入类的概念,并利用 CI 框架快速开发 CMS 常用的功能,全章通过循序渐进的手法引导 PHP 初学者带着面向对象的思想去开发,培养开发者的构思能力。

11.1　类与对象

作为数据和功能代码的集合,对象和类是程序开发和代码重用的基本单元。回到上一章用户管理功能。对于每一个用户,我们需要跟踪的信息类型是相同的,而且每个用户的数据结构及其调用的函数也是相同的。在编写程序时,我们可以决定用户的字段及可调用的函数。用面向对象程序开发(OOP)的术语来说,我们在设计 User 类。一个类就是创建对象的一个模板。

1. 类的声明

声明类的关键字为 class。建立一个类很简单。

```
<?php
    class my_class{}
?>
```

类到底要干什么呢? 可以把类看成是一个具有某一类功能的黑匣子,在这里称它为一个独立的整体。我们只知道类名,而不知道里面有什么东西。那么,该如何使用这个类呢? 首先,要知道它里面是否定义了公共的变量——称为“属性”。其次,要知道它里面定义了什么函数——称为“方法”。

类名不区分大小写，命名规则与 PHP 标识符的命名规则相同。

类中的如何定义公共变量呢？很简单，下面来扩充 my_class 类：

```
<?php
    class my_class{
        var $username;
    }
?>
```

上面的代码中定义了一个公共的变量，只是用“var＋空格＋普通变量名”的形式。在此基础上再定义一个打印 $username 的函数：

```
<?php
    class my_class{
        var $username="CMS";
        function show_username($username)
        {
            echo $username;
        }
    }
?>
```

2. 创建对象

对象是类的实例。类似于，程序只定义了一个用户类，但可以用来创建多个不同的用户。创建对象比定义对象类简单。使用关键字 new 来创建一个类的对象。例如，前面已定义了一个 my_class 类，那么可以这样创建一个 my_class 对象：

```
<?php
    $Name=new my_class();
?>
```

这样就初始化了上面的 my_class 类，并把这个对象赋给变量 $Name。

一旦创建了一个对象，可以使用－＞符号来访问对象的属性和方法。例如，使用类中的函数执行打印操作：

```
<?php
    $Name->show_username("教学 CMS");
?>
```

这段代码执行后将打印出"教学 CMS" 这个字符串。所以，类的使用并没有想象中那么难。

11.2 什么是 CodeIgniter(CI)

毫无疑问，Web 框架技术在近几年得到了突飞猛进的发展和普及，在过去几年里，框架技术的普遍经历了比较大的完善过程，很大一部分可以归因于 Ruby on Rails，以及在其他编程语言中流露出的 MVC 框架思想。

框架就是为重用而发明的，存放在独立的文件中，用来简化重复操作的代码。好的框架设计能实现需要的功能，而且尽可能地不互相牵连。一个好框架为开发者实现各种功能，并且能提供一步一步的编程指导。

PHP 作为网络开发的强大语言之一，具有开放源代码、跨平台性强、开发快捷、效率高、面向对象、专业专注等诸多优点。PHP 的程序员早已习惯了将需要重复使用的代码写在函数中，并将这些函数放在 include 文件里。同时，各种 PHP 开发框架也让程序开发变得简单有效。

框架就是通过提供一个开发 Web 程序的基本架构，PHP 开发框架把 PHPWeb 程序开发放到了流水线上。换句话说，PHP 开发框架有助于促进快速软件开发，这节约了开发时间，有助于创建更为稳定的程序，并减少开发者的重复编写代码的劳动。这些框架还通过确保正确的数据库操作以及只在表现层编程的方式帮助初学者创建稳定的程序。PHP 开发框架使得开发者可以花更多的时间去创造真正的 Web 程序，而不是编写重复性的代码。

随着框架技术的流行，越来越多的 PHP 框架涌现出来。其中 CI 框架就是较老牌的一个框架，它始终是全球排行前十的框架。

CodeIgniter(简称 CI)是一套给 PHP 网站开发者使用的应用程序开发框架和工具包。它提供一套丰富的标准库以及简单的接口和逻辑结构，其目的是使开发人员更快速地进行项目开发。使用 CodeIgniter 可以减少代码的编写量，并将精力投入到项目的创造性开发上。

11.2.1　下载与安装 CI

CI 是完全免费的，部署与开发环境与前十章一致。访问 CodeIgniter 网站：http://www.codeigniter.com/ 可下载到最新版的框架，目前的最新版是 2.1.4(截至 2014 年 5 月)，其压缩包仅 2.2MB。官网下载界面如图 11-1 所示。

图 11-1　CI 官网下载界面

将下载的压缩包解压缩至网站根目录，会产生如图 11-2 所示的文件目录结构。

其中包含了一个英文版的用户手册(在 user_guide 文件夹中)。当这些文件保存在机器上的时候，通过 URL，http://127.0.0.1 来访问它们。在本例中，CI 将被解压缩在 Web 服务器根目录的 ci 文件夹中。因此，访问地址为 http://127.0.0.1/ci 或 http://

localhost/ci。CI 的默认首页如图 11-3 所示。

application	2013-07-29 15:54	文件夹
system	2013-07-29 15:54	文件夹
user_guide	2013-07-29 15:54	文件夹
.gitignore	2013-07-29 15:54	GITIGNORE 文件
.travis.yml	2013-07-29 15:54	YML 文件
index.php	2013-07-29 15:54	PHP 文件
license.txt	2013-07-29 15:54	文本文档

图 11-2　CI 的文件结构

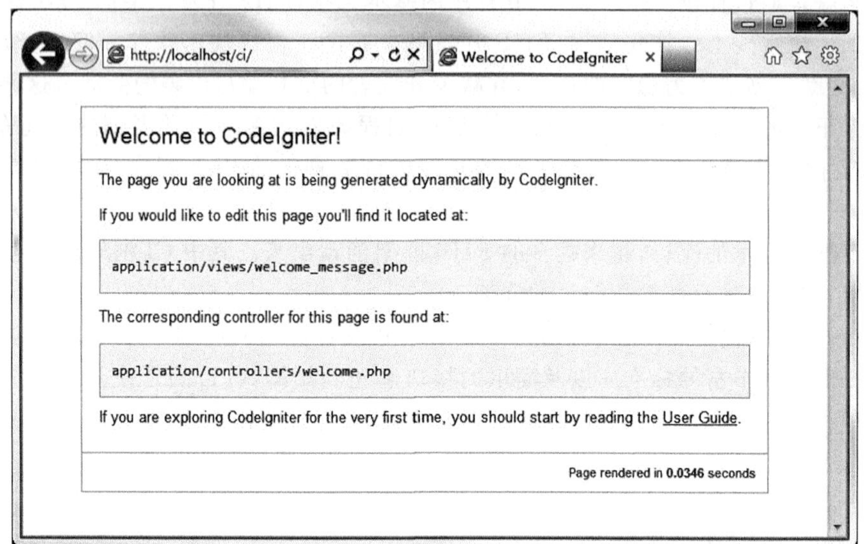

图 11-3　CI 的默认首页

11.2.2　CI 文件结构

根目录目录结构如图 11-2 所示。这些文件夹可分为三个部分：

- application 是项目存放文件的目录。控制器、模型和视图，全部在 application 文件夹中。初始情况下除了默认首页的 welcome 视图和控制器，其他文件夹大多是空的或包含了空文件。
- 在 system 文件夹中的文件是 CI 本身的代码。如果有兴趣的话，可以研读它们，或者改变它们，不过要等了解了 CI 是如何工作之后，才能这么做。
- 有一些文件夹中已包含了文件，如 language、config、errors。在开发的过程中，可能需要增加或修改。

11.2.3　MVC 模式

CI 实现了模型—视图—控制器(Model-View-Controller，MVC)模式。MVC 指的是一个动态网站的组织方法。该设计模式是 1979 年由挪威人 Trygve Reenskaug 首次提出来的，主要包括：

- 模型是包含数据的对象，它们与数据库交互，对这些数据进行存取，使其在不同的阶段包含不同的值，不同的值代表了不同的状态，具有特定的含义。
- 视图显示模型的状态，负责显示数据给使用者。虽然视图通常是 HMTL 页面效果，但视图可能是任何形式的接口。比如，智能手机屏幕或平板电脑。
- 控制器用来改变模型的状态、操作模型，提供动态的数据给视图。

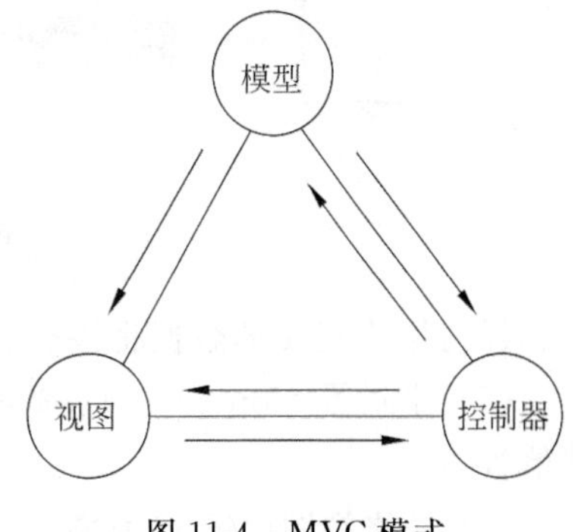

图 11-4 MVC 模式

MVC 模式三元素的交互示意图，如图 11-4 所示。

CI 中模型、视图和控制器文件都有自己的文件夹。当安装 CI 的时候，application 文件夹中包括名 models、views 和 controllers 的子文件夹。每个 CI 网站都包含这三个文件夹，它们分别对应了 MVC 模式的模型、视图和控制器。

11.2.4 应用程序流程

整个 CI 网站是动态的，可能找不到制作“静态”网页的简单 HTML 代码。在根目录中的 index.php 是所有访问路径的入口。所有的连接请求被 index.php 文件拦截并进行处理，作用就像一个“路由器”。换句话说，它调用一个“控制器”，然后返回一个“视图”。

“路由器”怎么知道调用哪个控制器？如果用户正在以正确的 URL 请求 CI 网站上的页面，其 URL 一般看起来像这样：

```
http://example.com/news/latest/10
```

仔细观察此 URL 地址，可以猜测它所完成的任务：存在某个类名为 news 的控制器，调用此类下的 latest 方法用来提取 10 条最新新闻，然后解析显示在最终浏览器页面上。在基于 MVC 架构思想的应用程序中，经常会见到如下典型 URL 格式：

```
http://localhost/ci/index.php/class/function/ID
```

其中对应的含义为：

网站的根目录/index.php/[控制器类名]/[控制器方法名]/[所需参数]

在实际项目中，以上典型格式可能会存在变化并趋于复杂。图 11-5 说明了数据流如何贯穿整个系统。

(1) index.php 作为前端控制器，初始化运行 CI 所需要的基本资源。

(2) Router 检查 HTTP 请求，以确定谁来处理请求。

(3) 如果缓存(Cache)文件存在，它将绕过通常的系统执行顺序，被直接发送给浏览器。

(4) 安全(Security)。应用程序控制器(Application Controller)装载之前，HTTP 请

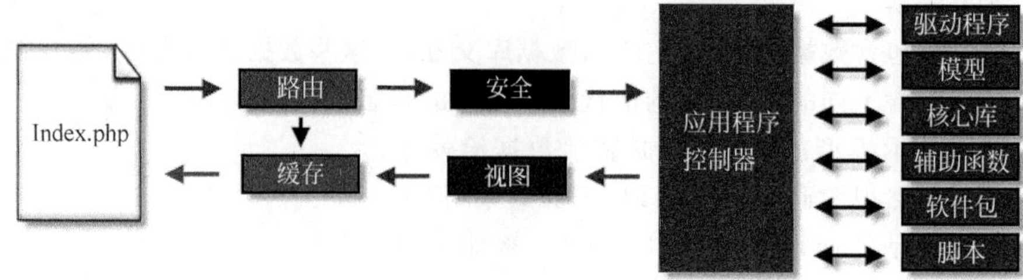

图 11-5 应用程序流程图

求和任何用户提交的数据将被过滤。

(5) 控制器(Controller)装载模型、核心库、辅助函数,以及任何处理特定请求所需的其他资源。

(6) 最终视图(View)渲染发送到 Web 浏览器中的内容。如果开启缓存(Caching),视图首先被缓存,所以将可用于以后的请求。

11.3 CI 的语法规则

在开始训练项目之前,先简单的归纳一下 CI 的语法规则。框架希望文件按一定的规则设置,否则它可能无法准确地定位和使用它们。

11.3.1 控制器

一个控制器就是一个类文件,是以一种能够和 URI 关联在一起的方式来命名的。它由 URL 直接调用,例如,http://www.example.com/index.php/start/hello。在上面的例子中,CodeIgniter 将尝试寻找并装载一个名为 start.php 的控制器。控制器使用方法名来调用方法,如 hello();不过,不能够在一个控制器内调用其他控制器内的方法。

控制器用如下格式定义:

```
class Start extends controller
```

其中控制器名称的首字母必须大写,例如这里的 Start 控制器。控制器保存为.php 文件,位于/application/controllers 文件夹中。文件名的首字母不需要大写,应该是 start.php 而不是 Start.php。还有,在构造函数中至少要有如下内容:

```
function display()
    {parent::Controller();}
```

所有的其他代码一定要写在不同的函数中,例如,hello()函数。

11.3.2 视图

视图是包含 HTML 代码的,带有.php 后缀的文件。可在控制器中使用如下命令装载：

```
$this->load->view('testview', $data)
```

这条命令将载入并使用视图。视图保存为.php 文件，位于文件夹/application/views 中。

11.3.3 传递数据到视图

1. 为控制器添加逻辑结构

首先，需要创建一个可以处理静态内容请求的控制器类。控制器是一个用来代理完成某项任务的 PHP 类，它充当基于 MVC 架构应用程序的“粘合剂”，控制器会成为网站程序请求的中心。在非常技术性的 CodeIgniter 的讨论中，会把它称为“超级对象”。

下面将编写我们的第一个控制器 Pages，这个控制器必须完成如下几件事：

- 调用视图。
- 将基本 URL 信息的名称传递给视图。
- 把另一些数据传递给视图：它正在期待标题($page_title)和一些文本($title)。

(1) 在文本编辑器或 IDE 中打开 pages.php。

脚本 11-1 pages.php 控制器，位于/application/controllers。

```
<?php
class Pages extends CI_Controller {
  public function view($page='home'){
      $data['page_title']="我的第一个 CI 程序";
      $data['title']="CMS 系统";

      $this->load->view('header', $data);
      $this->load->view($page, $data);
      $this->load->view('footer', $data);
  }
}
?>
```

(2) 在/application/controllers 目录中，创建一个 pages.php 的控制器，其中创建一个名为 Pages 的类。

```
class Pages extends CI_Controller
```

这个 Pages 类继承了 CI_Controller 类。这就意味着这个新的 pages 类可以继承 CI_Controller (system/core/Controller.php) 类里面定义的方法和变量。

(3) 在 Pages 类包含一个名为 view 的方法，这个方法里定义了一个参数，它的值是即将加载的页面的名称。

```
public function view($page='home')
```

(4) 在 view 方法中定义了名为 $page_title 和 $title 的两个数组变量，用来显示于页面标题与正文标题。

```
$data['page_title']="我的第一个 CI 程序";
$data['title']="CMS 系统";
```

(5) 按照需要显示的顺序来加载那些视图。任何 php 类一样，在自己的控制器中，使用 $this 来调用它，这样就可以实现用 $this 来加载所有变量、视图和对这个框架进行一般操作。$this－>load－>view()方法中的第二个参数是用来传递值给视图的。

```
$this->load->view('header', $data);
$this->load->view($page, $data);
$this->load->view('footer', $data);
```

数组中的每个值都被定义成与其关键字相同的一个变量，如控制器中 $data['title']的值就等同于视图中变量 $title。

2. 传递值到视图

在 views 文件夹中需要创建两个基础的页面模板，也就是"视图"，分别是页面的页头(header)和页脚(footer)。

(1) 创建页头文件/application/views/header.php。

脚本 11-2 header.php 视图，位于/application/views。

```
<!DOCTYPE html PUBLIC "-//W3C//DTD XHTML 1.0 Transitional//EN"
"http://www.w3.org/TR/xhtml1/DTD/xhtml1-transitional.dtd">
<html xmlns="http://www.w3.org/1999/xhtml">
<head>
    <meta http-equiv="content-type" content="text/html; charset=gb2312" />
    <title><?php echo $page_title;?></title>
       <style type="text/css">
           ...
       </style>
    </head>

<body>
<div id="wrapper">
    <div id="content">
        <div id="nav">
            <h3>请选择</h3>
            <ul>
            <li class="navtop"><a href="#" title="首页">首页</a></li>
            <li><a href="#" title="注册">注册</a></li>
            <li><a href="#" title="查看文章">查看文章</a></li>
            </ul>
        </div>
```

页头文件包括在正式加载视图前需要的基本的 HTML 代码，并省略了部分 CSS 代码。同时，这里还输出了已经在控制器中定义好的 $page_title 变量，作为网页标题。现在来创建一个页脚 application/views/footer. php。

(2) 创建页脚文件/application/views/footer. php。

脚本 11-3　footer. php 视图，位于/application/views。

```
        </div>
        <div id="footer"><p>&copy; Copyright 2014</p></div>
    </div>
    </body>
    </html>
```

(3) 创建主体文件/application/views/home. php。

脚本 11-4　home. php 视图，位于/application/views。

```
        <h1><?php echo $title;?></h1>
            <h2 id="mainhead">父标题</h1>
            <p>主要内容</p>
            <p>主要内容</p>
            <h2>子标题</h2>
            <p>主要内容</p>
            <p>主要内容</p>
```

在页头模板(header. php)中，用 $page_title 变量来自定义页面标题(<title>)，在主体(home. php)中，用 $title 变量来自定义文字标题(<h1>)。而这些变量的值，是在控制器 Pages 的 view()方法中定义的，并将它们作为一个元素赋给了 $data 数组。通过 view()方法中传递视图的参数传递值给视图。

(4) 这个控制器现在可以工作了，在浏览器中输入地址 [你的网址]index. php/pages/view 就可以看到 Home 页面，如图 11-6 所示。

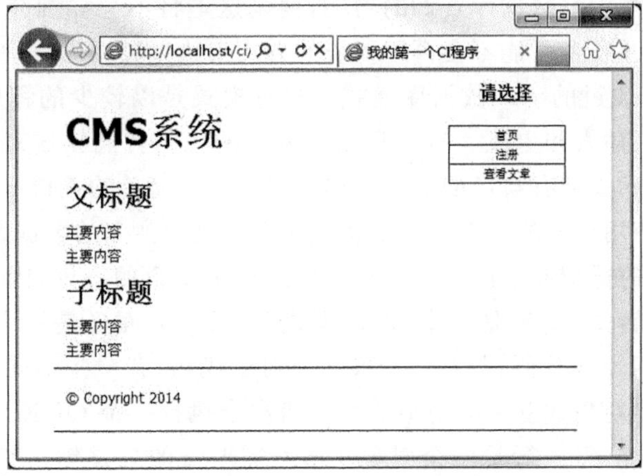

图 11-6　home 页面浏览效果

参数 home 是 URL 的最后一部分，并被传递给 view 方法，再经由这个方法传给视图。特别注意的是：视图一定要与控制器相对应。如果视图中并没为一个变量安排显示的位置，它将不被显示。如果视图正在期待一个变量，而这个变量并没有在控制器中声明并赋值，浏览器可能收到一个错误信息（当然，如果变量被声明，则不会有错误信息，但它不会正常显示）。

11.4 项目训练——CMS 系统设计与开发

在上一节中，通过如何写出一个包含静态页面的类来了解了一些 CI 这个框架的基本概念，并实现动态地把数据从控制器传递给视图。下面以创建一个 CMS（Content Management System 内容管理系统）的项目训练来介绍动态内容和如何使用数据库。

11.4.1 项目说明

CMS 是 Content Management System 的缩写，意为“内容管理系统”。内容管理系统是企业信息化建设和电子政务的新宠。对于内容管理，业界还没有一个统一的定义，不同的机构有不同的理解。CMS 又被称为文章管理系统，大多数的 CMS 主要包含新闻发布功能或文章发布功能，主要用于搭建新闻资讯类网站。一般商业 CMS 的软件都包含前台显示、后台管理、用户管理、文章管理、分类管理等主要功能。本项目的功能旨在使用 CI 框架快速开发一个简易 CMS，要求能够设计发布文章的相关数据表，能读取文章与添加文章，文章分类管理的部分将作为实训内容。

11.4.2 项目原理

使用 CI 框架来开发项目是为了要使 PHP 编程更容易和更有生产力。动态网站难免都会涉及数据库管理的操作，CI 有它自己专门的数据库管理的类，名为 Active Record 类。Active Record（以下简称 AR）类的价值是非常高的，它是提高生产力的主要工具。CI 保留了用传统的方法编写数据库查询的功能，但是这里将不会详细介绍这部分内容。使用 CI 的 AR 类后，开发者可能不会再用传统的方式来执行数据库查询了。

CI 使用的是修改过的 AR 数据库模式。这种模式是以较少的程序代码来实现信息在数据库中的获取、插入和更改。有时只用一两行的代码就能完成对数据库的操作。CI 不需要每一个数据库表拥有自己的类。它提供了一个更简单的接口。

不只是简单，使用 AR 的一个主要的优点是允许创建独立的数据库应用程序，因为查询语法是由数据库的适配器来产生的。它可以进行更安全的查询，因为系统会自动的对所有的输入值进行转义。AR 是一个“设计模式”。另一方面又是一个高度抽象的东西，就像 MVC。它本身不是代码，只是一个模式。对于代码，有一些不同的解释。它的核心是把数据库和 PHP 对象建立一个对应关系。每次当执行一个 QUERY 语句。每一张数据库里的表是一个类，每一行是一个对象。所有需要做的只是创建它，修改它或者删除它。例如，“方法”，是从类继承而来。Ruby on Rails 是使用 AR 模式的，CI 也是，尽管这两种框架实现 AR 的方式有一点不同。

11.4.3　设计过程

1. 创建数据表

在进行具体开发之前，首先要创建一张数据表，用来存放文章的相关记录。在第 9 章和第 10 章中使用的 mydatabase 数据库中，新建一张 news 数据表，其中包含 3 个字段，分别是 id(文章 ID)、title(文章标题)及 text(文章正文)。在 phpmyadmin 中的数据表结构如图 11-7 所示。

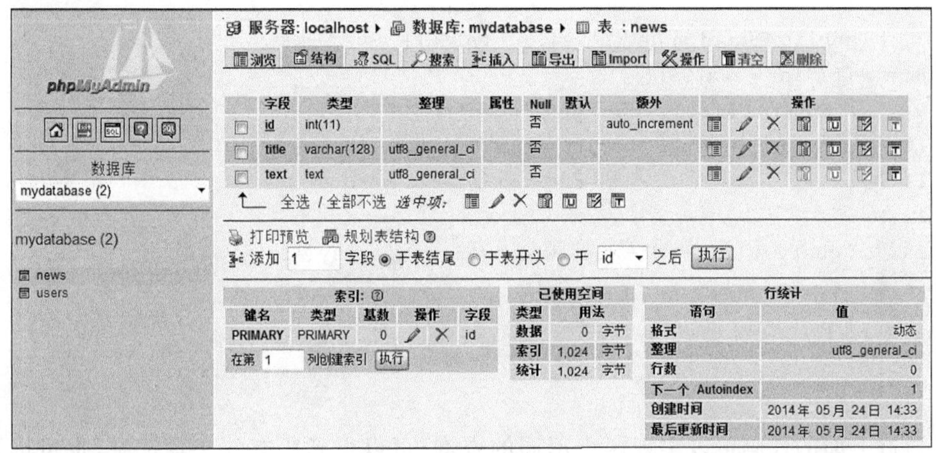

图 11-7　news 表结构

2. 创建数据模型

数据库的运算并不是在控制类中进行的，而是在数据模型中，这样就可以在系统中很容易地被反复使用。数据模型就是对数据库或其他数据存储方式进行查询、插入和更新的地方，它们的功能是展示数据。

(1) 数据库配置。

CI 有一个配置文件用来存放数据库连接信息，包括 username：用户名、password：密码、database name：数据库名等，这个配置文件位于 /application/config/database.php。

配件文件中存放了如下格式的一个多维数组，其中需要修改的行及内容如下：

```
$db['default']['hostname']="localhost";
$db['default']['username']="root";
$db['default']['password']="";
$db['default']['database']="database_name";
```

参数解析：

- hostname——数据库的主机名，通常位于本机，可以表示为 localhost。
- username——需要连接到数据库的用户名。
- password——登录数据库的密码。

• database——需要连接的数据库名。

(2) 进入/application/models 文件夹新建一个文件 news_model. php。

脚本 11-5 news_moodle. php 数据模型,位于/application/models。

```
<?php
class News_model extends CI_Model {

  public function __construct(){
    $this->load->database();
  }
  public function get_news($id=FALSE){
  if($id===FALSE){
    $query=$this->db->get('news');
    return $query->result_array();
  }

  $query=$this->db->get_where('news', array('id'=>$id));
  return $query->row_array();
  }
}
?>
```

通过上面的代码可以实现两个不同的查询,可以得到所有的文章记录,也可以通过 id 得到某一篇文章。$id 变量在查询前并没有被检验过,因为 Active Record 类已经把这个工作做完了。

3. 显示文章

查询由数据模型 news_model 完成,下面就要把这个数据模型和用来显示文章内容的视图联系起来。这个工作在之前写的 pages 控制类中就可以实现,但这里将重新定义一个新的 news 控制类。

(1) 进入/application/controllers 文件夹新建一个文件 news. php。

```
<?php
class News extends CI_Controller {
  public function __construct(){
    parent::__construct();
    $this->load->model('news_model');
  }

  public function index(){
    $data['news']=$this->news_model->get_news();
    $data['page_title']='所有文章';

    $this->load->view('header', $data);
```

```
    $this->load->view('index', $data);
    $this->load->view('footer');
  }

  public function view($id){
    $data['news_item']=$this->news_model->get_news($id);
    $data['page_title']=$data['news_item']['title'];

    $this->load->view('header', $data);
    $this->load->view('view', $data);
    $this->load->view('footer');
  }
}
?>
```

上面的代码与之前 pages 控制器很类似。首先，_construct 方法是父级类（CI_Controller）的构造函数，并调用了数据模型，这样这个控制器中的所有方法就能使用 news_model 数据模型了。

```
public function _construct(){
    parent::_construct();
    $this->load->model('news_model');
  }
```

其次，News 控制器中有两个方法分别用来显示所有的文字和某一条文字。通过 index 方法中的 $this－＞load－＞view 方法把数据传递给视图。index 方法将从数据模型中获得所有文章的记录，并把它们赋给一个变量。页面的标题也赋给了 $data['page_title']，这些所有的数据都会传递给视图。

```
public function index(){
    $data['news']=$this->news_model->get_news();
    $data['page_title']='所有文章';
    $this->load->view('header', $data);
    $this->load->view('index', $data);
    $this->load->view('footer');
  }
```

在第二个方法 view 中可以看到 $id 变量被传递给了数据模型中的方法。数据模型就是用这个 id 来确定需要返回哪一篇文章的。

```
public function view($id){
    $data['news_item']=$this->news_model->get_news($id);
    $data['page_title']=$data['news_item']['title'];
    $this->load->view('header', $data);
    $this->load->view('view', $data);
    $this->load->view('footer');
```

```
}
```

(2) 创建一个视图来显示这些文章。

脚本 11-6　index. php 视图,位于/application/views。

```
<?php foreach($news as $news_item): ?>

    <h3><?php echo $news_item['title'] ?></h3>
    <p><a href="http://localhost/ci/index.php/news/view/<?php echo $news_
    item['id'] ?>">查看全文</a></p>

<?php endforeach ?>
```

在这里,每篇文章的标题都被循环出来展示给读者,页面中循环显示所有文章的标题,每个标题还配有"查看全文"的超链接,链接至该文章的详情页面。

浏览地址为 http://localhost/ci/index. php/news,即可看到如图 11-8 所示的文章概述页面。

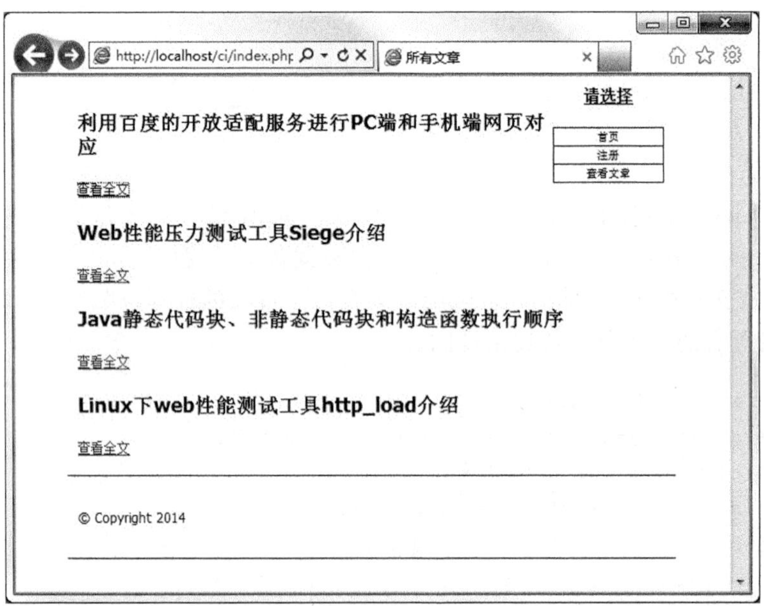

图 11-8　文章概述页面效果

(3) 创建一个视图来显示每一篇文章。

脚本 11-8　view. php 视图,位于/application/views。

```
<?php
  echo '<h2>'.$news_item['title'].'</h2>';
  echo $news_item['text'];
?>
```

浏览地址：http://localhost/ci/index.php/news/view/1，即可看到如图11-9所示的id为1的文章详情页面。

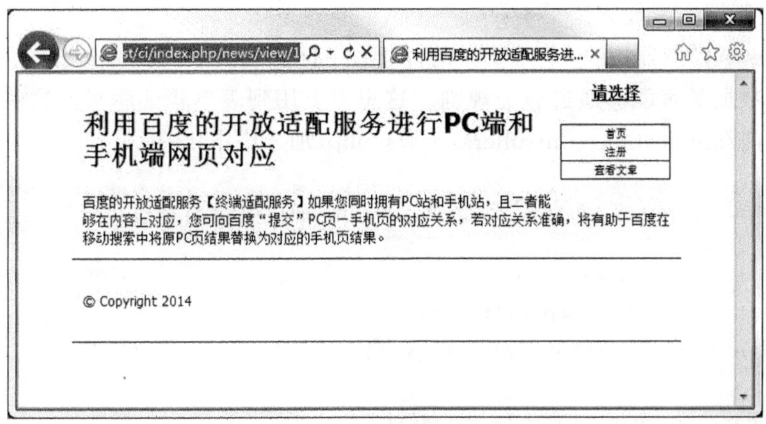

图 11-9　某一篇文章详情页面效果

4. 添加文章

前面通过CI从数据库中读取数据，下面将介绍通过怎么扩展之前写过的news控制器和数据模型来实现如何向数据库中写入数据的功能。

1) 创建表单

为了向数据库里输入数据，需要创建一个表单来输入需要被存储的信息。在这个项目中将需要一个至少带两个输入域的表单，一个用来输入标题，一个用来输入内容。

在/application/views文件夹新建一个文件create.php，创建一个新的视图(参见脚本11-8)。

脚本 11-8　create.php视图，位于/application/views。

```
<h2>添加一篇新文章</h2>
<?php echo validation_errors(); ?>
<?php echo form_open('news/create')?>

  <label for="title">文章标题</label>
  <input type="input" name="title" /><br />
  <label for="text">文章正文</label>
  <textarea name="text"></textarea><br />
  <input type="submit" name="submit" value="添加文章" />

</form>
```

这里只有两个不熟悉的新内容：一个是form_open()函数，另一个是validation_errors() 函数。

form_open()由CI的表单辅助函数提供，用来提供表单元素和一些额外功能，例如添加隐藏的安全类。validation_errors()用来报告表单验证中出现的错误信息，它将返回验证器送回的所有错误信息。如果没有错误信息，它将返回空字符串。

2）在控制器中添加方法

回到 News 控制器，在这里需要做两件事：一件是检查表单是否被提交了，另一件是检查提交的数据是否能够通过验证规则。这里需要用到表单验证库来做这些。

打开之前/application/controllers/news.php，加入脚本 11-9。

脚本 11-9 news.php 控制器，位于/application/controllers。

```
public function create(){
  $this->load->helper('form');
  $this->load->library('form_validation');

  $data['page_title']='添加一篇新文章';

  $this->form_validation->set_rules('title', 'Title', 'required');
  $this->form_validation->set_rules('text', 'text', 'required');

  if($this->form_validation->run()===FALSE){
    $this->load->view('header', $data);
    $this->load->view('create');
    $this->load->view('footer');
  }else{
    $this->news_model->set_news();
    $this->load->view('success');
  }
}
```

上面的 create 方法将添加至 News 类中，前几行载入了表单辅助函数和表单验证库，这样，表单验证的规则就被设定好了。set_rules()方法包含三个参数，第一个是输入域的名称，第二个是错误信息的名称，第三个是错误信息的规则——这里的规则是输入内容的文本域必填。

```
$this->form_validation->set_rules('title','Title','required');
$this->form_validation->set_rules('text','text','required');
```

正如 create 方法所展示的，CI 拥有一个强大的表单验证库。读者可以从 CI 的用户手册中了解到这个库的更多内容。

在验证完表单数据后，有一个用来检查表单验证是否运行成功的条件。如果没有成功，显示表单，如果提交成功并且通过了验证，则会调用数据模型。这之后会加载一个显示成功信息的视图。在这里 application/view/success.php 创建一个新的视图用来显示成功信息。

浏览地址为 http://localhost/ci/index.php/news/create，即可看到如图 11-10 所示

的添加新文章的页面。

图 11-10　添加文章页面效果

3）完善数据模型

最后一件工作，就是写一个方法用来向数据库中写入数据。这里将用 AR 类来插入信息，并用到输入类来获得 post 数据。打开之前创建的 news_model 数据模型加入脚本 11-10。

脚本 11-10　news_moodle.php 数据模型，位于/application/models。

```
public function set_news(){
  $this->load->helper('url');

  $data=array(
    'title'=>$this->input->post('title'),
    'text'=>$this->input->post('text')
  );
  return $this->db->insert('news', $data);
}
```

这个 set_news 方法是用来向数据库插入文章条目的。先准备好向 $ data 数组输入的记录。这里的每个元素都对应着早前创建的数据表中的每一列。这里有个新的方法叫 post()，它是由输入类提供的。这个方法可以确保数据是被过滤过的，从而保护服务器不被其他人恶意攻击。这个输入类是默认加载的。最后，就是将 $ data 数组插入到数据库。

由此，完成了添加文章的功能，在添加文章的表单中输入一篇新文章的内容，成功后将转至 success 视图，如图 11-11 所示。

5. 调整链接

目前为止，CMS 项目的功能已基本实现，但右侧导航部分的链接依然欠妥。由于 CI

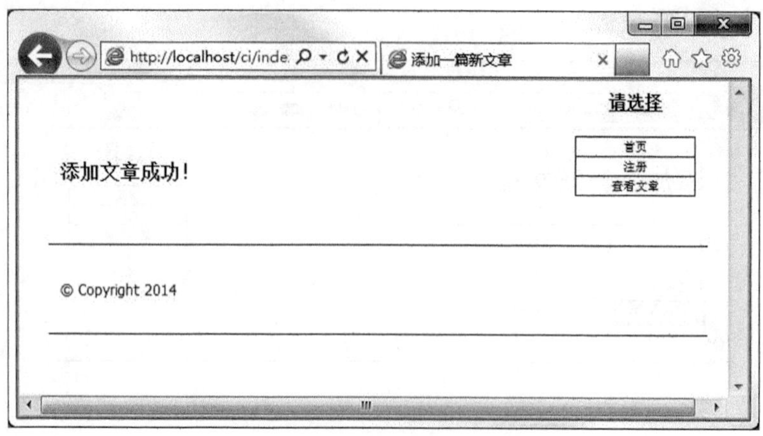

图 11-11 添加文章成功页面效果

框架中的 URL 地址是基于 MVC 架构思想的,所以不能简单地通过文件地址实现超链接。因此,这里将启用 base_url 这个辅助类。

1) 修改整站的 base_url

这个配置文件位于 /application/config/config.php。配件文件中存放了如下格式的一个多维数组,其中需要修改的行及内容如下:

```
$config['base_url']='';
```

在这里,可以指定根 URL 的路径。例如,在本例中可指定为:

```
$config['base_url']='http://localhost/ci/';
```

2) 调整导航模板视图 header.php

```
<ul>
<li class="navtop"><a href="<?=base_url("index.php/news");?>" title="首页">
首页</a></li>
<li><a href="<?=base_url("index.php/news/create");?>" title="添加文章">添加
文章</a></li>
<li><a href="<?=base_url("index.php/news");?>" title="查看文章">查看文章</a></li>
</ul>
```

将导航区域的列表标签中的超链接标签修改 URL 地址,设置为 base_url()的格式,当将 URI 段作为参数传给这个函数时,index.php 文件名会被加到 URL 后面。

例如,修改为:

```
<a href="<?=base_url("index.php/news");?>" title="首页">首页</a>
```

将返回的 HTML 代码为:

```
<a href="http://localhost/ci/index.php/news" title="首页">首页</a>
```

修改完成后的首页效果,如图 11-12 所示。

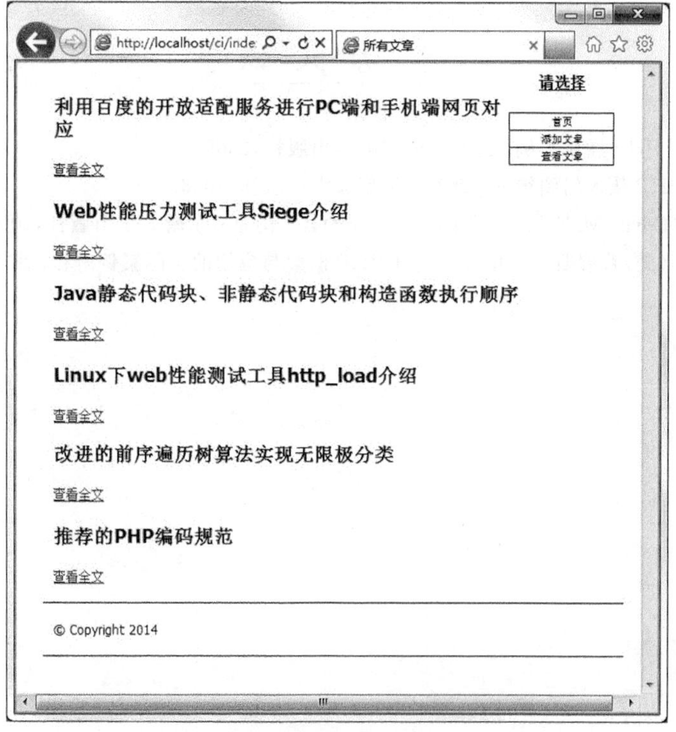

图 11-12　包含有效链接的页面效果

读者还可通过.htaccess文件的目录改变配置方法，去掉URL中的index.php，并归类站点中的CSS和JS文件，设置相关访问权限，以获得更美观方便的URL。

本章小结

本章首先介绍了PHP中类和对象的概念及使用方法，然后结合了一个PHP知名的开源框架——CodeIgniter，详细介绍了一个内容管理系统(CMS)的制作过程。

重点回顾

1. 如何声明类及使用对象。
2. CI框架的部署与MVC模式。
3. 如何使用CI框架实现动态网站的开发。

本章实训

使用CI框架，为本章的CMS系统添加文章分类管理功能。

参考文献

[1] (美)斯克拉. PHP经典实例. 北京：中国电力出版社,2009.

[2] 明日科技. PHP从入门到精通. 北京：清华大学出版社,2008.

[3] (德)戴维斯(Davis,M.E.). 学习PHP & MySQL. 南京：东南大学出版社,2008.

[4] (美)伯格曼,(美)普瑞斯克. 开发高质量PHP框架与应用的实际案例解析. 北京：清华大学出版社,2012.